Elemente der Mathematik

EdM

RHEINLAND-PFALZ

10. Schuljahr
Lösungen

Herausgegeben von
Heinz Griesel
Helmut Postel
Friedrich Suhr
Werner Ladenthin
Matthias Lösche

Schroedel
westermann

ELEMENTE DER MATHEMATIK 10
Rheinland-Pfalz
Lösungen zum Schülerband Best.-Nr. 88530
Herausgegeben und bearbeitet von
Prof. Dr. Heinz Griesel, Prof. Helmut Postel, Friedrich Suhr, Werner Ladenthin, Matthias Lösche

Bearbeitet von
Julia Berlin-Bonn, Lutz Breidert, Gabriele Dybowski, Dr. Beate Goetz, Bodo Paul Hoffmann, Reinhard Kind, Werner Ladenthin, Matthias Lösche, Kerstin Schäfer, Thomas Sperlich, Friedrich Suhr, Prof. Dr. Hans-Georg Weigand, Ulrike Willms

Für Rheinland-Pfalz bearbeitet von
Hermann-Josef Keul, Michael Meyer

westermann GRUPPE

Druck A^7 / Jahr 2022
Alle Drucke der Serie A sind parallel verwendbar.

Redaktion: Lena Schenk, Claus Peter Witt
Umschlagentwurf: LIO Design GmbH, Braunschweig
Zeichnungen: Birgit und Olaf Schlierf, Lachendorf
Druck und Bindung: Westermann Druck GmbH, Georg-Westermann-Allee 66, 38104 Braunschweig

ISBN 978-3-507-**88532**-5

Inhaltsverzeichnis

Bildquellenverzeichnis

|iStockphoto.com, Calgary: miws16 Titel.

Bleib fit im Umgang mit quadratischen Funktionen

9 1. a) –

b) Parallel zur y-Achse: $y = x^2 + e$; nach oben für $e > 0$; nach unten für $e < 0$.
Parallel zur x-Achse: $y = (x + d)^2$; nach links für $d > 0$; nach rechts für $d < 0$.

c) $y = a x^2$; steiler als die Normalparabel für $a > 1$; flacher für $0 < a < 1$.
Für $a < 0$ sind es die an der x-Achse gespiegelten Parabeln. Für $a = -1$ ist es die an der x-Achse gespiegelte Normalparabel. Für $a < -1$ sind sie steiler, für $-1 < a < 0$ flacher als die gespiegelte Normalparabel.

d) –

2. $y = x^2 - 3$; $y = (x + 1)^2$; $y = \frac{1}{2}x^2$; $y = -x^2 + 4$

10 3. Druckfehler in der 1. Auflage in c) und f): $\frac{1}{2}$ statt -12

a) Um 1 nach rechts und 4 nach oben verschobene Normalparabel.

b) Gespiegelte Normalparabel, um 2 nach links verschoben.

c) Um 3 nach links und 1 nach oben verschobene und mit dem Faktor $\frac{1}{2}$ gestauchte Normalparabel.

d) Um 4 nach oben geschobene, mit dem Faktor 2 gestreckte, gespiegelte Normalparabel.

e) Um 2 nach rechts und 3 nach unten verschobene Normalparabel.

f) Um 2 nach links und 5 nach oben verschobene, mit dem Faktor $\frac{1}{2}$ gestauchte Normalparabel.

4. $y = (x + 2)^2 - 4$; $y = -(x - 2)^2 + 4$; $y = 1{,}75\,(x + 1)^2 - 4$; $y = (x - 1)^2 - 2$

5. a) $y = 2\,(x + 2)^2 - 4$
Um −2 Einheiten parallel zur x-Achse verschoben, parallel zur y-Achse mit dem Faktor 2 gestreckt, um −4 Einheiten parallel zur y-Achse verschoben. Der Scheitelpunkt des Graphen ist $S(-2\,|\,-4)$.

b) $y = 0{,}5\,(x + 3)^2 - 3{,}5$
Um −3 Einheiten parallel zur x-Achse verschoben, parallel zur y-Achse mit dem Faktor 0,5 gestreckt, um −3,5 Einheiten parallel zur y-Achse verschoben. Der Scheitelpunkt des Graphen ist $S(-3\,|\,-3{,}5)$.

c) $y = -3\,(x + 1)^2 + 12$
Um −1 Einheiten parallel zur x-Achse verschoben, parallel zur y-Achse mit dem Faktor −3 gestreckt, um 12 Einheiten parallel zur y-Achse verschoben. Der Scheitelpunkt des Graphen ist $S(-1\,|\,12)$.

d) $y = -4\,(x - 1{,}5)^2 + 5$
Um 1,5 Einheiten parallel zur x-Achse verschoben, parallel zur y-Achse mit dem Faktor −4 gestreckt, um 5 Einheiten parallel zur y-Achse verschoben. Der Scheitelpunkt des Graphen ist $S(1{,}5\,|\,5)$.

e) $y = -(x - 0{,}5)^2 + 1{,}25$
Um 0,5 Einheiten parallel zur x-Achse verschoben, um 1,25 Einheiten parallel zur y-Achse verschoben. Der Scheitelpunkt des Graphen ist $S(0{,}5\,|\,1{,}25)$.

10

5. f) $y = (x + 0{,}5)^2 - 0{,}25$
Um $-0{,}5$ Einheiten parallel zur x-Achse verschoben, um $-0{,}25$ Einheiten parallel zur y-Achse verschoben. Der Scheitelpunkt des Graphen ist $S(-0{,}5\,|\,-0{,}25)$.

6. a)
- Nullstellen (Schnittpunkt mit x-Achse): $x_1 = -2$; $x_2 = -1$
- Schnittpunkt mit y-Achse bei $y = 2$

b)
- Nullstellen (Schnittpunkt mit x-Achse): $x_1 = -4$; $x_2 = 3$
- Schnittpunkt mit y-Achse bei $y = f(0) = -12$

c)
- keine Nullstelle, die Parabel schneidet die x-Achse nicht
- Schnittpunkt mit y-Achse bei $y = f(0) = 5$

d)
- Nullstellen (Schnittpunkt mit x-Achse): $x_1 = -2$; $x_2 = -3$
- Schnittpunkt mit y-Achse bei $y = f(0) = 12$

e)
- Nullstellen (Schnittpunkt mit x-Achse): $x_1 = -4$; $x_2 = 2$
- Schnittpunkt mit y-Achse bei $y = f(0) = 8$

f)
- keine Nullstelle, die Parabel schneidet die x-Achse nicht
- Schnittpunkt mit y-Achse bei $y = f(0) = -6$

7. $y = \frac{4}{9}(x - 3)^2 + 2$

8. $N_1(0\,|\,0)$; $S(3\,|\,4{,}5)$; $N_2(0\,|\,6)$
Linker Bogen: $f(x) = -\frac{1}{2}(x - 3)^2 + 4{,}5$
Rechter Bogen: $f(x) = -\frac{1}{2}(x - 10)^2 + 4{,}5$

Bleib fit im Umgang mit Umkehrfunktionen – Quadratwurzelfunktion

11

1. a) 82,369 m ≈ 82 m
   b) $f(t) = 4{,}9\,t^2$
   $f(s) = \sqrt{\frac{s}{4{,}9}}$

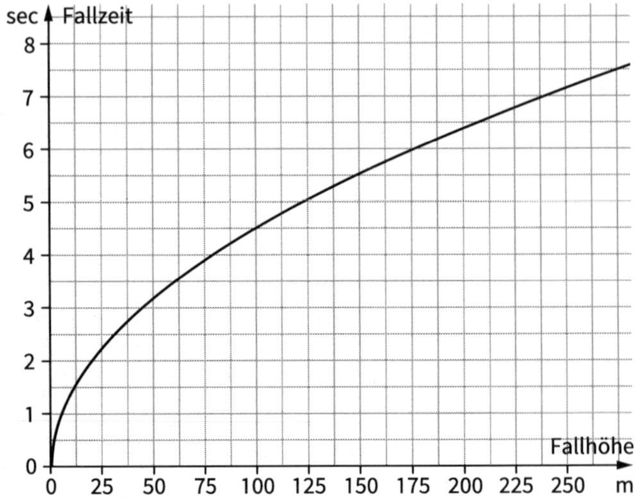

12

2. (1)

Seitenlänge	Oberflächeninhalt
0	0
1	6
2	24
3	54
4	96
5	150
6	216
7	294
8	384
9	486
10	600

12

2. (1) Fortsetzung

$O = 6x^2$

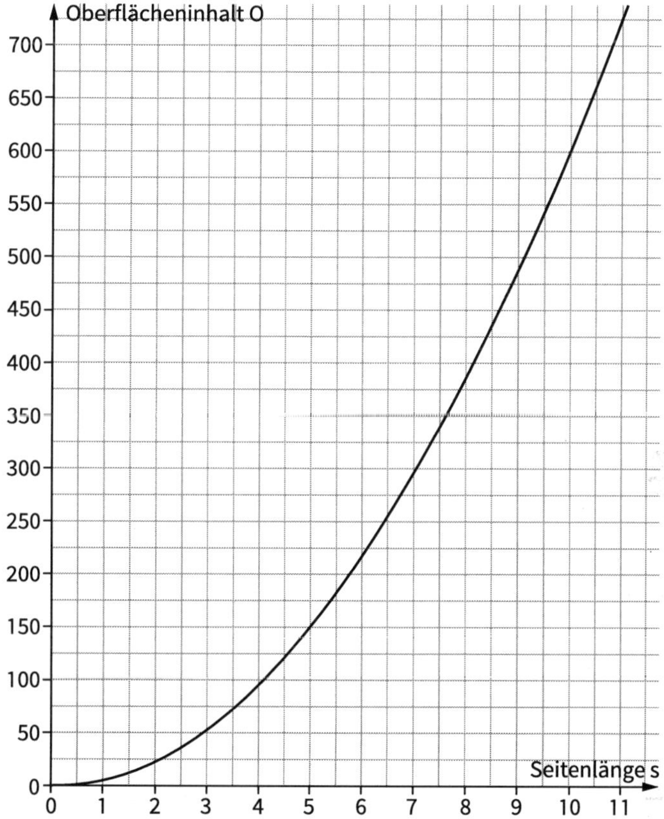

(2)

Oberflächeninhalt	Seitenlänge
0	0
100	4,08
200	5,77
300	7,07
400	8,17
500	9,13
600	10,00
700	10,80
800	11,55
900	12,25
1 000	12,91

12

2. (2) Fortsetzung

$x = \sqrt{\frac{O}{6}}$

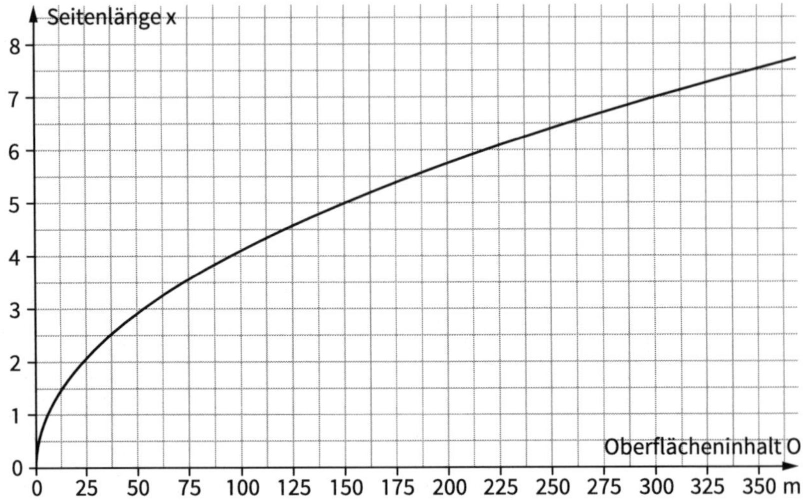

3. Beim Graphen der Umkehrzuordnung liegen z. B. die Punkte (2 | 1) und (2 | – 1) übereinander. Die Funktion f ist also nicht umkehrbar.

4. Die Funktionen zu den Graphen (2) und (4) sind umkehrbar.

5. Druckfehler in der 1. Auflage in Teilaufgabe a): $\frac{1}{2}$ statt – 12

a) $y = \sqrt{2x}$ für $x \geq 0$ oder $y = -\sqrt{2x}$ für $x \geq 0$

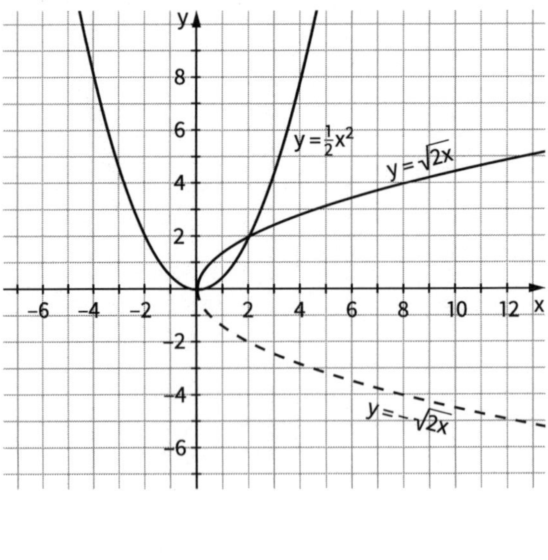

12

5. b) $y = \frac{1}{3}\sqrt{3x - 3}$ für $x \geq 1$ oder $y = -\frac{1}{3}\sqrt{3x - 3}$ für $x \geq 1$

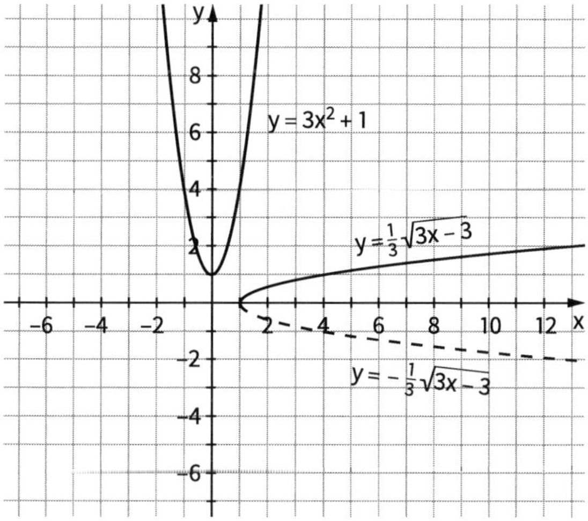

c) $y = \sqrt{x} + 6$ für $x \geq 0$ oder $y = 6 - \sqrt{x}$ für $x \geq 0$

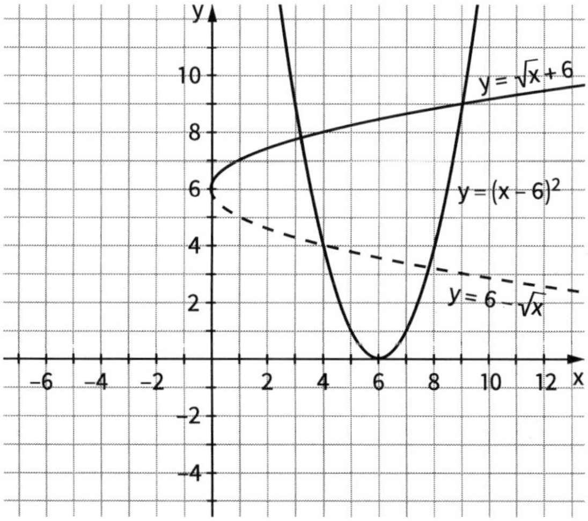

12

5. d) $y = \frac{1}{2}\sqrt{2x+6} - 4$ für $x \geq -3$ oder $y = -\frac{1}{2}\sqrt{2x+6} - 4$ für $x \geq -3$

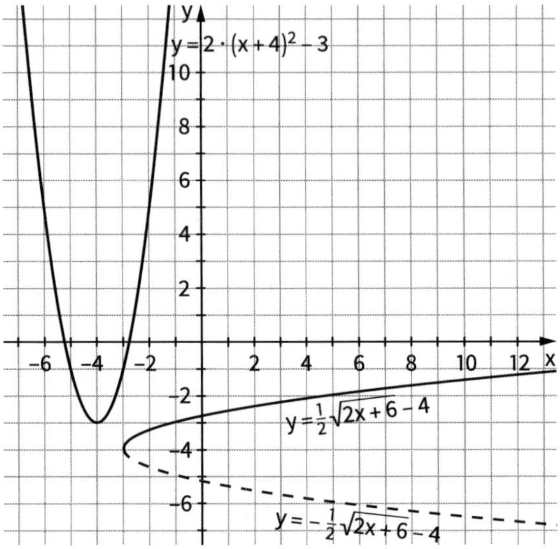

e) $y = \sqrt{x} + 5$ für $x \geq 0$ oder $y = -\sqrt{x} + 5$ für $x \geq 0$

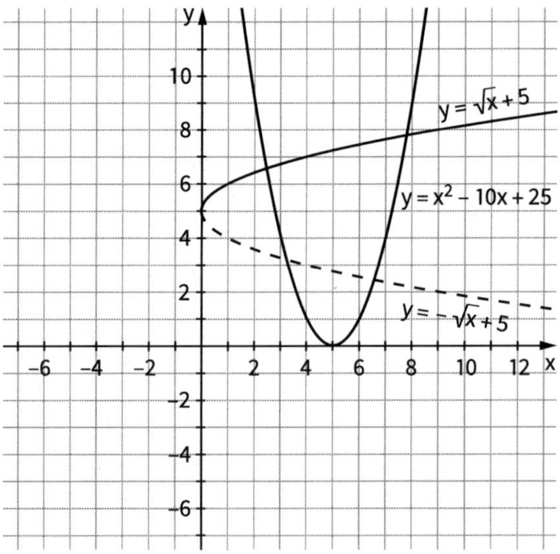

12

5. f) $y = \sqrt{x-3} - 2$ für $x \geq 3$ oder $y = -\sqrt{x-3} - 2$ für $x \geq 3$

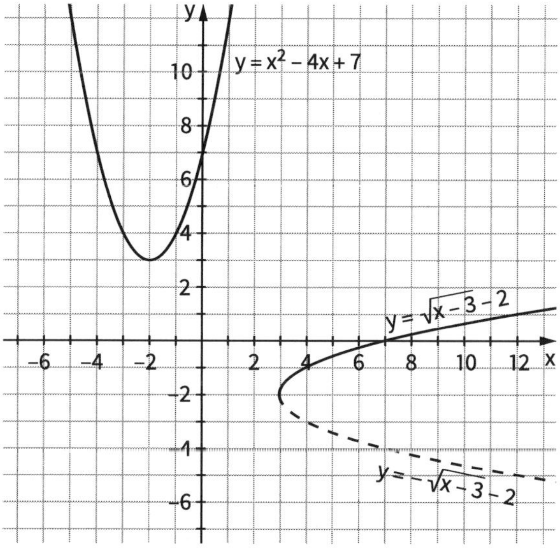

6. Druckfehler in Teilaufgabe b): $\frac{1}{3}$ statt – 13

a) Die Quadratwurzelfunktion wurde mit dem Faktor 3 parallel zur y-Achse gestreckt.

b) Die Quadratwurzelfunktion wurde mit dem Faktor $\frac{1}{3}$ parallel zur y-Achse gestreckt.

c) Die Quadratwurzelfunktion wurde mit dem Faktor 2 parallel zur y-Achse gestreckt und anschließend an der x-Achse gespiegelt.

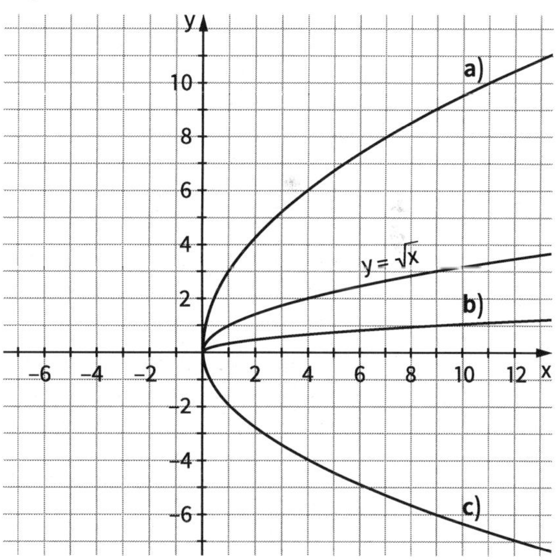

12

7. a) $s = \frac{1}{2} a t^2$

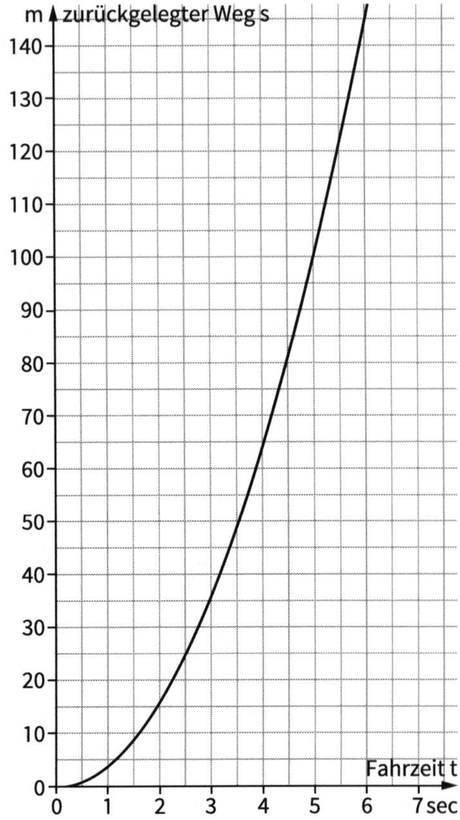

b) $t = \sqrt{\frac{2s}{a}}$

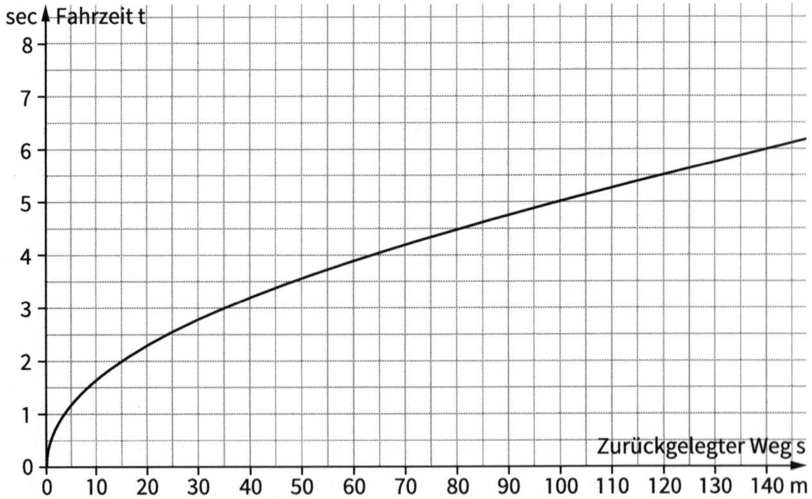

c) Ungefähr 3,5 Sekunden [5 Sekunden; ungefähr 11,2 Sekunden]

1. Potenzen und Potenzfunktionen

13

Einstiegsseite:

→ $40\,000\,\text{km} = 40\,000\,000\,\text{m} = 4 \cdot 10^7\,\text{m}$

→ 150 Millionen km $= 150\,000\,000\,\text{km} = 15 \cdot 10^7\,\text{km} = 1{,}5 \cdot 10^8\,\text{km}$

→ $0{,}06\,\text{nm} = \frac{6}{100\,000\,000\,000}\,\text{m} = \frac{6}{10^{11}}\,\text{m} = \frac{6}{100\,000\,000}\,\text{km} = \frac{6}{10^8}\,\text{km}$

Lernfeld: Mit „... hoch ...“ hoch hinaus

14 Weitgehend eigenständig entdecken die Schülerinnen und Schüler die Potenzgesetze durch zielgerichtetes Experimentieren mit oder ohne Rechnerhilfe. Sie üben sich dabei im mathematischen Argumentieren, entwickeln eigenständig Problemlösestrategien und vertiefen ihre Erfahrungen im Umgang mit formalen Darstellungen in der Algebra.

Die Aufgabenstellungen ermöglichen Eigenaktivitäten und Kommunikation. In Partnerarbeit festigen die Schülerinnen und Schüler das erworbene Wissen. Sie schärfen in der direkten Auseinandersetzung mit dem Partner das Überprüfen von Lösungstrategien und mathematische Argumentationsketten.

1. Auftrag: Rasantes Wachstum

Die 1 km^2 große Fläche mit Wasserhyazinthen vervierfacht sich jeden Monat.

→ Größe nach 1 Monat:	$4\,\text{km}^2$
Größe nach 2 Monaten:	$16\,\text{km}^2$
Größe nach 3 Monaten:	$64\,\text{km}^2$
Größe nach 4 Monaten:	$256\,\text{km}^2$
Größe nach 5 Monaten:	$1\,024\,\text{km}^2$
Größe nach 6 Monaten:	$4\,096\,\text{km}^2$
Größe nach 7 Monaten:	$16\,384\,\text{km}^2$
Größe nach 8 Monaten:	$65\,536\,\text{km}^2$
Größe nach 9 Monaten:	$262\,144\,\text{km}^2$
Größe nach 10 Monaten:	$1\,048\,576\,\text{km}^2$

→ Größe vor 1 Monat:	$\frac{1}{4}\,\text{km}^2 = 0{,}25\,\text{km}^2 = 25\,\text{ha}$
Größe vor 2 Monaten:	$\frac{1}{16}\,\text{km}^2 = 0{,}0625\,\text{km}^2 = 6{,}25\,\text{ha}$
Größe vor 3 Monaten:	$\frac{1}{64}\,\text{km}^2 = 0{,}015625\,\text{km}^2 \approx 1{,}56\,\text{ha}$
Größe vor 4 Monaten:	$\frac{1}{256}\,\text{km}^2 \approx 0{,}00390625\,\text{km}^2 \approx 3\,906\,\text{m}^2$
Größe vor 5 Monaten:	$\frac{1}{1\,024}\,\text{km}^2 \approx 0{,}0009765625\,\text{km}^2 \approx 977\,\text{m}^2$
Größe vor 6 Monaten:	$\frac{1}{4\,096}\,\text{km}^2 \approx 0{,}0002441406\,\text{km}^2 \approx 244\,\text{m}^2$
Größe vor 7 Monaten:	$\frac{1}{16\,384}\,\text{km}^2 \approx 0{,}0000610352\,\text{km}^2 \approx 61\,\text{m}^2$
Größe vor 8 Monaten:	$\frac{1}{65\,536}\,\text{km}^2 \approx 0{,}0000152588\,\text{km}^2 \approx 15\,\text{m}^2$

14 **1. Auftrag:** Fortsetzung

→ Größe vor 9 Monaten: $\frac{1}{262\,144}\,\text{km}^2 \approx 0{,}0000038147\,\text{km}^2 \approx 4\,\text{m}^2$

Größe vor 10 Monaten: $\frac{1}{21\,048\,576}\,\text{km}^2 \approx 0{,}0000009537\,\text{km}^2 \approx 1\,\text{m}^2$

→ Nach einem Jahr: $4^{12} = 16\,777\,216$

In einem halben Monat: $\frac{1}{\sqrt{4}} = \frac{1}{2} = 0{,}5$

In einem viertel Monat: $\frac{1}{\sqrt[4]{4}}\,\frac{1}{\sqrt{\sqrt{4}}} = \frac{1}{\sqrt{2}} \approx 0{,}7071$

An einem Tag $\left(\frac{1}{30}\text{ Monat}\right)$: $\frac{1}{\sqrt[30]{4}} \approx 0{,}95484$

2. Auftrag: Würfelspiel „Sechs ist aus"

Die Schülerinnen und Schüler sollen erste Erfahrungen mit einer Exponentialfunktion gewinnen. Der Zugang über ein Würfelspiel vernetzt darüber hinaus mit Erfahrungen, die bei mehrstufigen Zufallsexperimenten gewonnen wurden.

→ Die Anzahl der Würfel könnte sich folgendermaßen entwickeln:

Nach Spiel	1	2	3	4	5	6	7
Würfelanzahl	34	28	23	19	15	13	11

Nach ca. 15–20 Würfen ist kein Würfel mehr im Spiel.

→ Die Anzahl der Würfel, die noch im Spiel sind, soll in einem Liniendiagramm in Abhängigkeit von der Spielnummer für mehrere verschiedene Versuche dargestellt werden. Die Simulation mit einem Rechner ermöglicht das schnelle Erzeugen vieler Versuchsserien.

→ Mithilfe der Pfadregel kann für die Anzahl w (n) nach dem n-ten Spiel der Term $w(n) = 40 \cdot \left(\frac{5}{6}\right)^n$ begründet werden.

3. Auftrag: Zweimal hoch, was ergibt das?

Die Schülerinnen und Schüler begründen die vorgegebene Vereinfachung mithilfe der Definition für Potenzen mit gleicher Basis und mit natürlichem Exponenten. Sie verändern die Exponenten, wenden die Definition an und argumentieren analog. Durch Generalisieren und Verallgemeinern gelangen sie zu der Formel für die Multiplikation von Potenzen mit gleicher Basis und mit natürlichem Exponenten. Entsprechende Überlegungen führen zu der Formel für die Division von Potenzen mit gleicher Basis und mit natürlichem Exponenten sowie zu der Erkenntnis, dass es keine Gesetze für die Addition und Subtraktion gibt, da eine Vereinfachung nicht möglich ist.

Die Verfügbarkeit eines CAS verändert die Blickrichtung der Argumentation, da der Rechner das Ergebnis vorgibt und diese somit nicht mehr über die direkte Anwendung der Definition von dem Lernenden selbst gefunden wird.

→ Die Notizen von Mehmed liefern sowohl einen Ausgangspunkt für eine Vermutung für das Potenzgesetz zum Multiplizieren von Potenzen mit gleicher Basis als auch für eine Begründung.

Man multipliziert Potenzen mit gleicher Basis, indem man die Exponenten addiert. Die Basis bleibt erhalten.

14 **3. Auftrag:** Fortsetzung

→ Schülerinnen und Schüler sollen erkennen, dass es für das Addieren und Subtrahieren von Potenzen keine einfachen Regeln gibt. Beim Dividieren von Potenzen kann sowohl der Fall gleicher Exponenten als auch der Fall gleicher Basen untersucht werden.
Man multipliziert Potenzen mit gleichem Exponenten, indem man die Basen multipliziert. Der Exponent bleibt erhalten.
Man potenziert eine Potenz, indem man die Exponenten multipliziert. Die Basis bleibt erhalten.
Eine Summe oder Differenz kann man vereinfachen, wenn dabei gleichartige Glieder zusammengefasst werden.
Man dividiert Potenzen mit gleicher Basis, indem man die Exponenten subtrahiert. Die Basis bleibt erhalten.
Man dividiert Potenzen mit gleichem Exponenten, indem man die Basen dividiert. Der Exponent bleibt erhalten.

→ Das Experimentieren mit einem Computer-Algebra-System bietet sich an dieser Stelle an, das man sehr leicht Vermutungen gewinnen und überprüfen kann. Die Beweisnotwendigkeit kann dennoch durch die Frage nach dem Vorgehen des CAS erzeugt werden.

1.1 Potenzen mit ganzzahligen Exponenten

1.1.1 Definition und Anwendung der Potenzen mit natürlichen Exponenten

15 **Einstieg:**

a)

Zeit in (h)	1	2	3	4	5	6	...
Anzahl der Salmonellen	$2=2^1$	$4=2^2$	$8=2^3$	$16=2^4$	2^5	2^6	...

b) t: Anzahl der vergangenen Stunden
y: Anzahl der Salmonellen
$y=2^t$

c) Nach 20 Stunden sind es $10\cdot 2^{20}=10\,485\,760$ Salmonellen.

17 2. a) (1) $7{,}8543\cdot 10^4$ (3) $9{,}245682\cdot 10^6$
(2) $2{,}8433\cdot 10^4$ (4) $1\cdot 10^4=10^4$

b) Wenn das Ergebnis zu viele Ziffern hat, verwendet der Taschenrechner die Normdarstellung mit abgetrennten Zehnerpotenzen.

c) Meist gibt es eine besondere Taste für die verkürzte Eingabe der Normdarstellung mit abgetrennten Zehnerpotenzen (z. B. die Tasten E; EE; Exp, ...) bzw. findet die Befehle in einem Untermenü des Rechners.

17

3. a) 1; 10; 100; 1 000; 10 000; 100 000; 1 000 000; 10 000 000; 100 000 000; 1 000 000 000; 10 000 000 000
   b) 1; 2; 4; 8; 16; 32; 64; 128; 256; 512; 1 024
   c) 1; 3; 9; 27; 81; 243; 729
   d) 1; 5; 25; 125; 625; 3 125
   e) 1; −2; 4; −8; 16; −32; 64; −128; 256; −512; 1 024
   f) 1; 0,1; 0,01; 0,001; 0,0001; 0,00001
   g) $\frac{1}{1} = 1$; $\frac{1}{2}$; $\frac{1}{4}$; $\frac{1}{8}$; $\frac{1}{16}$; $\frac{1}{32}$; $\frac{1}{64}$; $\frac{1}{128}$; $\frac{1}{256}$; $\frac{1}{512}$; $\frac{1}{1024}$
   h) 1; $\sqrt{2}$; 2; $2\sqrt{2}$; 4; $4\sqrt{2}$; 8

18

4. –

5. a) $2^4 < 2^5$ b) $2^4 < 3^4$ c) $\left(\frac{1}{2}\right)^3 > \left(\frac{1}{2}\right)^4$ d) $2^4 = 4^2$ e) $3^0 = 7^0$

6. a) $2+2+2+2+2 < 2\cdot2\cdot2\cdot2\cdot2$
   b) $5+5 < 5\cdot5$
   c) $\frac{1}{2}+\frac{1}{2}+\frac{1}{2}+\frac{1}{2} > \frac{1}{2}\cdot\frac{1}{2}\cdot\frac{1}{2}\cdot\frac{1}{2}$
   d) $(-3)+(-3)+(-3)+(-3) < (-3)\cdot(-3)\cdot(-3)\cdot(-3)$

7. a) $8 < 9$ c) $625 > -625$ e) $-8 = -8$
   b) $-125 < 125$ d) $4 > -4$ f) $2^6 = 6^4 < 256 = 2^8$

8. a^n ist negativ, wenn $a < 0$ und n ungerade ist. a^n ist 0, wenn gilt $a = 0$ und $n > 0$. In allen anderen Fällen ist a^n positiv.

9. Es gibt die Ausnahmen $a^0 = 1$ und $a^1 = a$. Das sind keine Produkte aus gleichen Faktoren.

10. $0^0 = 1$
    Der Graph zu $y = x^0$ ist für $x < 0$ und $x > 0$ identisch mit dem Graphen zu $y = 1$. Daher ist auch für $x = 0$ die Definition $0^0 = 1$ sinnvoll, denn dann ist der Funktionswert 1 und der zugehörige Punkt liegt auch auf dem Graphen von $y = 1$.

11. a) $16 > -16$ c) $1 > -1$ e) $64 < 256$
    b) $-64 = -64$ d) $10\,000 > -10\,000$ f) $-8 < 9$

12. Patrick muss Klammern setzen, da sonst das Minuszeichen vor der Potenz steht und nicht potenziert wird: $(-47)^4 = 4\,879\,681$

13. a) 1,331 e) 2 401 i) 0,8170728...
    b) $\frac{81}{625} = 0{,}1296$ f) 0,00000001 j) 1,22019...
    c) 1 g) 1
    d) $-\frac{8}{27} = -0{,}296296$ h) $\frac{1}{4} = 0{,}25$

18 **14. a)** $8^2 = 4^3 = 2^6 = (-8)^2 = (-2)^6$

b) $(-5)^3 = -5^3$

c) $25^2 = 5^4 = (-25)^2 = (-5)^4$

d) $16^2 = 4^4 = 2^8 = (-16)^2 = (-4)^4 = (-2)^8$

e) $20^2 = (-20)^2$

f) $100^2 = 10^4 = (-100)^2 = (-10)^4$

g) $\left(\frac{1}{16}\right)^2 = \left(\frac{1}{4}\right)^4 = \left(\frac{1}{2}\right)^8 = \left(-\frac{1}{16}\right)^2 = \left(-\frac{1}{4}\right)^4 = \left(-\frac{1}{2}\right)^8$

h) $\left(\frac{1}{9}\right)^2 = \left(\frac{1}{3}\right)^4 = \left(-\frac{1}{9}\right)^2 = \left(-\frac{1}{3}\right)^4$

i) $\left(\frac{2}{5}\right)^5$

j) $0{,}5^3$

k) *Beispiele*: $1^7 = 3^0 = 17^0 = 0^0 = (-1)^8 = (-4)^0$

l) $2{,}5^2 = (-2{,}5)^2$

15. Die n-te Figur enthält 2^{n-1} Punkte, die 12. Figur enthält also $2^{11} = 2\,048$ Punkte.

19 **16.** 9^9 [$9^{(9^9)}$]

17. a)

Zeit (in h)	1	2	3	4	5	...	[1	2	3	...]
Fläche (in cm^2)	3	9	27	81	243	...	[2,5	6,25	15,625	...]

Allgemein gilt für die Fläche A (in cm^2) und die Zeit t (in Stunden):
$A = 3^t$ [$A = 2{,}5^t$]

b) –

18.

Zeit (in Wochen)	1	2	3	4	5	6	7	8	9	10	...
Masse (in mg)	256	128	64	32	16	8	4	2	1	0,5	...

Allgemein gilt für die Masse m (in mg) und die Zeit t (in Wochen): $m = 512 \cdot 0{,}5^t$

19. a) $3{,}507 \cdot 10^3$; $4{,}85 \cdot 10^1$; $1{,}2304 \cdot 10^1$; $7{,}548048 \cdot 10^5$

b) 430; 8 357; 720 000; 37 542,1

20. a) 1 000 000 000 000 km^3 (Billion)

b) 30 300 000 km^2 (Million)

c) 150 000 000 km (Million)

d) 940 000 000 km (Million)

21. a) $3 \cdot 10^5 \frac{km}{s}$

b) $1{,}39 \cdot 10^6$ km

c) $3{,}84 \cdot 10^5$ km

d) $4{,}16 \cdot 10^7$ km^2

e) $4{,}5 \cdot 10^9$ km

f) $3{,}962 \cdot 10^9$ Jahre

22. Hier wurde mit 365 Tagen pro Jahr gerechnet, das sind 31 536 000 s.

a) $9{,}4608 \cdot 10^{12}$ km

b) 500 s = 8 min 20 s

c) $9{,}4608 \cdot 10^{17}$ km

d) $6{,}3 \cdot 10^5$ Jahre

20 23. a) 1 GB = 2^{30} Byte = 1 073 741 824 Byte (siehe Schülerband Seite 21).
222 627 688 448 Byte ≈ 207,338 GB ≈ 207 GB
777 574 350 848 Byte ≈ 207,338 GB ≈ 207 GB

b) 1 kB = 2^{10} Byte; 671 088,64, also gut 671 000 Briefe.

c) 1 MB = 2^{20} Byte, 1 GB = 2^{30} Byte, 1 TB = 2^{40} Byte
(1) 1 780,87, also 1 780 Bilder (2) 227 951,3, also 227 951 Bilder

1.1.2 Erweiterung des Potenzbegriffs auf negative ganzzahlige Exponenten

Einstieg:

a)

Zeit (in h)	−1	−2	−3	−4	−5	...
Anzahl der Salmonellen	500 000	250 000	125 000	62 500	31 250	...

b) $y = 1\,000\,000 \cdot 2^{-t}$

22 2. a) (1) $7{,}9 \cdot 10^{-4}$ (2) $2{,}53 \cdot 10^{-5}$ (3) $4{,}29 \cdot 10^{-7}$ (4) $1{,}2 \cdot 10^{-2}$ (5) $1 \cdot 10^{-4}$

b) Das Ergebnis wird in Normdarstellung mit abgetrennten Zehnerpotenzen angezeigt. Der Taschenrechner kann die Anzahl der Ziffern nach dem Komma nicht mehr anzeigen.

c) (1) 0,004567
(2) $-3{,}56789 \cdot 10^{-21}$ Ergebnis hat zu viele Stellen nach dem Komma.
(3) −0,001

3. a) 1 000; 100; 10; 1; 0,1; 0,01; 0,001
b) 27; 9; 3; 1; $\frac{1}{3}$; $\frac{1}{9}$; $\frac{1}{27}$
c) 125; 25; 5; 1; $\frac{1}{5}$; $\frac{1}{25}$; $\frac{1}{125}$
d) −64; 16; −4; 1; $-\frac{1}{4}$; $\frac{1}{16}$; $-\frac{1}{64}$
e) $\frac{1}{8}$; $\frac{1}{4}$; $\frac{1}{2}$; 1; 2; 4; 8

4. –

5. a^n ist negativ, wenn $a < 0$ und n ungerade ist.
In den anderen Fällen ist an positiv $(a \neq 0)$.

6. a) $\frac{1}{8}$; −8; −8; $-\frac{1}{8}$; $-\frac{1}{8}$
b) $\frac{1}{25}$; −25; 25; $\frac{1}{25}$; $-\frac{1}{25}$

7. a) $9{,}5367\ldots \cdot 10^{-7}$
b) 17,34665...
c) $-1{,}9039\ldots \cdot 10^{-4}$
d) 7,59375
e) $7{,}12778\ldots \cdot 10^{-3}$
f) $1{,}7469\ldots \cdot 10^{-5}$

23 8. a) $-5^{-2} = -\frac{1}{25}$
b) Richtig, da $\frac{1}{16} < \frac{1}{8}$
c) Richtig, da $0{,}1 = \frac{1}{10}$
d) Falsch, da $8 > \frac{1}{8}$
e) Falsch, da $\frac{16}{9} > -\frac{16}{9}$
f) Richtig, da $1 > -\frac{1}{27}$
g) Richtig, da $\frac{1}{4} < \frac{1}{2}$
h) Richtig, da $\frac{1}{8} = \frac{1}{8}$
i) Richtig, da $-\frac{1}{2\sqrt{2}} < 0$

23

9. a) $15^3 \cdot \frac{1}{5^2} = \frac{5\cdot5\cdot5\cdot3\cdot3\cdot3}{5\cdot5} = \frac{5\cdot3\cdot3\cdot3}{1} = 5\cdot3^3 = 5\cdot27 = 135$

b) $\frac{1}{14^3}\cdot 7^5 = \frac{7\cdot7\cdot7\cdot7\cdot7}{14\cdot14\cdot14} = \frac{7\cdot7\cdot7\cdot7\cdot7}{2\cdot7\cdot2\cdot7\cdot2\cdot7} = \frac{7\cdot7}{2\cdot2\cdot2} = \frac{49}{8} = 6{,}125$

c) $\frac{21^3}{7^5} = \frac{21\cdot21\cdot21}{7\cdot7\cdot7\cdot7\cdot7} = \frac{3\cdot7\cdot3\cdot7\cdot3\cdot7}{7\cdot7\cdot7\cdot7\cdot7} = \frac{3\cdot3\cdot3}{7\cdot7} = \frac{27}{49} \approx 0{,}551$

d) $\frac{(-2)^6}{2^8} = \frac{(-2)\cdot(-2)\cdot(-2)\cdot(-2)\cdot(-2)\cdot(-2)}{2\cdot2\cdot2\cdot2\cdot2\cdot2\cdot2\cdot2} = \frac{1}{2\cdot2} = \frac{1}{4} = 0{,}25$

10. $16^{-1} = 4^{-2} = 2^{-4} = (-2)^{-4} = (-4)^{-2}$
$25^{-1} = 5^{-2} = (-5)^{-2}$
$64^{-1} = 8^{-2} = 4^{-3} = 2^{-6} = (-8)^{-2} = (-2)^{-6}$
$625^{-1} = 25^{-2} = 5^{-4} = (-25)^{-2} = (-5)^{-4}$
$256^{-1} = 2^{-8} = 4^{-4} = 16^{-2} = (-2)^{-8} = (-4)^{-4} = (-16)^{-2}$
$27^{-1} = 3^{-3}$
$900^{-1} = 30^{-2} = (-30)^{-2}$
$1\,600^{-1} - 40^{-2} - (-40)^{-2}$
$40\,000^{-1} = 200^{-2} = (-200)^{-2}$
$250\,000^{-1} = 500^{-2} = (-500)^{-2}$
$16\,900^{-1} = 130^{-2} = (-130)^{-2}$

11. a) $x \neq 0$
b) $z \neq 0$
c) $z \neq -1$
d) $a \neq 0$ und $b \neq 0$
e) $a \neq -2$ und $b \neq 0$

12. a) $\frac{1}{(2a)^3}$
b) $\frac{1}{(3ab)^4}$
c) $\frac{1}{5x}$
d) x^4
e) $\frac{1}{(a+b)^5}$
f) $1 + \frac{1}{x^2} = \frac{x^2+1}{x^2}$
g) $\frac{a}{(x+y)^2}$
h) $a - \frac{1}{x} = \frac{ax-1}{x}$
i) $\frac{y}{x^2}$
j) $\frac{a+1}{(b-1)^3}$

13. a) x^{-1}
b) $(a\cdot b)^{-3}$
c) $(\sqrt{a})^{-3}$
d) $a\cdot c^{-5}$
e) $x^3\cdot(4y)^{-1}$
f) $(a+b)^{-2}$
g) $(1+z)^{-1}$
h) x^3
i) $4y^4$
j) $x^{-4}\cdot y^{-1}$
k) $(x-y)^{-2}\cdot(x+y)^3$
l) $y^2\cdot z^3$

14. a) Richtig, denn wenn n gerade ist, dann ist $a^n > 0$ also auch $\frac{1}{a^n} > 0$.
b) Falsch, Gegenbeispiel: $2^{-3} = \frac{1}{8} > 0$ mit n ungerade.
c) Richtig, wenn ein Bruch größer als 1 ist, dann ist der Kehrwert des Bruches kleiner als 1.
d) Richtig, denn der Kehrbruch eines Bruches $\frac{1}{a}$ mit $0 < \frac{1}{a} < 1$ ist größer als 1.
e) Richtig, wenn ein Bruch kleiner als 1 und größer als 0 ist, dann ist der Kehrwert des Bruches größer als 1.
f) Falsch, Gegenbeispiel: $(-2)^3 = -8 < 0$ mit n ungerade.

15. Der grün gefärbte Anteil im n-ten Quadrat ist $\frac{1}{2^{n-1}}$.
Der Anteil im 10. Quadrat beträgt also: $\frac{1}{2^9} = \frac{1}{512} = 2^{-9}$

23

16. a) $1 \cdot 10^{-2}$ b) $7 \cdot 10^{-2}$ c) $6{,}8 \cdot 10^{-1}$ d) $4{,}9 \cdot 10^{-3}$ e) $3{,}9 \cdot 10^{-5}$

17. a) 0,03 b) 0,00042 c) 0,0000075 d) 0,0000253 e) 0,000003

24

18. (1) 0,0007 cm (2) 0,000094 cm (4) 0,000086 m (3) 0,00025 m (5) 0,0055 g

19. a) 3 g b) $2 \cdot 10^{-5}$ kg c) $5 \cdot 10^{-7}$ mm d) $3{,}2 \cdot 10^{-6}$ m

20. a) (1) 10^{-6} m = 1 Mikrometer
(2) 10^{-7} m = 100 Nanometer
(3) 10^{-9} m = 1 Nanometer
(4) 10^{-6} m = 1 Mikrometer
(5) 10^{-6} m = 1 Mikrometer

b) $\frac{m}{s}$ und $\frac{km}{h}$ sind Einheiten für die Geschwindigkeit.
$\frac{g}{cm^3}$ ist eine Einheit für die Dichte.
$\frac{N}{m^2}$ ist eine Einheit für den Druck.

21. –

22. Abhängig vom Taschenrechner, z. B.: $9{,}99 \cdot 10^{-99}$ [$9{,}99 \cdot 10^{99}$]

23. a) 0,01 m = 1 cm Zum Beispiel eine Murmel.
b) 9 990 kg

Das kann ich noch!

A) 1) Fahrstrecke x (in km), Preis y (in €)
Rent a Car: $y = 0{,}25x + 45{,}00$ Car4you: $0{,}30x + 37{,}50$

2) Rent a Car: $y = 0{,}25 \cdot 120 + 45{,}00 = 75{,}00$, also 75,00 €.
Car4you: $y = 0{,}30 \cdot 120 + 37{,}50 = 73{,}50$, also 73,50 €.

3) $0{,}25x + 45{,}00 = 0{,}30x + 37{,}50$; Lösung: $x = \frac{750}{7} = 107{,}14\ldots$
Bei gut 107 km sind die beiden Tarife gleich günstig. Es sind dann 232,50 € zu zahlen.

1.2 Potenzen mit rationalen Exponenten

1.2.1 Potenzen mit Stammbrüchen als Exponenten – n-te Wurzeln

25

Einstieg:

a) 5 cm b) Ungefähr 5,85 cm

27 **2. a)** (1)

8	2	8
27	3	27
512	8	512
729	9	729
1 331	11	1 331

(2)

5	125	5
6	216	6
12	1 728	12
20	8 000	20
30	27 000	30

Die Linke und die rechte Spalte der Tabellen stimmen jeweils überein.

b) (1) $\sqrt[5]{7\,776} = 6$; $6^5 = 7\,776$

$\sqrt[5]{100\,000} = 10$; $10^5 = 100\,000$

(2) $8^5 = 32\,768$; $\sqrt[5]{32\,768} = 8$

$11^5 = 161\,051$; $\sqrt[5]{161\,051} = 11$

c) 125; 4 913; 7; 2; 19; 74

28 **3. a)** *Beweis:* Der Bruch $\frac{m}{n}$ sei gekürzt.

$\frac{m}{n} = \sqrt[3]{2}$ bedeutet $\frac{m^3}{n^3} = 2 = \frac{2}{1}$. Wegen $\frac{m}{n}$ ist auch $\frac{m^3}{n^3}$ ein gekürzter Bruch, denn m3 enthält dieselben Primfaktoren wie m. Mit $\frac{m^3}{n^3} = \frac{2}{1}$ müsste $m^3 = 2$ und $n^3 = 1$ sein. Es gibt aber keine natürliche Zahl m, deren 3. Potenz gleich 2 ist und damit keine Bruchzahl $\frac{m}{n}$ mit $\frac{m}{n} = \sqrt[3]{2}$, d.h. $\sqrt[3]{2}$ ist irrational.

b) *Beweis:* Der Bruch $\frac{m}{n} = \sqrt[4]{8}$ sei gekürzt, damit auch $\frac{m^4}{n^4}$.
Wegen $\frac{m^4}{n^4} = 8 = \frac{8}{1}$ müsste $m^4 = 8$ sein. Es gibt aber keine natürliche Zahl m, deren 4. Potenz gleich 8 ist. Aus dem Widerspruch folgt, dass die Annahme falsch und $\sqrt[4]{8}$ irrational ist.

c) Aus der Annahme $\frac{m}{n} = \sqrt[3]{216}$ erhält man keinen Widerspruch, da es eine natürliche Zahl $m = 6$ gibt, sodass $m^3 = 216$ ist.
$\sqrt[3]{216} = 6$ ist nicht irrational.

4. a) 2; denn $2^3 = 8$
b) 10; denn $10^3 = 1\,000$
c) 8; denn $8^3 = 512$
d) 2; denn $2^5 = 32$
e) 0,2; denn $0{,}2^3 = 0{,}008$
f) 4; denn $4^4 = 256$
g) 11; denn $11^2 = 121$
h) 0,3; denn $0{,}3^4 = 0{,}0081$
i) 1; denn $1^7 = 1$
j) 0,1; denn $0{,}1^5 = 0{,}00001$
k) 0; denn $0^{12} = 0$
l) $\frac{1}{2}$; denn $\left(\frac{1}{2}\right)^4 = \frac{1}{16}$
m) $\frac{2}{3}$; denn $\left(\frac{2}{3}\right)^3 = \frac{8}{27}$
n) $\frac{3}{2}$; denn $\left(\frac{3}{2}\right)^5 = \frac{243}{32}$
o) $\frac{3}{4}$; denn $\left(\frac{3}{4}\right)^2 = \frac{9}{16}$

5. a) $\sqrt{25} = 5$
b) $\sqrt[3]{512} = 8$
c) wahr
d) wahr
e) $\sqrt[5]{3\,200\,000} = 20$
f) $\sqrt[6]{0{,}000001} = 0{,}1$
g) wahr
h) wahr

6. a) 2 und 3
b) 3 und 4
c) 7 und 8
d) 12 und 13
e) 4 und 5

28

7. a) $2 \cdot 4 = 8$ | c) $\sqrt[5]{32} = 2$ | e) $1 + 10 = 11$ | g) $5 \cdot 2 + 4 \cdot 2 = 18$

b) $7 - 6 = 1$ | d) $\sqrt[3]{64} = 4$ | f) $50 \cdot 0{,}1 - 2 = 3$ | h) $\frac{1}{7} \cdot 7 - \frac{1}{8} \cdot 8 = 0$

8. a) $6 = 6$; wahr
b) $2 = 2$; wahr
c) $4 \neq \sqrt{\sqrt{8}} = 1{,}68\ldots$; falsch
d) $2 = 2$; wahr

9. a) 2 c) 2 e) 0 g) 3
b) 2 d) 1 f) 5 h) $64^{0{,}\overline{3}} = 64^{\frac{1}{3}} = 4$

10. a) $\sqrt[5]{a}$ c) $\sqrt[5]{y}$ e) $\sqrt[3]{a + b}$
b) $\sqrt[4]{x}$ d) $\sqrt{1 + x}$ f) $\sqrt[8]{n + 1}$

11. –

12. a) 81 c) 1,2 e) 8
b) 37 d) 0 f) 4

13. a) $|c|$; c beliebig c) $-|a|$; a beliebig e) $|a + b|$; a, b beliebig
b) $2a$; $a \geq 0$ d) $1{,}5 \cdot |r|$; r beliebig

29

14. a) 3 b) -18 c) richtig d) $\frac{1}{16}$

15. a)

n	(1) $\sqrt[n]{500}$	(2) $\sqrt[n]{0{,}01}$
2	22,3607	0,1
3	7,9370	0,2154
4	4,7287	0,3162
5	3,4657	0,3981

$\sqrt[n]{500}$ wird immer kleiner, ist aber immer größer als 1.
$\sqrt[n]{0{,}01}$ wird immer kleiner, ist aber immer größer als 1.

b) (1) $n \geq 9$ (2) $n \geq 7$

16. Für alle a wird der Radikand a^n bei geraden n positiv bzw. 0. Damit ist $\sqrt[n]{a^n}$ immer definiert. Für $a < 0$ ist $\sqrt[n]{a^n} = -a = |a|$. Für $a \geq 0$ ist $\sqrt[n]{a^n} = a = |a|$. Insgesamt folgt also $\sqrt[n]{a^n} = |a|$.
Für ungerade n und für $a \geq 0$ ist $\sqrt[n]{a^n} = a = |a|$.
Für n ungerade und negative a ist a^n auch negativ. Die n-te Wurzel ist also nicht definiert.
Wenn man diese Definition zulässt (vergleiche auch Information auf Seite 26 des Schülerbandes) erhält man:
Für $a < 0$ ist $\sqrt[n]{a^n} = -\sqrt[n]{|a|^n} = -|a| = a \neq |a|$.

1.2.2 Potenzen mit rationalen Exponenten

29 **Einstieg:**

a)

Zeitpunkt t (in h)	0	1	2	3	4	5	6	7
Flächeninhalt A der Kultur (in cm²)	3^0	3^1	3^2	3^3	3^4	3^5	3^6	3^7

Funktionsgleichung: $A = 3^t$

b) (1) $A \approx 1{,}73\,\text{cm}^2$ (2) $A \approx 1{,}32\,\text{cm}^2$ (3) $A \approx 2{,}28\,\text{cm}^2$ (4) $A \approx 1{,}44\,\text{cm}^2$

31 **2.** $a^{1{,}5} = a^{\frac{3}{2}} = a^{\frac{3\cdot 5}{2\cdot 5}} = a^{\frac{15}{10}}$ also $\sqrt[2]{a^3} = \sqrt[10]{a^{15}}$

Beweis des Satzes:

$\frac{m}{n} = \frac{p}{q}$ also ist:

(1) $p = b\cdot n$ und $q = b\cdot m$ oder (2) $n = b\cdot p$ und $m = b\cdot q$ mit $b \in \mathbb{N}^*$

Damit folgt:

(1) $\sqrt[p]{a^q} = a^{\frac{q}{p}} = a^{\frac{b\cdot m}{b\cdot n}} = a^{\frac{m}{n}} = \sqrt[n]{a^m}$ (2) $\sqrt[n]{a^m} = a^{\frac{m}{n}} = a^{\frac{b\cdot q}{b\cdot p}} = a^{\frac{q}{p}} = \sqrt[p]{a^q}$

3. Die Hefekultur verdoppelt sich in einer Stunde.

a) Drei drittel Stunden ergeben zusammen eine Stunde.
Wir suchen also einen Vervielfachungsfaktor a mit $a\cdot a\cdot a = a^3 = 2$, also $a = \sqrt[3]{2}$.

b) $1\frac{1}{2}$ Stunden sind die Hälfte von 3 Stunden. In 3 Stunden ist die Hefekultur auf das 2^3-fache angewachsen. Wir suchen also einen Vervielfachungsfaktor a mit $a^2 = 2^3$, also $a = \sqrt{2^3}$.

4. a) $\sqrt{5}$; $\sqrt[3]{4}$; $\sqrt[4]{8}$

c) $\frac{1}{\sqrt{4}} = \sqrt{4^{-1}}$; $\frac{1}{\sqrt{5^3}} = \sqrt{5^{-3}}$; $\frac{1}{\sqrt[5]{2^2}} = \sqrt[5]{\frac{1}{2^2}} = \sqrt[5]{2^{-2}}$

b) $\sqrt[4]{2^3}$; $\sqrt[3]{2^4}$; $\sqrt{3}$

d) $\sqrt{2}$; $\sqrt{3^3}$; $\sqrt[5]{5^{16}}$

5. a) $18^{\frac{1}{2}}$; $5^{\frac{1}{3}}$; $7^{\frac{1}{5}}$ b) $2^{\frac{4}{3}}$; $3^{-\frac{1}{4}}$; $3^{\frac{1}{2}}$ c) $4^{-\frac{2}{3}}$; $7^{-\frac{1}{5}}$; $2^{-\frac{3}{4}}$

6. a) $\sqrt[3]{x^2}$; $x > 0$

e) $d^{\frac{1}{2}} = \sqrt{d}$; $d > 0$

b) $\sqrt[4]{y^3}$; $y > 0$

f) $e^{\frac{4}{5}} = \sqrt[5]{e^4}$; $e > 0$

c) $\sqrt[3]{a}$; $a > 0$

g) $p^{-\frac{26}{5}} = \frac{1}{p^{\frac{26}{5}}} = \frac{1}{\sqrt[5]{p^{26}}} = \sqrt[5]{\frac{1}{p^{26}}} = \sqrt[5]{p^{-26}}$; $p > 0$

d) $\frac{1}{\sqrt[4]{b^3}} = \sqrt[4]{\frac{1}{b^3}} = \sqrt[4]{b^{-3}}$; $x > 0$

h) $a^{\frac{36}{5}} = \sqrt[5]{a^{36}}$; $a > 0$

7. a) $a^{\frac{5}{3}}$; $x^{\frac{2}{5}}$; $z^{\frac{5}{4}}$

c) $x^{-\frac{3}{2}}$; $c^{\frac{4}{3}}$; $k^{\frac{1}{2}}$

b) $x^{-\frac{1}{4}}$; $z^{-\frac{2}{5}}$; $u^{-\frac{7}{3}}$

d) $z^{-\frac{2}{3}}$; $x^{-\frac{4}{5}}$; $m^{-\frac{3}{2}}$

32 **8.** a) 2 c) 8 e) 1 g) 2 i) $\frac{1}{6}$ k) $\frac{1}{8}$

b) $\frac{1}{6}$ d) 4 f) 0,5 h) 2 j) 8 l) 8

32

9. a) –

b) (1) 1,19581317…
(2) 0,69314484…
(3) 470,533239…
(4) 0,00781497…
(5) 1,21901365…
(6) 6,24025146…
(7) 1,31607401…
(8) 1,71743303…

10. a) $3 = 9^{\frac{1}{2}} = 27^{\frac{1}{3}} = 81^{\frac{1}{4}}$
b) $5 = 25^{\frac{1}{2}} = 125^{\frac{1}{3}} = 625^{\frac{1}{4}}$
c) $9 = 81^{\frac{1}{2}} = 729^{\frac{1}{3}} = 6561^{\frac{1}{4}}$
d) $4 = 16^{\frac{1}{2}} = 64^{\frac{1}{3}} = 256^{\frac{1}{4}}$
e) $2^3 = 4^{\frac{3}{2}} = 8^{\frac{3}{3}} = 16^{\frac{3}{4}}$
f) $2^6 = 4^{\frac{6}{2}} = 8^{\frac{6}{3}} = 16^{\frac{6}{4}}$
g) $3^9 = 9^{\frac{9}{2}} = 27^{\frac{9}{3}} = 81^{\frac{9}{4}}$

11. a) 4 **b)** 25 **c)** 8 **d)** 27 **e)** 32 **f)** 81

12. a) $(-5)^{\frac{2}{3}}$ ist nicht definiert; $\sqrt[3]{(-5)^2} = 5^{\frac{2}{3}}$
b) $\sqrt[5]{(-1)^3} = \sqrt[5]{-1}$ ist nicht definiert
c) richtig
d) $(-10\,000)^{-\frac{1}{4}}$ ist nicht definiert.

13. a) $x - 1 > 0$, also $x > 1$
b) $x + 5 > 0$, also $x > -5$
c) $2x - 1 > 0$, also $x > 0{,}5$
d) $3x + 6 > 0$, also $x > -2$
e) $1 - 4x > 0$, also $x < 0{,}25$
f) $40 - 4x > 0$, also $x < 10$

14. a) $(x-1)^{\frac{2}{3}}$
b) $(a-b)^{\frac{2}{3}}$
c) $(x^3 + y^3)^{\frac{1}{2}}$
d) $(a \cdot b)^{\frac{3}{4}}$
e) $x^{-\frac{1}{4}}$
f) $-7(a-b)^{-n}$

15. a) $\sqrt[3]{(a+1)^2}$
b) $\sqrt[9]{(x+y)^4}$
c) $\sqrt[4]{(x-7y)^{-3}} = \frac{1}{\sqrt[4]{(x-7y)^3}}$
d) $\sqrt[7]{(x \cdot y)^4}$
e) $\sqrt[n]{(a \cdot b)^m}$
f) $\sqrt[n \cdot q]{a^p}$

16. a) $\sqrt[4]{a^6} = a^{\frac{6}{4}} = a^{\frac{3}{2}} = \sqrt[2]{a^3}$; $a > 0$
b) $\sqrt[9]{x^3} = x^{\frac{3}{9}} = x^{\frac{1}{3}} = \sqrt[3]{x}$; $x > 0$
c) $\sqrt[10]{z^5} = 7^{\frac{5}{10}} = 7^{\frac{1}{2}} = \sqrt{z}$; $z > 0$
d) $\frac{1}{\sqrt[12]{x^8}} = x^{-\frac{8}{12}} = x^{-\frac{2}{3}} = \sqrt[3]{x^{-2}} = \frac{1}{\sqrt[3]{x^2}}$; $x > 0$
e) $\sqrt[3k]{x^k} = x^{\frac{k}{3k}} = x^{\frac{1}{3}} = \sqrt[3]{x}$; $x > 0$; $k \in \mathbb{N}$; $k \neq 0$
f) $\sqrt[2n]{r^{-n}} = r^{-\frac{n}{2n}} = r^{-\frac{1}{2}} = \sqrt{r-1} = \frac{1}{\sqrt{r}}$; $x > 0$; $n \in \mathbb{N}$; $n \neq 0$

17. Nach einer Stunde steht das Wasser nur noch $\frac{1}{4}$ so hoch wie vorher.
a) $80\,\text{cm} \cdot \left(\frac{1}{4}\right)^2 = 80\,\text{cm} \cdot \frac{1}{16} = 5\,\text{cm}$
b) $80\,\text{cm} \cdot \left(\frac{1}{4}\right)^{-1} = 80\,\text{cm} \cdot 4 = 320\,\text{cm}$
c) $80\,\text{cm} \cdot \left(\frac{1}{4}\right)^{\frac{1}{2}} = 80\,\text{cm} \cdot \frac{1}{2} = 40\,\text{cm}$
d) $80\,\text{cm} \cdot \left(\frac{1}{4}\right)^{\frac{1}{4}} = 80\,\text{cm} \cdot \frac{\sqrt{2}}{2} \approx 56{,}6\,\text{cm}$

Im Blickpunkt: Kleine Anteile – große Wirkung

33 1. Der Verlauf der Temperatur und der Verlauf der Konzentration des Kohlendioxids ist in der Vergangenheit sehr ähnlich. Bei geringen Temperaturen ist auch die Kohlendioxidkonzentration geringer. Der Wert der CO_2-Konzentration für das Jahr 2007 jedoch ist erheblich höher als man aufgrund der Messungen für die Vergangenheit erwarten würde. Dieser Wert war seit 160 000 Jahren nie so hoch wie heute.

2. $1\,\text{ppm} = 10^{-6}$ $1\,\text{ppt} = 10^{-12}$
$1\,\text{ppb} = 10^{-9}$ $1\,\text{ppq} = 10^{-15}$

34 3. a) $2{,}7 \cdot 10^6\,\text{g} = 2{,}7\,\text{t}$ c) $2{,}7 \cdot 10^{12}\,\text{g} = 2\,700\,000\,\text{t}$
b) $2{,}7 \cdot 10^9\,\text{g} = 2\,700\,\text{t}$ d) $2{,}7 \cdot 10^{15}\,\text{g} = 2\,700\,000\,000\,\text{t}$

4. a) Chemische Verfahren: $\frac{10^{-9}\,\text{g}}{1\,000\,\text{g}} = \frac{1}{10^{12}} = 1\,\text{ppt}$
Elektrochemische Verfahren: 1 ppq
Spektroskopische Verfahren: 0,1 ppq
b) 1 Liter Wasser, also 1 dm^3 Wasser, wiegt 1 kg.
Harnanteil im Wasser in g pro kg:
$\frac{5}{143\,000\,000} \approx 0{,}000000035 = 3{,}5 \cdot 10^{-8} = 35 \cdot 10^{-9} = 35\,\text{ppb}$
Laut den Angaben in Teilaufgabe a) kann dieser Anteil nachgewiesen werden.

5. In einem Liter befinden sich 10^{-5} l Ozon.

6. In einem Liter Luft sind zwischen 0,00019 l und 0,042 l Wasser enthalten.

1.3 Potenzgesetze ihre Anwendung

1.3.1 Multiplizieren und Potenzieren von Potenzen

35 **Einstieg:**

(1) $3^5 \cdot 3^2 = (3 \cdot 3 \cdot 3 \cdot 3 \cdot 3)\,(3 \cdot 3) = 3^7$

$3^{-5} \cdot 3^{-2} = \frac{1}{3^5} \cdot \frac{1}{3^2} = \frac{1}{(3 \cdot 3 \cdot 3 \cdot 3 \cdot 3) \cdot (3 \cdot 3)} = \frac{1}{3^7} = 3^{-7}$

$a^n \cdot a^m = a^{n+m}$

(2) $2^4 \cdot 3^4 = (2 \cdot 2 \cdot 2 \cdot 2) \cdot (3 \cdot 3 \cdot 3 \cdot 3) = (2 \cdot 3) \cdot (2 \cdot 3) \cdot (2 \cdot 3) \cdot (2 \cdot 3) = 6 \cdot 6 \cdot 6 \cdot 6 = 6^4$

$2^{-4} \cdot 3^{-4} = \frac{1}{2^4} \cdot \frac{1}{3^4} = \frac{1}{(2 \cdot 2 \cdot 2 \cdot 2) \cdot (3 \cdot 3 \cdot 3 \cdot 3)} = \frac{1}{(2 \cdot 3) \cdot (2 \cdot 3) \cdot (2 \cdot 3) \cdot (2 \cdot 3)} = \frac{1}{6 \cdot 6 \cdot 6 \cdot 6} = \frac{1}{6^4} = 6^{-4}$

$a^n \cdot b^n = (a \cdot b)^n$

(3) $(3^2)^3 = (3^2) \cdot (3^2) \cdot (3^2) = 3^{2+2+2} = 3^6$

$(3^2)^{-3} = \frac{1}{(3^2) \cdot (3^2) \cdot (3^2)} = \frac{1}{3^{2+2+2}} = \frac{1}{3^6} = 3^{-6}$

$(a^m)^n = a^{m \cdot n}$

37

3. $(2^3)^4 = 2^3 \cdot 2^3 \cdot 2^3 \cdot 2^3 = 2^{12}$

$(3^5)^{-1} = \frac{1}{3^5} = 3^{-5}$

$(4^{-2})^{-3} = \frac{1}{(4^{-2})^3} = \frac{1}{4^{-2} \cdot 4^{-2} \cdot 4^{-2}} = \frac{1}{\frac{1}{4^2} \cdot \frac{1}{4^2} \cdot \frac{1}{4^2}} = \frac{1}{\frac{1}{4^6}} = 4^6$

$\left(4^{\frac{3}{2}}\right)^2 = \left(4^{\frac{3}{2}}\right) \cdot \left(4^{\frac{3}{2}}\right) = 4^{\frac{3}{2} + \frac{3}{2}} = 4^{\frac{6}{2}} = 4^3$

Allgemeine Begründung für m, n ∈ ℕ; m, n > 0:

$(a^m)^n = a^{m \cdot n}$

$(a^m)^n = \underbrace{a^m \cdot a^m \dots a^m}_{\text{n Faktoren } a^m} = \underbrace{\underbrace{a \cdot a \dots a}_{\text{m Faktoren a}} \cdot \underbrace{a \cdot a \dots a}_{\text{m Faktoren a}}}_{n \cdot m \text{ Faktoren a}} \dots = a^{m \cdot n}$

38

4. Man kann nur gleichartige Glieder zusammenfassen. Das ist nur bei folgenden Teilaufgaben möglich:

d) $2a^n$ **h)** 0 **i)** $4a^n$ **j)** $6a^n$

5. a) **(1)** Anwendung von P1
(2) Anwendung von P2
(3) Anwendung von P3

b) **(1)** $(\sqrt{a})^5 = (\sqrt{a})^{4+1} = (\sqrt{a})^4 \cdot (\sqrt{a})^1 = a^2 \cdot \sqrt{a}$; für $a \geq 0$
(2) $(a\sqrt{b})^{-2} = a^{-2} \cdot (\sqrt{b})^{-2} = a^{-2} b^{-1}$; für $a \neq 0$, $b > 0$
(3) $(\sqrt{a})^{10} = (\sqrt{a})^{2 \cdot 5} = \left((\sqrt{a})^2\right)^5 = a^5$; für $a \geq 0$

6.
a) $2^5 = 32$
b) $3^9 = 19\,683$
c) $5^5 = 3\,125$
d) $5^{-5} = \frac{1}{5^5} = \frac{1}{3\,125}$
e) $4^2 = 16$
f) $1^9 = 1$
g) $0^{15} = 1$
h) $10^2 = 100$
i) $(-1)^6 = 1$
j) $(-2)^0 = 1$
k) $(-10)^{-7} = -\frac{1}{10\,000\,000} = -0{,}0000001$
l) $0{,}2^4 = \left(\frac{1}{5}\right)^4 = \frac{1}{5^4} = \frac{1}{625} = 0{,}0016$
m) $1{,}5^2 = 2{,}25$
n) $(-0{,}5)^{-6} = \left(-\frac{1}{2}\right)^{-6} = (-2)^6 = 64$
o) $\left(\frac{2}{3}\right)^5 = \frac{2^5}{3^5} = \frac{32}{243}$
p) $\left(\frac{1}{2}\right)^{-1} = 2$

7.
a) $2^{\frac{4}{4}} = 2^1 = 2$
b) $5^{\frac{6}{3}} = 5^2 = 25$
c) $6^1 = 6$
d) $4^{-\frac{3}{15} + \frac{5}{15}} = 4^{\frac{2}{15}} = \sqrt[15]{4^2} = \sqrt[15]{16}$
e) $\left(\frac{1}{2}\right)^{-\frac{3}{6} - \frac{4}{6}} = \left(\frac{1}{2}\right)^{-\frac{7}{6}} = \left(\frac{1}{2}\right)^{-1-\frac{1}{6}} = \left(\frac{1}{2}\right)^{-1} \cdot \left(\frac{1}{2}\right)^{-\frac{1}{6}} = 2 \cdot 2^{\frac{1}{6}} = 2 \cdot \sqrt[6]{2}$
f) $\left(\frac{5}{3}\right)^{\frac{2}{4}} = \left(\frac{5}{3}\right)^{\frac{1}{2}} = \sqrt{\frac{5}{3}}$

8. Nach der Schätzung sind es $(1 \cdot 10^{11}) \cdot (2 \cdot 10^{11}) = 2 \cdot 10^{22}$ Sterne.

39 **9.** a) x^5
b) $a;\ a \neq 0$
c) $z^{-7};\ z \neq 0$
d) $y^{-3};\ y \neq 0$
e) a^8
f) $b^{-6};\ b \neq 0$
g) $30a^6$
h) $u^{-1} \cdot v;\ u, v \neq 0$
i) $120z^{-1}y^2;\ z, y \neq 0$
j) $x^{\frac{5}{6}};\ x > 0$
k) $z^{\frac{2}{3}};\ z > 0$
l) $a^{\frac{1}{3}};\ a > 0$

10. a) $(x+y)^5$
b) $(x-y)^{-10}$
c) $(2p)^{-2}$
d) $(x \cdot y)^4$
e) $u+v$
f) $(2a+b)^4$

11. a) $x^{3n+2m};\ x > 0$
b) $p^{6a};\ p > 0$
c) $a^p;\ a > 0$
d) $y^{6r};\ y > 0$
e) $z^{6k};\ z > 0$

12. $6\,l = 6\,dm^3 = 6 \cdot 106\,mm^3$
$6 \cdot 10^6 \cdot 5{,}5 \cdot 10^6 = 33 \cdot 10^{12} = 3{,}3 \cdot 10^{13}$ Blutkörperchen

13. a) $100^3 = 1\,000\,000$
b) $10^{-6} = 0{,}000001$
c) $10^{-4} = 0{,}0001$
d) $(-2)^8 = 256$
e) $16^{\frac{1}{2}} = \sqrt{16} = 4$
f) $256^{\frac{1}{2}} = \sqrt{256} = 16$
g) $36^{-\frac{1}{2}} = \frac{1}{36^{\frac{1}{2}}} = \frac{1}{\sqrt{36}} = \frac{1}{6}$
h) $81^{\frac{3}{4}} = \left(\sqrt[4]{81}\right)^3 = 33 = 27$

14. a) Falsch, richtig wäre: $2^3 + 4^3 = 8 + 64 = 72$
b) Falsch, richtig wäre: $2^3 + 2^4 = 8 + 16 = 24$ oder $2^3 \cdot 2^4 = 2^7$
c) Richtig
d) Falsch, richtig wäre: $4^3 - 4^{-2} = 64 - \frac{1}{16} = 63\frac{15}{16}$ oder $4^3 \cdot 4^{-2} = 4^1$
e) Falsch, richtig wäre: $(2+4)^3 = 6^3$
f) Falsch, richtig wäre: $(3-1)^2 = 2^2 = 4$

15. a) $(a \cdot b)^3$
b) $(c \cdot d)^{-2};\ c, d \neq 0$
c) $(a \cdot b)^0 = 1$
e) $\left(a \cdot \frac{1}{a}\right)^4 = 1^4 = 1;\ a \neq 0$
d) $(r \cdot s \cdot t)^{-4};\ r, s, t \neq 0$
f) $\left(z \cdot \frac{2}{z}\right)^{\frac{2}{3}} = 2^{\frac{2}{3}} = \sqrt[3]{22} = \sqrt[3]{4};\ z > 0$

16. a) 10^n
b) $\left(\frac{1}{3}\right)^{2n}$
c) 20^{m+1}
d) 6^{z-1}
e) 10^{2n+1}
f) $(a \cdot b)^{3n}$
g) $6^{u+\frac{2}{3}}$
h) $8^{r-0{,}5}$

40 **17.** $a^5 \cdot b^5 = (a \cdot b)^5$
$a^5 \cdot a^3 = a^8$
$a^5 \cdot b^{-4}$
$b^3 \cdot b^5 = b^8$
$b^3 \cdot a^3 = (b \cdot a)^3$
$b^3 \cdot b^{-4} = b^{-1}$
$a^{-4} \cdot b^5$
$a^{-4} \cdot a^3 = a^{-1}$
$a^{-4} \cdot b^{-4} = (a \cdot b)^{-4}$

40

18. a) $3^{-3} = \frac{1}{27}$

b) $10^5 = 100\,000$

c) $\left(\frac{1}{2}\right)^{-4} = 2^4 = 16$

d) $\left(\frac{1}{3}\right)^{-3} = 3^3 = 27$

e) $\left(-\frac{9}{4}\right)^{-5} = \left(-\frac{4}{9}\right)^5 = -\frac{4^5}{9^5} = -\frac{1\,024}{59\,049}$

f) $\left(\frac{3}{8}\right)^7 = \frac{3^7}{8^7} = \frac{2\,187}{2\,097\,152}$

19. a) $2^6 = 64$

b) $2^{12} = 4\,096$

c) $2^8 = 256$

d) $(-3)^4 = 81$

e) $(-9)^2 = 81$

f) $-3^4 = -81$

g) $2^{12} = 4\,096$

h) $-2^{10} = -1\,024$

i) -2^{-10}

j) $(-1)^7 = -1$

k) $-1^{35} = -1$

l) $(-1)^{35} = -1$

20. a) $5^2 = 25$

b) $36^{\frac{1}{2}} = \sqrt{36} = 6$

c) $49^{-\frac{1}{2}} = \frac{1}{49^{\frac{1}{2}}} = \frac{1}{\sqrt{49}} = \frac{1}{7}$

d) $\left(\frac{1}{4}\right)^{\frac{3}{2}} = \frac{1}{\sqrt{43}} = \frac{1}{\sqrt{64}} = \frac{1}{8}$

e) $\left(\frac{4}{9}\right)^{\frac{2}{3}} = \sqrt[3]{\left(\frac{4}{9}\right)^2} = \sqrt[3]{\frac{16}{81}}$

21. a) x^{12}

b) a^{-6}; $a \neq 0$

c) z^{21}; $z \neq 0$

d) w^{10}; $w \neq 0$

e) $(-x)^{12} = x^{12}$

f) $(-x)^{12} = x^{12}$

g) $-x^{12}$

h) $x^{\frac{5}{2}} = \sqrt{x^5}$; $x > 0$

i) $x^{\frac{1}{5}} = \sqrt[5]{x}$; $x > 0$

j) $y^{\frac{9}{4}} = \sqrt[4]{y^9}$; $y > 0$

k) a^4; $a > 0$

l) $b^{-1} = \frac{1}{b}$; $b > 0$

m) $d^{\frac{1}{5}} = \sqrt[5]{d}$; $d > 0$

n) $e^{\frac{1}{2}} = \sqrt{e}$; $e > 0$

o) $a^{-\frac{1}{2}} = \frac{1}{a^{\frac{1}{2}}} = \frac{1}{\sqrt{a}}$; $a > 0$

22. a) $2^{12} = 4\,096$

b) $-2^{10} = -1\,024$

c) $-2^{10} = -1\,024$

d) $-1^{35} = -1$

e) $-1^{35} = -1$

f) $(-1)^{35} = -1$

g) $2^8 = 256$

h) $(-1)^{-80} = 1$

i) $(-1)^{-24} = 1$

j) $(-1)^6 = 1$

23. (1) Falsch, Gegenbeispiel $2^1 \neq 1^2$

(2) Richtig, denn $(a^m)^n = a^{m \cdot n} = a^{n \cdot m} = (a^n)^m$

(3) Richtig, denn $(a^n)^m = a^{n \cdot m}$

24. a) $2^{10} \cdot 2^{10} \cdot 2^{10} \approx 1\,000 \cdot 1\,000 \cdot 1\,000 = 1\,000\,000\,000$

b) $2^{10} \cdot 2 \approx 1\,000 \cdot 2 = 2\,000$

c) $2^{10} \cdot 2^9 \approx 1\,000 \cdot 512 = 512\,000$

d) $2^{10} \cdot 2^4 \approx 1\,000 \cdot 16 = 16\,000$

e) $5^4 \cdot 2^{10} \cdot 2^{10} \approx 625 \cdot 1\,000 \cdot 1\,000 = 625\,000\,000$

40

25. a) $3^4 \cdot (\sqrt{5})^4 = 3^4 \cdot 5^2$
b) $(\sqrt{3})^4 \cdot (\sqrt{5})^4 = 3^2 \cdot 5^2$
c) $\left(\frac{1}{3}\right)^{-2} \cdot (\sqrt{3})^{-2}$
d) $x^{-2} \cdot y^{-2}$
e) $3^4 \cdot x^4$
f) $6^3 \cdot x^3 \cdot (\sqrt{2})^3 = 6^3 \cdot 2 \cdot \sqrt{3} \cdot x^3$
g) $(-4)^{-2} \cdot (\sqrt{2})^{-2} = (-4)^{-2} \cdot 2^{-1}$
h) $(\sqrt{6})^{-2} \cdot (\sqrt{8})^{-2} = 6^{-1} \cdot 8^{-1}$
i) $a^{-2} \cdot (\sqrt{2})^{-2} = a^{-2} \cdot 2^{-1}$
j) $x^4 \cdot y^4 \cdot (\sqrt{2})^4 = x^4 \cdot y^4 \cdot 2^2$
k) $e^4 \cdot (\sqrt{5})^4 = e^4 \cdot 5^2$
l) $y^3 \cdot (\sqrt{3})^3 = y^3 \cdot 3 \cdot \sqrt{3}$

41

26. a) $2^2 = 4$
b) $5^4 = 625$
c) $7^5 = 16\,807$
d) $10^6 = 1\,000\,000$
e) $\left(\frac{1}{2}\right)^5 = \frac{1}{2^5} = \frac{1}{32}$
f) $3^3 = 27$
g) $-5^4 = -625$
h) $-3^2 = -9$

27. a) 6^{10}
b) 5^{10}
c) 10^{12}
d) 10^{16}
e) 2^{16}
f) 3^{12}
g) 2^{30}
h) 2^{50}

28. a) $3x^2 + 3x^3 = 3x^2(1 + x)$
b) $6z^4 - 4z^7 = 2z^4(3 - 2z^3)$
c) $2u^m$
d) $c^2(2 + 3c + 4c^2)$

29. a) $x^{10} - x^9$
b) $a^8 - a^6 - a^4$
c) $x^2 - x^3$
d) $a^2 - a^{-6} - a^{-2}$
e) $5a^9b^2v^{-2} - 10a^3b^7v^{-2}$
f) $5x^3y^3 - 5x^4y^2$

30. a) $12r^7 + 20r^3t^6 - 21s^3r^4 - 35s^3t^6 + 3tr^4 + 5t^7$
b) $2a + 2a^{-1}b^4 + 3b^{-4}a^2 + 3$
c) $5 - 5x^{-4}y^2 - 3y^{-3}x^4 + 3y^{-1}$
d) $9a^{-1} - 9a^2b^2 + 2b^{-5}a^{-3} - 2b^{-3}$

31. a) $a \cdot (a^2 + a^3 + 1)$
b) $x \cdot (x^4 - x + 1)$
c) $4x^3 \cdot (x - 3)$
d) $3y^2 \cdot (5y^3 - 14)$
e) $ab \cdot (ab^2 + b - a^4)$

32. a) Falsch, richtig wäre: $p^4 + p^7 + p^2 = p^2(p^2 + p^5 + 1)$
b) Falsch, richtig wäre: $2x^4 + 6x^6 = 2x^2(x^2 + 3x^4)$ oder: $2x^4 + 6x^6 = 2x^4(1 + 3x^2)$
c) Falsch, richtig wäre: $4x^2y^3 + 2x^3y^2 = 2x^2y^2(2y + x)$
d) Falsch, richtig wäre: $8a^2b^3 - 4a^3b^3 = 4a^2b^2(2b - ab)$

33. –

34. a) $b^{-0,5} = \frac{1}{\sqrt{b}}$
b) $(-1)^6 = 1$
c) $(-1)^3 = -1$
d) $\left(-\frac{1}{2}\right)^{-1} = -2$
e) z^{10}
f) $(-x)^{12}$
g) $6x^0 = 6$
h) b^{-2}
i) $\frac{a^{-2}}{2}$
j) 1
k) $-x^{12}$
l) x^{12}
m) $x^{12} - x^{12} = 0$
n) $81x^4 - 27x^4 = 54x^4$
o) $a^{-6} - a^{-6} = 0$
p) $a^4 \cdot 4 - 8a^4 = -4a^4$

41 **35. a)** x^{-n} **b)** x^{m-n} **c)** $a^{-n\cdot m-m}$ **d)** $x^{n\cdot k}$ **e)** x **f)** y^{-3n}

42 **36. a)** $a^6\cdot b^{10}$ **b)** $x^{-12}\cdot z^{18}$ **c)** $r^9\cdot s^{27}$ **d)** $x^{12}\cdot y^{-8}\cdot z^4$ **e)** $a^{2n}\cdot b^{4n}$ **f)** $a^{3n}\cdot b^{4n}\cdot c^{2n}$ **g)** $x^{5n+5}\cdot y^{2n+2}$ **h)** $x^{8n-12}\cdot y^{-4n+6}$

37. a) $(x+y)^5$ **b)** $(a-b)^{-10}$ **c)** $a^6\cdot b^{10}$ **d)** $x^{-15}\cdot y^{10}$ **e)** $(2p)^{-2}$ **f)** $(x\cdot y)^4$

38. a) $5^{\frac{5}{6}}$ **b)** $7^{\frac{8}{15}}$ **c)** $x^{\frac{5}{6}};\ x>0$ **d)** $2^{-\frac{5}{6}}$ **e)** $x^{\frac{11}{15}};\ x>0$

39. $a^{\frac{3}{4}}\cdot b^{\frac{3}{4}}=(a\cdot b)^{\frac{3}{4}}$ $b^{\frac{1}{4}}\cdot b^{\frac{3}{4}}=b$ $a^{-\frac{1}{5}}\cdot b^{\frac{3}{4}}$

$a^{\frac{3}{4}}\cdot b^{\frac{1}{4}}=(a^3\cdot b)^{\frac{1}{4}}$ $b^{\frac{1}{4}}\cdot b^{\frac{1}{4}}=b^{\frac{1}{2}}$ $a^{-\frac{1}{5}}\cdot b^{\frac{1}{4}}$

$a^{\frac{3}{4}}\cdot b^{-\frac{1}{5}}\ b^{\frac{1}{4}}\cdot b^{-\frac{1}{5}}=b^{\frac{1}{20}}$ $a^{-\frac{1}{5}}\cdot b^{-\frac{1}{5}}=(a\cdot b)^{-\frac{1}{5}}$

40. Druckfehler in der 1. Auflage in Teilaufgabe a): y statt x

a) $y^{\frac{5}{6}}=\sqrt[6]{y^5};\ y>0$ **b)** $a^{\frac{1}{3}}=\sqrt[3]{a};\ a>0$ **c)** $b^{\frac{2}{3}}=\sqrt[3]{b^2};\ b>0$ **d)** $c^{-\frac{1}{3}}=\frac{1}{\sqrt[3]{c}};\ c>0$ **e)** $d^{\frac{5}{4}}=\sqrt[4]{d^5};\ d>0$ **f)** $b^0=1;\ b>0$ **g)** $c^{\frac{1}{2}}=\sqrt{c};\ c>0$ **h)** $a^3;\ a>0$

41. a) $a^{0,72}=a^{\frac{18}{25}}=\sqrt[25]{a^{18}};\ a>0$

b) $b^{-2}=\frac{1}{b^2};\ b>0$

c) $r^{2,1}\cdot s^{-3,5}=r^{\frac{21}{10}}\cdot s^{-\frac{7}{2}}=\sqrt[10]{r^{21}}\cdot\frac{1}{\sqrt[2]{s^7}};\ r,s>0$

d) $x^1=x;\ x>0$

e) $a^1=a;\ a>0$

42. a) $3^{\frac{m+n}{m\cdot n}}$ **b)** $2^{\frac{2n-1}{n^2-n}}$ **c)** $80=1$ **d)** $7^{\frac{m}{n-1}}\cdot 7^{\frac{m}{n+1}}=7^{\frac{2mn}{n^2-1}}$ **e)** $p^{\frac{2m}{n}}$

43. a) Hier wurden die Exponenten multipliziert, statt addiert.

$y^{\frac{2}{3}+3}=a^{\frac{11}{3}}=\sqrt[3]{a^{11}}$ (P1); $a>0$

b) Hier wurden die Exponenten falsch addiert:

$\frac{2}{3}+\frac{2}{3}\neq\frac{2+2}{3+3}=\frac{4}{6}$, richtig ist $\frac{2}{3}+\frac{2}{3}=\frac{2+2}{3}=\frac{4}{3}$.

$y^{\frac{2}{3}+\frac{2}{3}}=y^{\frac{4}{3}}=\sqrt[3]{y^4}$ (P1*); $y>0$

c) Hier wurde der Exponent quadriert, statt mit dem anderen multipliziert.

$c^{\frac{5}{3}\cdot 2}=c^{\frac{10}{3}}=\sqrt[3]{c^{10}}$ (P3); $c>0$

d) Hier wurde (P1) angewendet, obwohl es eine Summe von Potenzen ist. Es kann kein Potenzgesetz angewandt werden, um die Summanden zusammenzufassen.

42 **44.** $\sqrt{a}$ muss im linken Mauerstein in der zweiten Zeile von unten stehen.
In der Mauer zu Teilaufgabe b) muss $\sqrt{y}$ einen Mauerstein nach links.

a)

a^3

a^2 | a

$\sqrt{a}$ | $a^{\frac{3}{2}}$ | $a^{-\frac{1}{2}}$

$a^{\frac{1}{2}}$ | 1 | $a^{\frac{3}{2}}$ | a^{-2}

b)

$x^{\frac{2}{3}}y^{\frac{1}{2}}$

$\sqrt{y}$ | $y^{\frac{2}{3}}$

$x^{-\frac{1}{3}}y^{\frac{1}{6}}$ | $(xy)^{\frac{1}{3}}$ | $\left(\frac{x}{y}\right)^{\frac{1}{3}}$

$x^{-\frac{1}{3}}y^{-\frac{1}{6}}$ | $y^{\frac{1}{3}}$ | $\sqrt[3]{x}$ | $y^{-\frac{1}{3}}$

c)

$c^{m+\frac{1}{3}}$

$c^{-\frac{n}{2}}$ | $c^{m+\frac{n}{2}+\frac{1}{3}}$

c^{-m-n} | $c^{m+\frac{n}{2}}$ | $\sqrt[3]{c}$

c^{-2m-n} | c^{m} | $(\sqrt{c})^n$ | $\frac{\sqrt[3]{c}}{(\sqrt{c})^n}$

Das kann ich noch!

A) Falls es einen rechten Winkel gibt, so liegt er immer der längsten Seite gegenüber. Wir prüfen mit dem Kehrsatz des Satzes des Pythagoras, ob der Winkel ein rechter ist.

1) $(2{,}5\,cm)^2 = 6{,}25\,cm^2$ und $(1{,}5\,cm)^2 + (2\,cm)^2 = 6{,}25\,cm^2$, also $c^2 = a^2 + b^2$, das Dreieck hat beim Eckpunkt C einen rechten Winkel.
2) $(6\,cm)^2 = 36\,cm^2$ und $(3\,cm)^2 + (4\,cm)^2 = 25\,cm^2$, also $c^2 > a^2 + b^2$, das Dreieck hat beim Eckpunkt C einen stumpfen Winkel.
3) $(9\,cm)^2 = 81\,cm^2$ und $(8\,cm)^2 + (6\,cm)^2 = 100\,cm^2$, also $c^2 < a^2 + b^2$, das Dreieck ist ein spitzwinkliges Dreieck.
4) $(7{,}5\,cm)^2 = 56{,}25\,cm^2$ und $(6\,cm)^2 + (4{,}5\,cm)^2 = 56{,}25\,cm^2$, also $a^2 = b^2 + c^2$, das Dreieck hat beim Eckpunkt A einen rechten Winkel.

1.3.2 Dividieren von Potenzen

44 **1.** a) $7^1 = 7$
b) $5^{-2} = \frac{1}{25}$
c) $2^1 = 2$
d) $10^1 = 10$
e) $0{,}5^2 = 0{,}25$
f) $1{,}2^{-1} = \frac{1}{1{,}2}$
g) $7^3 = 343$
h) $2^{-6} = \frac{1}{64}$
i) $(-3)^2 = 9$
j) $(-5)^2 = 25$
k) $10^0 = 1$
l) $5^2 = 25$

44

2. a) $2^{\frac{1}{4}} = \sqrt[4]{2}$
b) $5^{\frac{3}{4}} = \sqrt[4]{5^3}$
c) $6^{-1} = \frac{1}{6}$
d) $\left(\frac{2}{3}\right)^{-\frac{1}{5}} = \left(\frac{3}{2}\right)^{\frac{1}{5}} = \sqrt[5]{\frac{3}{2}}$
e) $\left(\frac{3}{4}\right)^{\frac{11}{30}} = \sqrt[30]{\left(\frac{3}{4}\right)^{11}}$
f) $\left(\frac{1}{6}\right)^{\frac{19}{4}} = \sqrt[4]{\frac{1}{6^{19}}}$

3. $\frac{2^{22}}{2^1} = 2^{22-1} = 2^{21}$

4. Druckfehler in der 1. Auflage:
Die Teilaufgaben m), n) und o) sind dort n), o) und p).

a) 2^5
b) 5^4
c) $\left(\frac{1}{2}\right)^{-10} = 2^{10}$
d) 2^5
e) $\left(\frac{1}{5}\right)^{-4} = 5^4$
f) $4^{-4} = \left(\frac{1}{4}\right)^4$
g) $3^{-5} = \left(\frac{1}{3}\right)^5$
h) 2^9
i) 4^6
j) $\left(\frac{3}{2}\right)^5$
k) $(-1)^{20} = 1$
l) 3^{-3}
m) $\left(-\frac{1}{36}\right)^{-4} = (-36)^4$
n) $\left(\frac{9}{16}\right)^{-3} = \left(\frac{16}{9}\right)^3$
o) $\left(-\frac{20}{9}\right)^3$

5. a) $25^{\frac{1}{2}} = \sqrt{25} = 5$
b) $16^{\frac{3}{4}} = \left(\sqrt[4]{16}\right)^3 = 2^3 = 8$
c) $64^{-\frac{1}{6}} = \frac{1}{\sqrt[6]{64}} = \frac{1}{2}$
d) $40{,}5 = \sqrt{4} = 2$
e) $\left(\frac{1}{9}\right)^{1,5} = \left(\frac{1}{9}\right)^{\frac{3}{2}} = \frac{1}{\left(\sqrt{9^3}\right)} = \frac{1}{3^3} = \frac{1}{27}$
f) $4^{-0,5} = \frac{1}{\sqrt{4}} = \frac{1}{2}$

6. a) $a^6;\ a \neq 0$
b) $x^{-9};\ x \neq 0$
c) $c^{-2};\ c \neq 0$
d) $c^2;\ c \neq 0$
e) $y^{-3};\ y \neq 0$
f) $z^{-2};\ z \neq 0$
g) $b^{-2};\ b \neq 0$
h) $(a\cdot b)^2;\ a, b \neq 0$
i) $(a\cdot b)^2;\ a, b \neq 0$
j) $\left(a\cdot\sqrt{2}\right)^{-1};\ a \neq 0$
k) $(x+y)^{-5};\ x+y \neq 0$
l) $\left(x+\sqrt{5}\right)^8;\ x \neq -\sqrt{5}$

1.3.3 Vermischte Übungen zu den Potenzgesetzen – Wurzelgesetze

45

1. a) **(P2):**
$a^n \cdot b^n = (a\cdot b)^n$
$a^{\frac{1}{n}} \cdot b^{\frac{1}{n}} = (a\cdot b)^{\frac{1}{n}}$
$\sqrt[n]{a} \cdot \sqrt[n]{b} = \sqrt[n]{a\cdot b}$

(P2*):
$\frac{a^r}{b^r} = \left(\frac{a}{b}\right)^r$
$\frac{a^{\frac{1}{n}}}{b^{\frac{1}{n}}} = \left(\frac{a}{b}\right)^{\frac{1}{n}}$
$\frac{\sqrt[n]{a}}{\sqrt[n]{b}} = \sqrt[n]{\frac{a}{b}}$

(P3):
$(a^r)s = ar\cdot s$
$\left(a^{\frac{1}{n}}\right)^{\frac{1}{m}} = a^{\frac{1}{n}\cdot\frac{1}{m}} = a^{\frac{1}{n\cdot m}}$
$\sqrt[m]{\sqrt[n]{a}} = \sqrt[n\cdot m]{a}$

b) (1) $\sqrt[3]{8} = 2$ (2) $\sqrt[5]{32} = 2$ (3) $\sqrt[12]{2^{12}} = 2$

2. a) u^{-1}
b) r^6
c) $(v\cdot w)^3$
d) x^2
e) $\left(\frac{r}{s}\right)^{-3}$
f) $x^1 = x$
g) $\left(\frac{a+b}{c+d}\right)^{-2}$
h) $(u-u-1)^2$
i) c^{-6n}
j) z^{3n}
k) w^{2n-1}
l) $(a\cdot b)^{2n-1}$

3. a) $\left(\frac{u}{v}\right)^4;\ v \neq 0$
b) $\left(\frac{x}{y}\right)^{-2};\ x, y \neq 0$
c) $\left(\frac{p}{q}\right)^3;\ q \neq 0$
d) $\left(\frac{w}{a}\right)^{-4};\ w, a \neq 0$
e) $\left(\frac{a+b}{c}\right)^2;\ c \neq 0$
f) $\left(\frac{u-1}{v}\right)^{-2};\ u \neq 1, v \neq 0$

45 **4.** a) a^8; $a \neq 0$
b) b^{-8}; $b \neq 0$
c) $\left(\frac{c}{d}\right)^{-5}$; $c, d \neq 0$
d) x^{-4}; $x \neq 0$
e) y^3; $y \neq 0$
f) $\left(\frac{a}{u}\right)^5$; $u \neq 0$
g) a^{-2}; $a \neq 0$
h) 1; $x \neq 0$
i) 1; $a \neq 0$
j) 1; $a \neq 0$
k) $\left(\frac{z}{y}\right)^{-3}$; $z, y \neq 0$
l) $\left(\frac{x}{z}\right)^5$; $z \neq 0$
m) 1; $b \neq 0$
n) y^{-n}; $y \neq 0$
o) z^n; $a \neq 0$
p) $\left(\frac{u}{x}\right)^m$; $x \neq 0$
q) $a^1 = a$
r) x^{-n}

5. $\frac{a^5}{b^5} = \left(\frac{a}{b}\right)^5$ $\quad \frac{b^4}{b^5} = b^{-1}$ $\quad \frac{a^{-3}}{b^5} = a^{-3}b^{-5}$

$\frac{a^5}{a^4} = a$ $\quad \frac{b^4}{a^4} = \left(\frac{b}{a}\right)^4$ $\quad \frac{a^{-3}}{a^4} = a^{-7}$

$\frac{a^5}{b^{-3}} = a^5 b^3$ $\quad \frac{b^4}{b^{-3}} = b^7$ $\quad \frac{a^{-3}}{b^{-3}} = \left(\frac{a}{b}\right)^{-3}$

6. a) $\frac{(\sqrt{5})^3}{3^3} = (\sqrt{5})^3 \cdot 3^{-3} = (\sqrt{5})^2 \cdot \sqrt{5} \cdot 3^{-3} = 5 \cdot \sqrt{5} \cdot 3^{-3} = \frac{5}{27}\sqrt{5}$

b) $\frac{(\sqrt{3})^5}{(-2)^5} = (\sqrt{3})^5 \cdot (-2)^{-5} = (\sqrt{3})^4 \cdot \sqrt{3} \cdot (-2)^{-5} = 9 \cdot \sqrt{3} \cdot (-2)^{-5} = -\frac{9}{32}\sqrt{3}$

c) $\frac{(-4)^{-2}}{(\sqrt{2})^{-2}} = (-4)^{-2} \cdot (\sqrt{2})^2 = 16^{-1} \cdot 2 = \frac{2}{16} = \frac{1}{8}$

d) $\frac{(\sqrt{3})^4}{(\sqrt{5})^4} = \frac{3^2}{5^2} = \frac{9}{25}$

e) $\frac{(x \cdot \sqrt{2})^2}{(y \cdot \sqrt{3})^2} = \frac{x^2 \cdot (\sqrt{2})^2}{y^2 \cdot (\sqrt{3})^2} = \frac{2x^2}{3y^2}$

f) $\frac{(x \cdot \sqrt{2})^{-4}}{(y \cdot \sqrt{5})^{-4}} = (x \cdot \sqrt{2})^{-4} \cdot (y \cdot \sqrt{5})^4 = x^{-4} \cdot (\sqrt{2})^{-4} \cdot y^4 \cdot (\sqrt{5})^4 = x^{-4} \cdot 2^{-2} \cdot y^4 \cdot 5^2$

$= \left(\frac{5}{2}\right)^2 x^{-4} y^4 = \frac{25y^2}{4x^2}$

7. (1) Die Potenzgesetze können nicht angewendet werden.
$(3 + 4)^2 = 7^2 = 49$
(2) Verrechnet. $9 \cdot 16 = 144$
(3) Die Potenzgesetze können nicht angewendet werden.
$(3 - 4)^2 = (-1)^2 = 1$
(4) Richtig.

46 **8.** a)

	216		
	12 a	18 a^{-1}	
2 a	6	3 a^{-1}	
a^2	2 a^{-1}	3 a	a^{-2}

46 **8. b)**

$8x^{-9}y^{-2}$			
$4x^{-5}y^{-2}$	$2x^{-4}$		
$4x^{-1}y^{-1}$	$x^{-4}y^{-1}$	$2y$	
$4xy$	$x^{-2}y^{-2}$	$x^{-2}y$	$2x^2$

9. $9^{\frac{1}{6}} = (3^2)^{\frac{1}{6}} = 3^{2\cdot\frac{1}{6}} = 3^{\frac{1}{3}}$

$125^{\frac{1}{12}} = (5^3)^{\frac{1}{12}} = 5^{3\cdot\frac{1}{12}} = 5^{\frac{1}{4}}$

$32^{\frac{3}{10}} = (2^5)^{\frac{3}{10}} = 2^{5\cdot\frac{3}{10}} = 2^{\frac{3}{2}} = 2^1 + \frac{1}{2} = 2^1\cdot 2^{\frac{1}{2}} = 2\cdot\sqrt{2}$

$\left(\frac{8}{9}\right)^{\frac{1}{6}} = (2^3)^{\frac{1}{6}}\cdot(3^2)-\frac{1}{6} = 2^{\frac{1}{2}}\cdot 3^{-\frac{1}{3}} = 2^{\frac{1}{2}}\cdot 3^{\frac{2}{3}-1} = 2^{\frac{1}{2}}\cdot 3^{\frac{2}{3}}\cdot 3^{-1} = \frac{3^{\frac{2}{3}}\cdot\sqrt{2}}{3}$

$\left(\frac{1}{2}\right)^{\frac{1}{2}} = \frac{1}{2^{\frac{1}{2}}} = \frac{1}{\sqrt{2}} = \frac{1\cdot\sqrt{2}}{\sqrt{2\cdot\sqrt{2}}} = \frac{\sqrt{2}}{2}$

10. a) $(a\cdot b)^4$

b) $x^{\frac{1}{2}}\cdot y^{\frac{1}{2}}\cdot y^{\frac{1}{4}} = (x\cdot y)^{\frac{1}{2}}\cdot y^{\frac{1}{4}} = \sqrt{x\cdot y}\cdot\sqrt[4]{y}$

c) $(4\cdot 9)^2 = 36^2 = 1\,296$

d) $(a\cdot b)^7$

e) $(a\cdot b)^{24}$

f) $\left(\sqrt{2}\cdot a\right)^2 = 2a^2$

g) $a^{-40}\cdot b^{40}\cdot c^{-40} = (a^{-1}\cdot b\cdot c^{-1})^{40}$

h) $(x\cdot y^2\cdot z)^{\frac{1}{2}} = x^{\frac{1}{2}}\cdot y\cdot z^{\frac{1}{2}} = \sqrt{x}\cdot y\cdot\sqrt{z}$

11. a) x^2y^{-3}

b) $\left(\frac{b}{a}\right)^{-\frac{3}{2}} = \left(\frac{a}{b}\right)^{\frac{3}{2}} = \sqrt{\left(\frac{a}{b}\right)^3}$

c) $a^{12}\cdot b^{15}$

d) $x^{16}\cdot y^{-14} = \frac{x^{16}}{y^{14}}$

e) $a^{-\frac{2}{n}}\cdot b^2\cdot c$

12. $V_{klein} = a^3$; $A_{groß} = 4a^2$; $h = a^3 : 4a^2 = \frac{1}{4}a$

13. $1\,g : (4\cdot 10^{-23}\,g) = 2{,}5\cdot 10^{24}$

1 g Uran enthält $2{,}5\cdot 10^{24}$ Atome.

Für den Überschlag nehmen wir an, dass ein Uranatom die Form eines Würfels hat.

$10^{-10}\,m = 10^{-8}\,cm$

Ein Würfel mit 1 cm Kantenlänge enthält also $(10^8)^3 = 10^{24}$ Uranatome.

Er wiegt dann $10^{24}\cdot 4\cdot 10^{-23}\,g = 40\,g$.

So ein Würfel wäre ungefähr 40 g schwer.

14. Die Potenzgesetze kann man immer anwenden, während die Wurzelgesetze nur für die Spezialfälle sinnvoll angewendet werden können.

15. a) $\sqrt{81} = 9$

b) $\sqrt[3]{8} = 2$

c) $\sqrt[3]{125} = 5$

d) $\sqrt[4]{81} = 3$

e) $\sqrt[5]{32} = 2$

f) $\sqrt[3]{27} = 3$

16. a) $2^{-\frac{1}{6}}$

b) 1

c) $2^{-\frac{1}{8}}$

d) $b^{\frac{1}{6}}$; $b > 0$

e) $z^{\frac{1}{4}}$; $z > 0$

f) $a^{\frac{1}{6}}$; $a > 0$

46 **17. a)** $\sqrt{9} = 3$ **c)** $\sqrt[3]{27} = 3$ **e)** $\frac{4}{10} = \frac{2}{5} = 0{,}4$

b) $\sqrt{9} = 3$ **d)** $\sqrt[3]{125} = 5$ **f)** $\frac{2}{10} = \frac{1}{5} = 0{,}2$

18. a) $\sqrt{4} = 2$ **c)** $\sqrt{\sqrt[3]{27}} = \sqrt{3}$ **e)** $\sqrt[4]{4} = \sqrt{\sqrt{4}} = \sqrt{2}$

b) $\sqrt[3]{\sqrt{144}} = \sqrt[3]{12}$ **d)** $\sqrt[3]{\sqrt{49}} = \sqrt[3]{7}$

Im Blickpunkt: Stimmung einer Tonleiter

47 **1. a)** $c \xrightarrow{\cdot\frac{9}{8}} d \xrightarrow{\cdot\frac{9}{8}} e \xrightarrow{\cdot\frac{256}{243}} f \xrightarrow{\cdot\frac{9}{8}} g \xrightarrow{\cdot\frac{9}{8}} a \xrightarrow{\cdot\frac{9}{8}} h \xrightarrow{\cdot\frac{256}{243}} c'$

Bei einem Ganztonschritt wird die Frequenz mit $\frac{9}{8}$ vervielfacht, bei einem Halbtonschritt mit $\frac{256}{243}$.

b) Für die nicht in der Tonleiter enthaltenen Halbtonschritte müsste gelten

$\xrightarrow{\cdot\frac{9}{8}}$ über $\xrightarrow[\cdot h]{} \xrightarrow[\cdot h]{}$, also $h^2 = \frac{9}{8}$, also $h = \frac{3}{\sqrt{8}} = \frac{3}{2\sqrt{2}} \neq \frac{256}{243}$.

Näherungswerte sind $\frac{256}{243} = 1{,}054\ldots$ und $\frac{3}{2\sqrt{2}} = 1{,}060\ldots$

2. a) $h^{12} = 2$, also $h\sqrt[12]{2} = 1{,}059\ldots$

b)

Ton	c	d	e	f	g	a	b	c′
ν_{Pyth} (in Hz)	260,7	293,3	330	347,7	391,1	440	495	521,5
ν_{Wohl} (in Hz)	261,6	293,7	329,6	349,2	392,0	440	493,9	523,3

3. Die reine Stimmung hat ausgehend von der Frequenz ν des Grundtones c folgende Frequenzen.

Ton	c	d	e	f	g	a	b	c′
Frequenz	ν	$\frac{9}{8}\nu$	$\frac{5}{4}\nu$	$\frac{4}{3}\nu$	$\frac{3}{2}\nu$	$\frac{5}{3}\nu$	$\frac{15}{8}\nu$	2ν

1.4 Potenzfunktionen

1.4.1 Potenzfunktionen mit natürlichen Exponenten

48 **Einstieg:**

Die Graphen für gerade Exponenten sind symmetrisch zur y-Achse, die für ungerade sind symmetrisch zum Ursprung. Je größer der Exponent ist, desto steiler verläuft der Graph. Alle Graphen haben die gemeinsamen Punkte O (0 | 0) und P (1 | 1).

49 **2.** **a)** Siehe Information (2) im Schülerband auf Seite 50.
b) $y = x^3$ x-Wert ver-k-facht: y-Wert ver-k_3-facht
$y = x^4$ x-Wert ver-k-facht: y-Wert ver-k_4-facht
$y = x^n$ x-Wert ver-k-facht: y-Wert ver-k_n-facht
Siehe Information (4) im Schülerband auf Seite 50.

51 **3.** **a)**

x	x^3	x^4
0,8	0,512	0,410
−0,8	−0,512	0,410
1,3	2,197	2,856
−1,3	−2,197	2,856

b) **(1)** Wert 2 bei ≈ 1,26 [≈ 1,19]
(2) Wert 3 bei ≈ 1,44 [≈ 1,32]

4. Annes Graph ist falsch. Der Graph der Potenzfunktion ist eine Kurve und besteht nicht aus Geraden und Ecken. Beas Graph ist richtig.

5.

x	(1) x^4	(2) x^5	(3) x^6
3	81	243	729
−2	16	−32	64
0,8	0,4096	0,32768	0,262144
−1,5	5,0625	−7,5938	11,39063
$-\frac{3}{2}$	5,0625	−7,5938	11,39063
$\sqrt{2}$	4	5,65685	8

6. **a)** $P_2, P_6, P_7, P_{10}, P_{12}$ **b)** P_1, P_7, P_9, P_{12}

52 **7.** **a)** $P_1(4|64)$, $P_2(3|27)$, $P_3(-3|-27)$, $P_4(0{,}5|0{,}125)$, $P_5(-0{,}5|-0{,}125)$
b) $P_1(-2|16)$, $P_2(0{,}2|0{,}0016)$, $P_3(-0{,}2|-0{,}0016)$, $P_4(0|0)$,
Für P_5 gibt es zwei Möglichkeiten: $P_5(-3|81)$ oder $P_5(3|81)$.

8. **a)** 2,0736
8,3521
b) −0,59049
−3,71293
c) 0,015625
1,771561
d) −0,7
−1,2

9. $y = x^2$: schwarzer Graph $y = x^3$: roter Graph $y = x^4$: blauer Graph

1.4.2 Potenzfunktionen mit negativen ganzzahligen Exponenten

Einstieg:
Siehe Information (2) auf Seite 54 des Schülerbandes.

54 **2. a)** Die Graphen für gerade Exponenten sind symmetrisch zur y-Achse, die für die ungeraden sind symmetrisch zum Ursprung. Je größer der Betrag des Exponenten, desto steiler verläuft der Graph. Alle Graphen haben den gemeinsamen Punkt $P(1\,|\,1)$. Die Funktionen sind für $x = 0$ nicht definiert. Die Graphen bestehen aus zwei Teilen. Der Graph schmiegt sich den Koordinatenachsen an (siehe Information (2) auf Seite 54).

b) $y = x - 1$: Der Funktionswert ändert sich um den Faktor $\frac{1}{2}$ $\left[\frac{1}{3}; 2\right]$.

$y = x - 2$: Der Funktionswert ändert sich um den Faktor $\frac{1}{4}$ $\left[\frac{1}{9}; 4\right]$

$y = x - 3$: Der Funktionswert ändert sich um den Faktor $\frac{1}{8}$ $\left[\frac{1}{27}; 8\right]$.

55 **3. a)**

	abgelesen		berechnet	
x	x^{-1}	x^{-2}	x^{-1}	x^{-2}
0,8	1,2	1,6	1,25	1,56
−0,8	−1,2	1,6	−1,25	1,56
1,3	0,8	0,6	0,77	0,59
−1,3	−0,8	0,6	−0,77	0,59

b)

	Stelle (abgelesen)	Stelle (berechnet)
Wert 2	0,5 [±0,7]	0,5 $\left[\pm\frac{1}{2}\sqrt{2}\right]$
Wert $\frac{1}{4}$	4 [±2]	4 [±2]

4. Der Graph von Moritz ist falsch. Der Graph der Potenzfunktion $y = x^{-3}$ besteht aus 2 Kurven. Die Funktion ist für $x = 0$ nicht definiert. Insbesondere die Verbindungslinie durch $O(0\,|\,0)$ muss weggelassen werden. Die Punkte dürfen nicht geradlinig verbunden werden.

5. a) $P_1\left(2\,\middle|\,\frac{1}{4}\right)$, $P_2\left(-\frac{1}{2}\,\middle|\,4\right)$, $P_3\left(4\,\middle|\,\frac{1}{16}\right)$ und $P_3'\left(-4\,\middle|\,\frac{1}{16}\right)$, $P_4\left(\frac{1}{3}\,\middle|\,9\right)$ und $P_4'\left(-\frac{1}{3}\,\middle|\,9\right)$

b) $P_1(1{,}5\,|\,0{,}296)$, $P_2\left(-\frac{1}{3}\,\middle|\,-27\right)$, $P_3\left(-3\,\middle|\,-\frac{1}{27}\right)$, $P_4\left(\frac{1}{4}\,\middle|\,64\right)$

6. a)

x	x^{-1}
2,5	0,4
−0,8	−1,25
−2,5	−0,4
0,8	1,25

b)

x	x^{-2}
0,25	16
1,25	0,64
−0,25	16
−1,25	0,64

c)

x	x^{-3}
0,1	1000
1,25	0,512
−0,1	−1000
−1,25	−0,512

1.5 Wurzelfunktionen

56 **Einstieg:**

Graphen siehe Information auf Seite 56 des Schülerbandes
Der zu $y = \sqrt{x}$ steigt schneller als der Graph zu $y = \sqrt[3]{x}$.
Beide Graphen steigen im gesamten ersten Quadranten an.

2. Die Funktion ist umkehrbar über den positiven reellen Zahlen, da für alle positiven reellen Zahlen die dritte Wurzel eindeutig definiert ist. Zu $y = x^3$ lautet die Funktionsgleichung der Umkehrfunktion $y = \sqrt[3]{x}$. Auch die Funktion $y = x^n$ ist umkehrbar über den positiven reellen Zahlen, da für alle positiven reellen Zahlen auch die n-te Wuzel eindeutig definiert ist. Zu $y = x^n$ lautet die Funktionsgleichung der Umkehrfunktion $y = \sqrt[3]{x}$.

3. **(1)** P_2, P_5 **(2)** P_1, P_5, P_6

4. **a)** Verschiebung des Graphen um 2 Einheiten nach oben.
b) Strecken des Graphen mit dem Faktor –3, also erst Spiegelung an der y-Achse und Strecken des Graphen mit dem Faktor 3.
c) Verschiebung des Graphen um 1 Einheit nach rechts.
d) Verschiebung des Graphen um 3 Einheiten nach links und um 1 Einheit nach unten.

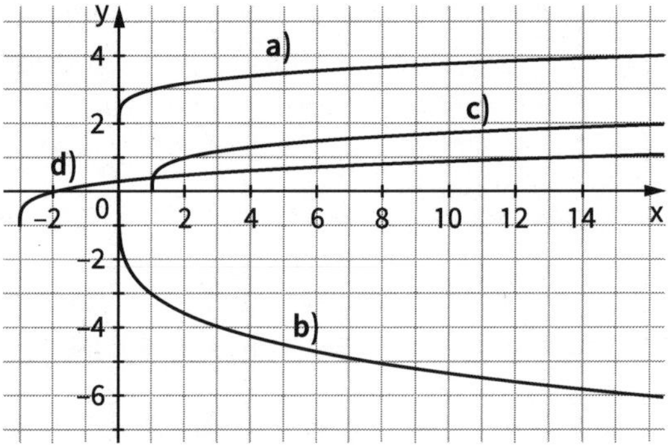

Im Blickpunkt: Straßenabnutzung – Vierte-Potenz-Regel

57 1. Es lastet jeweils eine Masse von 0,5 t, 0,7 t, 1 t und 1,2 t auf einer Achse.

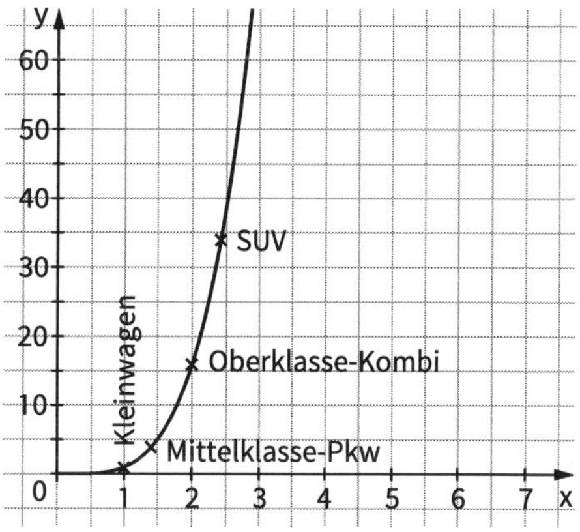

2. Der zweiachsige 3,5-Tonner drückt je Achse 1,75 t auf die Straße, also mit dem 3,5-fachen der Achslast des Pkw. Die Straßenabnutzung pro Achse ist dann aber $3{,}5^4 \approx 150$ Mal so groß. Also stimmt die erste Angabe.
Der vierachsige 30-Tonner drückt je Achse mit 7,5 t auf die Straße, also mit dem 15-fachen der Achslast des Pkw. Die Straßenabnutzung pro Achse ist dann aber $15^4 \approx 50\,625$ Mal so groß. Da der vierachsige Lkw zwei Mal so viele Achsen hat, ist die Gesamtabnutzung um den Faktor 101 250 höher.
Die gerundete Angabe von 100 000 Pkw lässt sich also durch die genaue Anzahl von sogar 101 250 ersetzen.

3. 3 Achsen: 98 304 Mal so groß wie beim Pkw
4 Achsen: 41 472 Mal so groß wie beim Pkw
5 Achsen: 21 234 Mal so groß wie beim Pkw
6 Achsen: 12 288 Mal so groß wie beim Pkw
Durch eine Achse wird die Straßenabnutzung etwa halbiert.

1.6 Verschieben und Strecken der Graphen der Potenzfunktionen

60 1. a) (1) $y = (x-2)^2$ $[y = (x+2)^2]$
(2) $y = (x-6)^2$ $[y = (x+6)^2]$
(3) $y = \left(x - 3\frac{1}{4}\right)^2$ $\left[y = \left(x + 3\frac{1}{4}\right)^2\right]$
(4) $y = (x-1{,}5)^2$ $[y = (x+1{,}5)^2]$

b) (1) $y = (x-2)^3$ $[y = (x+2)^3]$
(2) $y = (x-6)^3$ $[y = (x+6)^3]$
(3) $y = \left(x - 3\frac{1}{4}\right)^3$ $\left[y = \left(x + 3\frac{1}{4}\right)^3\right]$
(4) $y = (x-1{,}5)^3$ $[y = (x+1{,}5)^3]$

60

2. a) Beide Funktionsgraphen steigen für alle x aus den reellen Zahlen monoton. Der Betrag der Steigung ist für die Funktion $y = 1{,}5\,x^3$ in jedem Punkt, außer im Ursprung, um den Faktor 3 größer als der Betrag der Steigung von $y = 0{,}5\,x^3$. Außerdem sind beide Graphen punktsymmetrisch zum Koordinatenursprung.

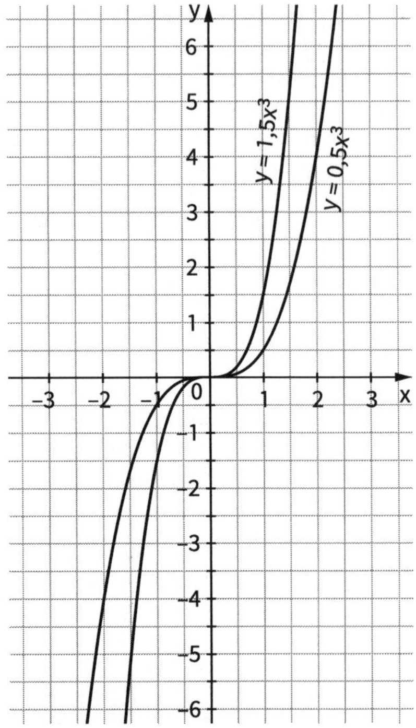

b) Der Funktionsgraph zu $y = 2\,x^3$ steigt für alle x aus den reellen Zahlen monoton. Da $y = -2\,x^3$ durch eine Spiegelung des Graphen zu $y = 2\,x^3$ an der x-Achse hervorgeht, fällt dieser Graph für alle x aus den reellen Zahlen monoton. Der Betrag der Steigung ist für die Funktion $y = 2\,x^3$ in jedem Punkt gleich dem Betrag der Steigung von $y = -2\,x^3$. Die Steigungswerte unterscheiden sich nur durch ihr Vorzeichen. Außerdem sind beide Graphen punktsymmetrisch zum Koordinatenursprung.

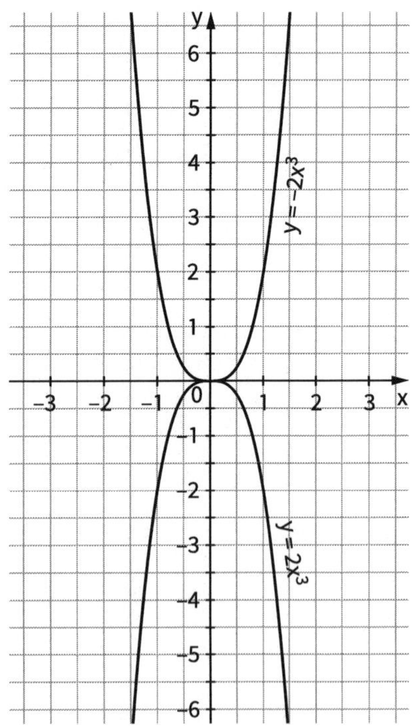

60

2. c) Beide Funktionsgraphen fallen für alle negativen x aus den reellen Zahlen und steigen für alle positiven x aus den reellen Zahlen. Der Betrag der Steigung ist für die Funktion $y = 1{,}2x^4$ in jedem Punkt, außer im Ursprung, größer als der Betrag der Steigung von $y = 0{,}8x^4$. Beide Graphen sind achsensymmetrisch zur y-Achse.

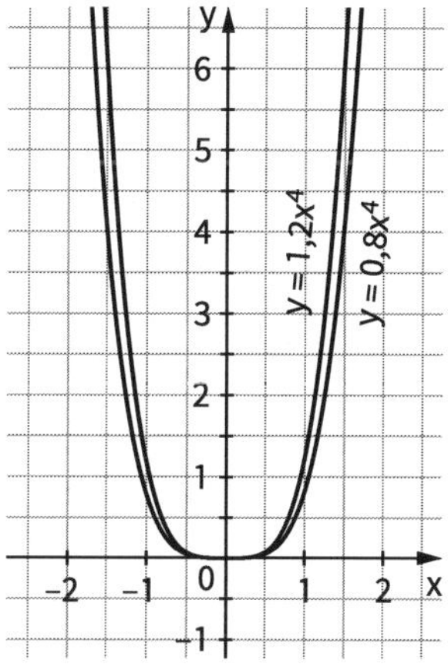

d) Der Funktionsgraph zu $y = 0{,}2x^4$ fällt für alle negativen x aus den reellen Zahlen und steigt für alle positiven x aus den reellen Zahlen. Da $y = -0{,}2x^4$ durch eine Spiegelung des Graphen zu $y = 0{,}2x^4$ an der x-Achse hervorgeht, ist auch das Steigungsverhalten gegenteilig: Die Steigungswerte unterscheiden sich nur durch ihr Vorzeichen. Außerdem sind beide Graphen achsensymmetrisch zur y-Achse.

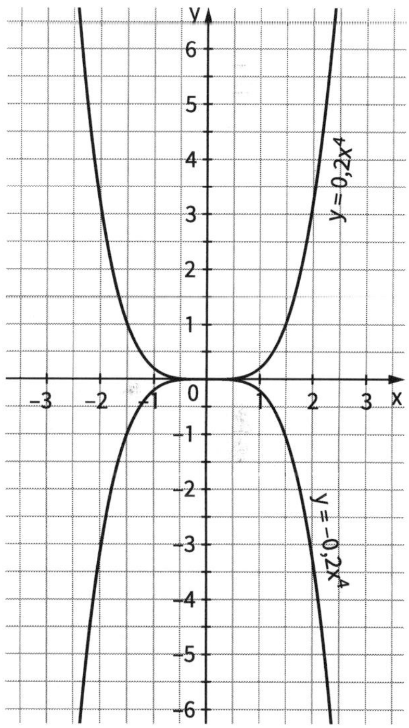

60

3. a) Stauchen mit dem Faktor 0,2 parallel zur y-Achse, symmetrisch zur y-Achse.

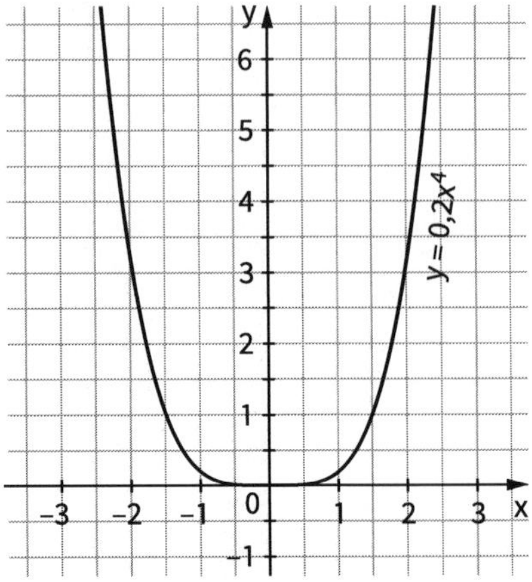

b) Spiegeln an der x-Achse, Stauchen mit Faktor $\frac{1}{2}$ parallel zur y-Achse, punktsymmetrisch zum Ursprung.

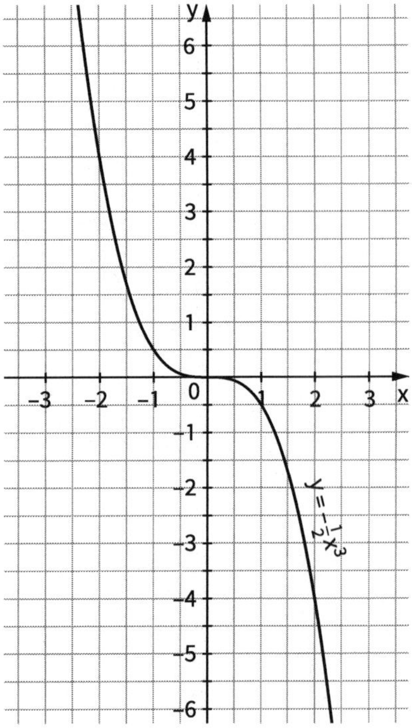

60

3. c) Spiegeln an der x-Achse, Stauchen mit Faktor $\frac{1}{2}$ parallel zur y-Achse, symmetrisch zur y-Achse.

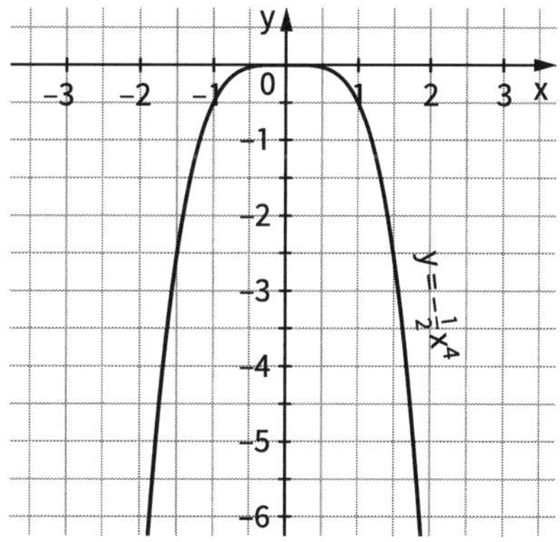

d) Spiegeln an der x-Achse, Stauchen mit Faktor $\frac{1}{2}$ parallel zur y-Achse, punktsymmetrisch zum Ursprung.

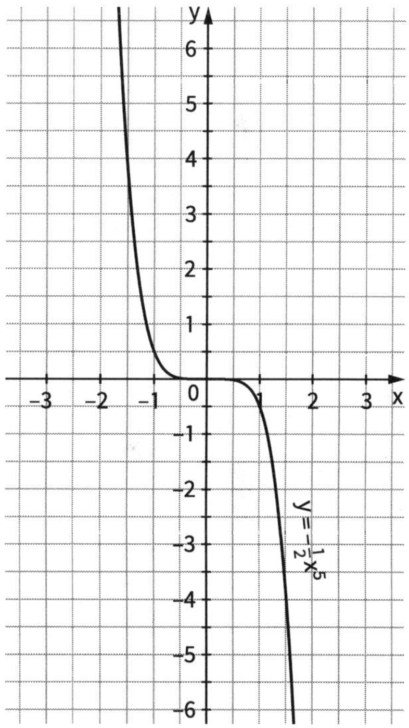

60

4. a) Das Volumen verachtfacht bzw. ver-27-facht sich.

b) Der Oberflächeninhalt vervierfacht bzw. verneunfacht sich.
Die Gesamtkantenlänge verdoppelt bzw. verdreifacht sich.

c) Sei x der Faktor für die Seitenlänge s. Dann gilt für

- das Volumen V:
  $V(x) = x^3$
  $V(sx) = (sx)^3 = s^3x^3 = s^3 \cdot V(x)$
- den Oberflächeninhalt O:
  $O(x) = 6x^2$
  $O(sx) = 6 \cdot (sx)^2 = s^2 \cdot 6x^2 = s^2 \cdot O(x)$
- die Gesamtkantenlänge k:
  $k(x) = 12x$
  $k(sx) = 12 \cdot (sx) = s \cdot 12x = s \cdot k(x)$

Allgemein gilt:
$f(x) = c \cdot x^n$; daraus folgt $f(kx) = c \cdot (kx)^n = c \cdot k^n \cdot x^n$; also $f(kx) = k^n \cdot f(x)$.

5. a) Aus dem Graphen zu x^3: nach unten um 2 verschoben.

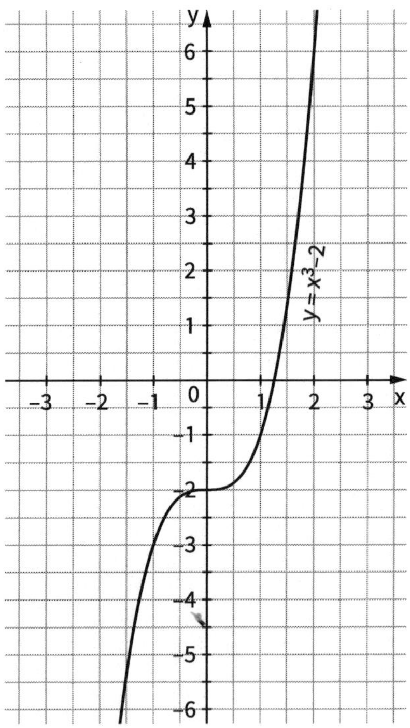

60

5. b) Aus dem Graphen zu x^4: nach unten um 3 verschoben.

5.

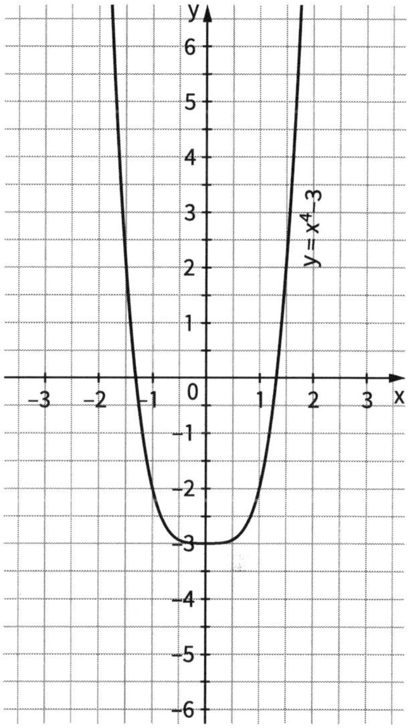

c) Aus dem Graphen zu x^3: gestreckt mit dem Faktor 2.

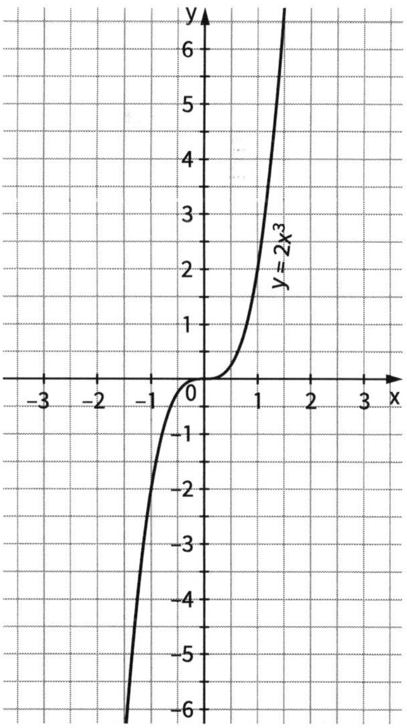

60

5. **d)** Aus dem Graphen zu x^4: gestreckt mit dem Faktor $\frac{1}{2}$.

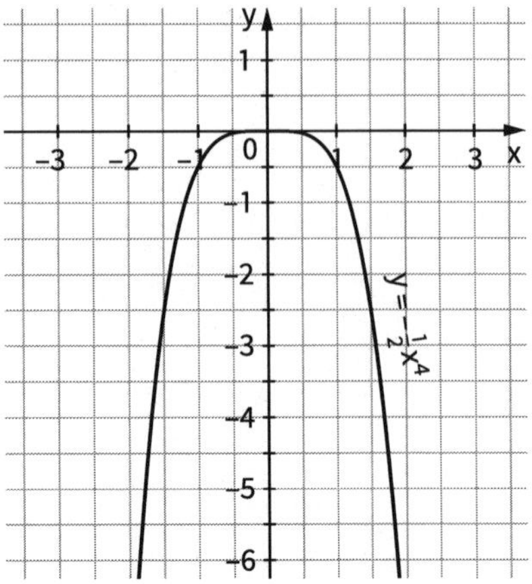

e) Aus dem Graphen zu x^3: an der x-Achse gespiegelt.

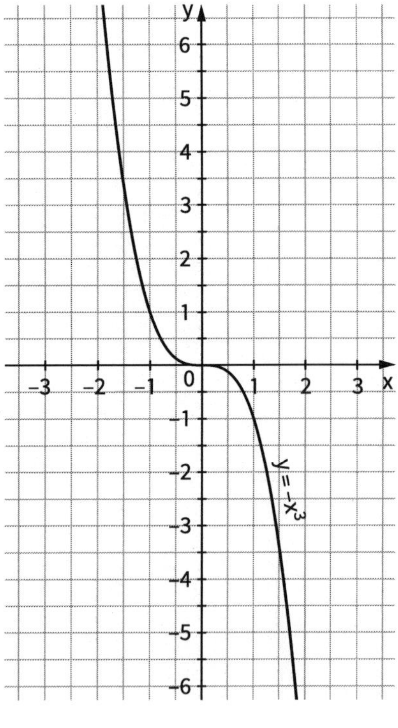

60

5. f) Aus dem Graphen zu x^4: an der x-Achse gespiegelt und gestreckt mit dem Faktor 2.

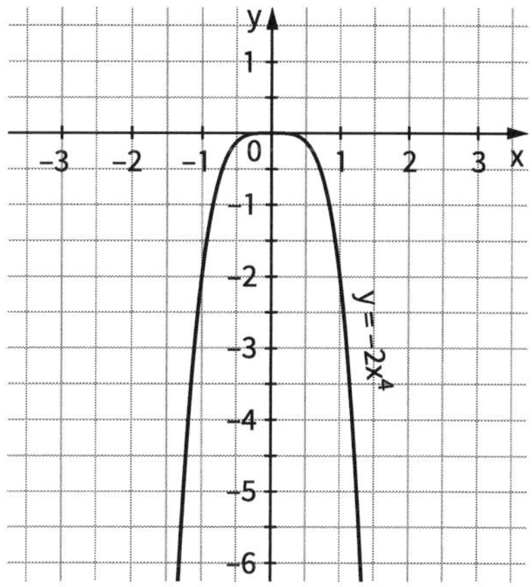

g) Aus dem Graphen zu x^3: nach rechts um 1 verschoben.

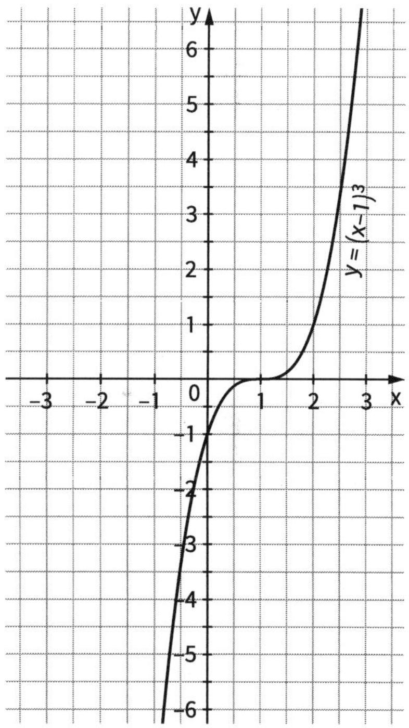

60

5. **h)** Aus dem Graphen zu x^4: nach links um 2 verschoben.

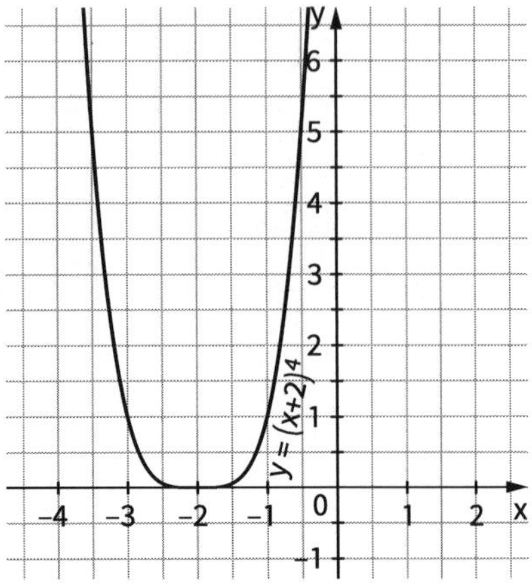

6. **a)** **(1)** $y = 0{,}5x^3$ **b)** **(4)** $y = 0{,}5 \cdot x^4$ **c)** **(6)** $y = x^6 - 1$ **d)** **(2)** $y = (x+2)^3$

7. **a)** $f(x) = -x^3$; $f(4) = -81$; $f(-5) = 125$
b) $f(x) = -0{,}1\,x^4$; $f(4) = -25{,}6$; $f(-5) = -62{,}5$

8. **a)** Verschiebung des Graphen zu $y = x^3$ um 2 Einheiten nach rechts und um 3 Einheiten nach oben
b) Verschiebung des Graphen zu $y = x^4$ um 1,5 Einheiten nach links und um 6,25 Einheiten nach unten
c) Verschiebung des Graphen zu $y = x^5$ um 0,75 Einheiten nach rechts und um 0,25 Einheiten nach oben

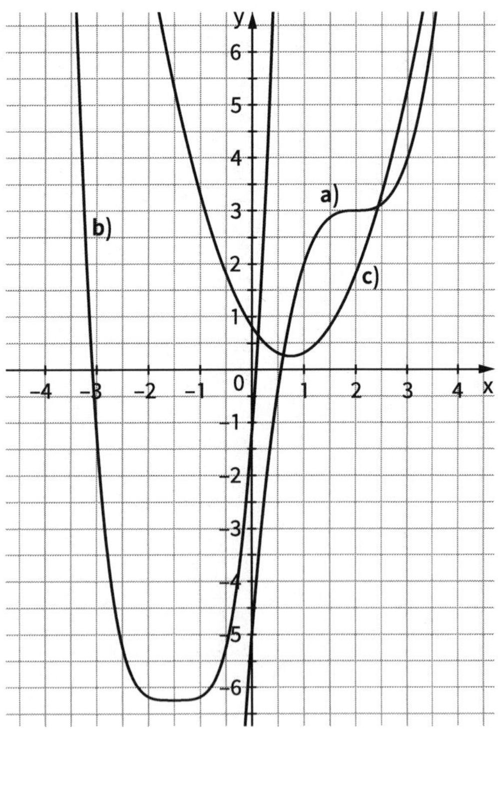

61

9\. (1) a) (3) a) (5) –
(2) a), c) (4) a), b), d) (6) b), c)

10\. a) $y = \frac{5}{8}x^2$ b) $y = -\frac{4}{27}x^3$ c) $y = -\frac{2}{3}x^2$ d) $y = \frac{1}{6}x^3$

11\. a) Aus dem Graphen zu x^{-1}: nach oben um 2 verschoben.
b) Aus dem Graphen zu x^{-2}: nach unten um 3 verschoben.
c) Aus dem Graphen zu x^{-1}: gestreckt mit dem Faktor $\frac{1}{2}$.
d) Aus dem Graphen zu x^{-2}: gestreckt mit dem Faktor 2.
e) Aus dem Graphen zu x^{-1}: an der x-Achse gespiegelt.
f) Aus dem Graphen zu x^{-2}: an der x-Achse gespiegelt und gestreckt mit dem Faktor 3.
g) Aus dem Graphen zu x^{-1}: nach links um 2 verschoben.
h) Aus dem Graphen zu x^{-2}: nach rechts um 1 verschoben.

12\. a) Punktsymmetrisch zum Ursprung

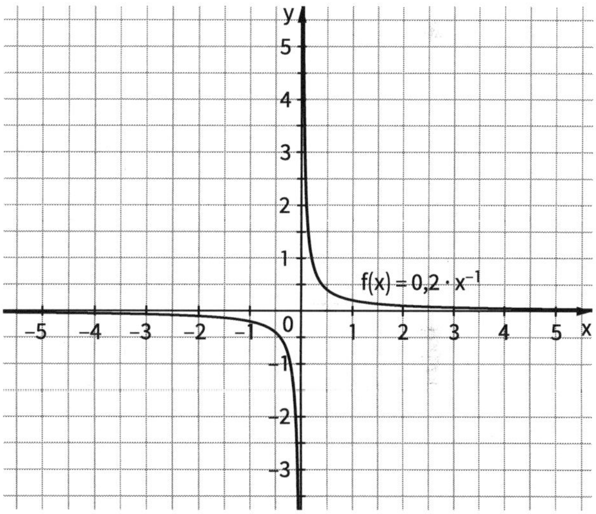

b) Achsensymmetrisch zur y-Achse

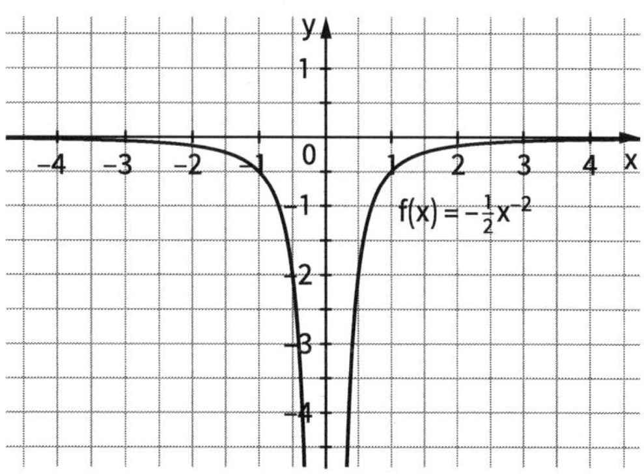

61 **12. c)** Punktsymmetrisch zum Ursprung

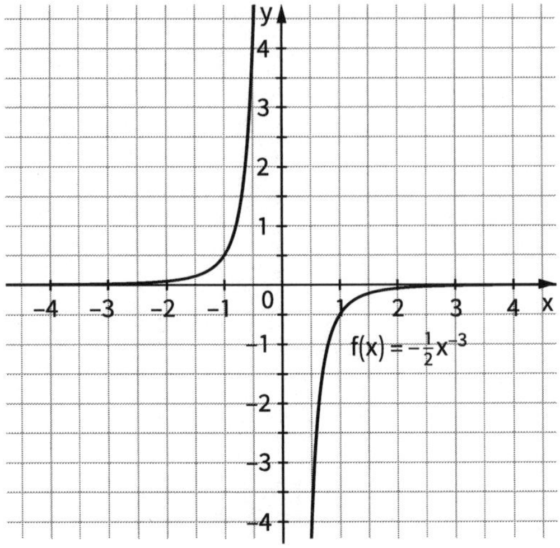

d) Achsensymmetrisch zur y-Achse

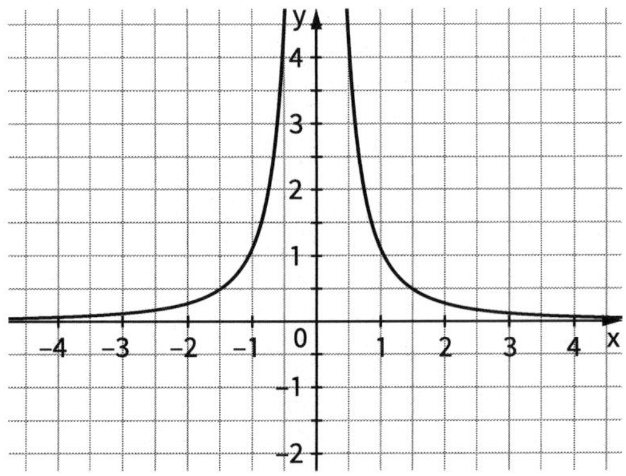

13. a) (8) $y = 0{,}5 \cdot x^{-3}$
b) (4) $y = 2x^{-2}$
c) (3) $y = x^{-3} - 2$
d) (7) $y = -2x^{-2}$

14. (1) c), e), f) **(2)** b), d), e), f) **(3)** a), b), c), e), f) **(4)** c), e), f)

62 **15. a)** Richtige Reihenfolge der Graphen: unten links, unten rechts, oben rechts, oben links
Funktionsgleichung: $f(x) = 0{,}5\,(x-2)^{-1} + 1$
b) –

62

16. a) Streckung des Graphen mit dem Faktor $\frac{1}{2}$ parallel zur y-Achse.
Der Graph steigt langsamer als der Graph der Wurzelfunktion.

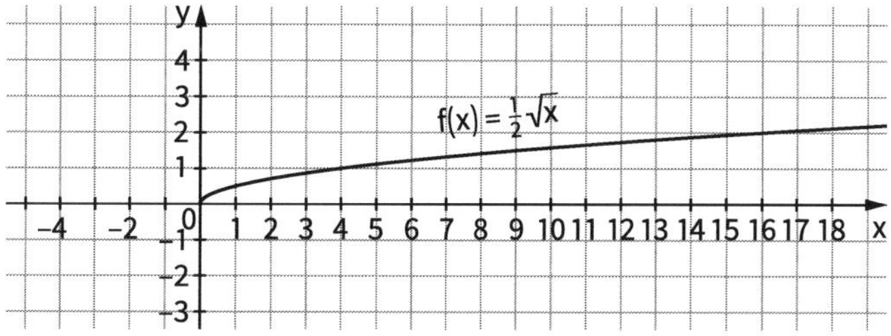

b) Streckung des Graphen mit dem Faktor 2 parallel zur y-Achse.
Der Graph steigt schneller als der Graph der Quadratwurzelfunktion.

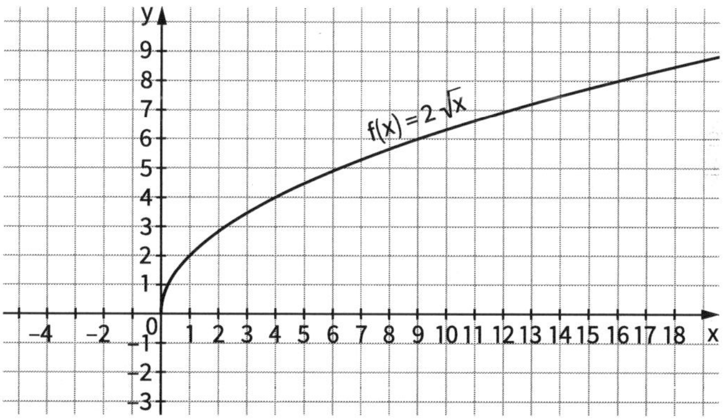

c) Streckung des Graphen mit dem Faktor 4 parallel zur y-Achse.
Der Graph steigt schneller als der Graph der Quadratwurzelfunktion.

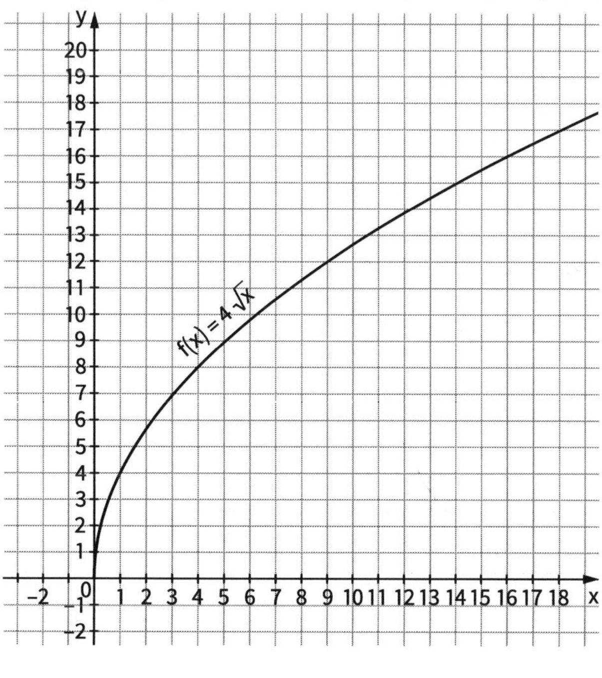

62

17. a) Spiegelung der Quadratfunktion an der x-Achse;
Streckung des Graphen mit dem Faktor $\frac{1}{2}$ parallel zur y-Achse;
Der Graph steigt vom Betrag langsamer als der Graph der Wurzelfunktion, fällt aber dauerhaft im vierten Quadranten.

b) Spiegelung der Quadratfunktion an der x-Achse;
Der Graph steigt vom Betrag genauso stark wie der Graph der Wurzelfunktion, fällt aber dauerhaft im vierten Quadranten.

c) Spiegelung der Quadratfunktion an der x-Achse;
Streckung des Graphen mit dem Faktor 2 parallel zur y-Achse;
Der Graph steigt vom Betrag her schneller als der Graph der Wurzelfunktion, fällt aber dauerhaft im vierten Quadranten.

18. a) Der Graph wurde um 3 Einheiten nach links verschoben.

b) Der Graph wurde um 1 Einheit nach rechts verschoben.

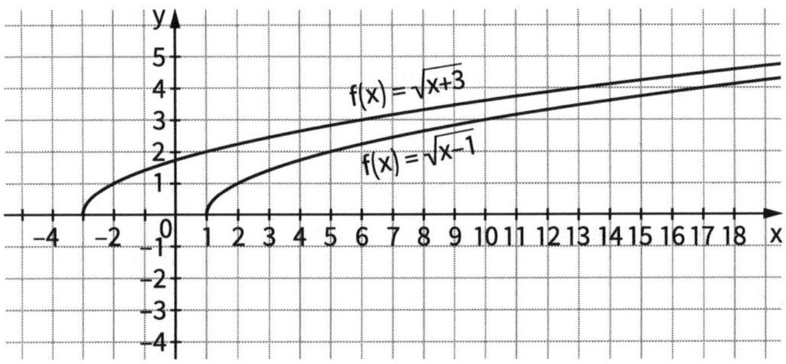

c) Der Graph wurde um 2 Einheiten nach links verschoben.

d) Der Graph wurde um 2 Einheiten nach rechts verschoben und um den Faktor 3 parallel zur y-Achse gestreckt.

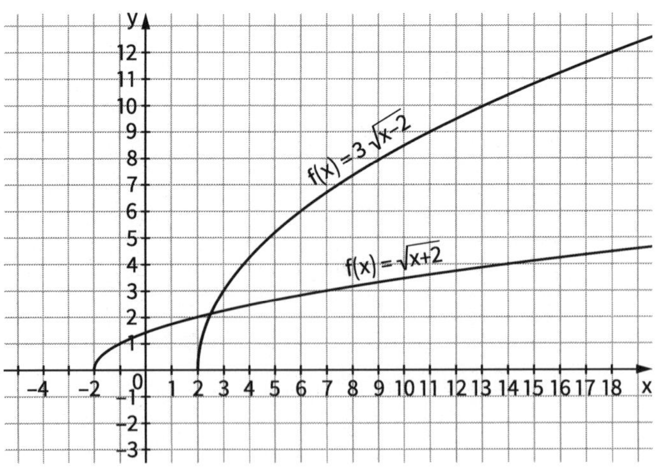

62 19. a) $425 = \pi r^2 h$ mit $r = \frac{d}{2}$

$425 = \pi \left(\frac{d}{2}\right)^2 h$

Daraus folgt:

$d(h) = \sqrt{\frac{1700}{\pi h}}$

b) Der Durchmesser ändert sich bei einer Verdopplung der Höhe um den Faktor $\frac{1}{\sqrt{2}}$.

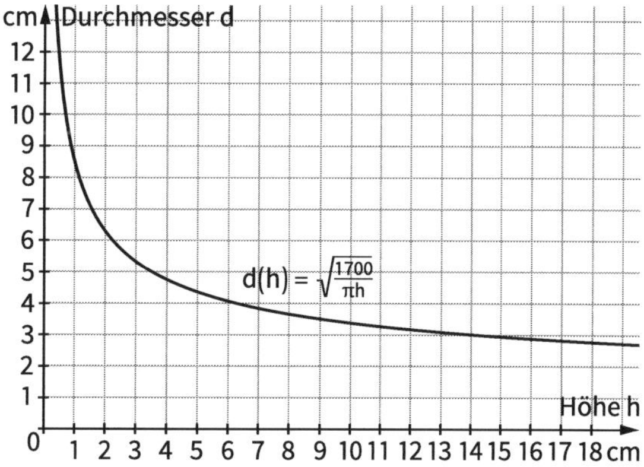

1.7 Lösungsmenge von Potenzgleichungen

63 **Einstieg:**

(1) $x = \sqrt[3]{27} = 3$

(2) $x = -\sqrt[3]{27} = -3$

(3) $x = 0.$

Verallgemeinerung der Lösung siehe roter Kasten auf Seite 63 unten.

64 2. a) (1) $x = \sqrt[4]{10000} = 10$ und $x = -\sqrt[4]{10000} = -10$

(2) $x = 0$, da nur 0 potenziert wieder 0 ergibt.

(3) $L = \{\ \}$, da es keine Zahl gibt, die potenziert mit einem geraden Exponenten eine negative Zahl ergibt.

(4) $x = \sqrt[4]{20}$ und $x = -\sqrt[4]{20}$

b) (1) $x = \sqrt[5]{32} = 2$

(2) $x = 0$, da nur 0 potenziert wieder 0 ergibt.

(3) $x = -\sqrt[5]{243} = -3$

(4) $x = \sqrt[5]{30}$

c) Eine Potenzgleichung der Form $a = x^n$ hat für gerade Exponenten entweder eine, zwei oder keine und für ungerade Exponenten immer genau eine Lösung. Graphisch lässt sich dies daran festmachen, dass der Graph zu einer ungeraden Potenzfunktion jeden y-Wert erreicht, während der Graph zu einer geraden Potenzfunktion nur in einem Intervall, dessen eine Grenze plus oder minus Unendlich ist und dessen andere Grenze eine reelle Zahl ist, alle y-Werte erreicht.

64

3.

		Näherungslösung	Exakte Lösung
(1)	$x^3=2$	$\{1{,}3\}$	$\{\sqrt[3]{2}\}$
	$x^3=-3$	$\{-1{,}4\}$	$\{-\sqrt[3]{3}\}$
	$x^3=0$	$\{0\}$	$\{0\}$
(2)	$x^4=2$	$\{1{,}2;-1{,}2\}$	$\{\sqrt[4]{2};-\sqrt[4]{2}\}$
	$x^4=-3$	$\{\ \}$	$\{\ \}$
	$x^4=0$	$\{0\}$	$\{0\}$
(3)	$x^5=2$	$\{1{,}1\}$	$\{\sqrt[5]{2}\}$
	$x^5=-3$	$\{-1{,}2\}$	$\{-\sqrt[5]{3}\}$
	$x^5=0$	$\{0\}$	$\{0\}$
(4)	$x^6=2$	$\{1{,}1;-1{,}1\}$	$\{\sqrt[6]{2};-\sqrt[6]{2}\}$
	$x^6=-3$	$\{\ \}$	$\{\ \}$
	$x^6=0$	$\{0\}$	$\{0\}$

4. **a)** $L=\{6\}$
b) $L=\{-10\}$
c) $L=\{10\}$
d) $L=\{-2;2\}$
e) $L=\{-1\}$
f) $L=\{-2\}$
g) $L=\left\{-\frac{1}{2}\right\}$
h) $L=\{-3;+3\}$
i) $L=\{-3;3\}$
j) $L=\{0\}$

65

5.
- $x^5=243$ gehört zur Lösung 3
- $x^4=81$ gehört zur Lösung $\{-3;+3\}$
- $x^6=-729$ gehört zur Lösung $\{\ \}$
- $x^3=-27$ gehört zur Lösung -3
- $x^7=0$ gehört zur Lösung 0

6. **a)** $x=\sqrt[4]{12}$ und $x=-\sqrt[4]{12}$
b) $x=\sqrt[7]{\frac{1}{3}}$
c) $x=-\sqrt[3]{6}$
d) $L=\{\ \}$
e) $x=2$
f) $x=3$
g) $x=7$
h) $x=\sqrt[4]{4}+10$ und $x=-\sqrt[4]{4}+10$

7. **a)** $(-7)^{\frac{1}{5}}$ ist nicht definiert; $L=\left\{-7^{\frac{1}{5}}\right\}$
b) Es gibt zwei Lösungen. $L=\left\{-1{,}7^{\frac{1}{4}};\ 1{,}7^{\frac{1}{4}}\right\}$
c) Bei ungeraden Exponenten gibt es nur eine Lösung. $L=\left\{9^{\frac{1}{3}}\right\}$
d) Die Aufgabe ist für ungerade Exponenten lösbar. $L=\{1\}$

65

8. a) (1) $\{-8; 8\}$ (2) $\{4\}$ (3) $\{-\sqrt{8}; \sqrt{8}\}$ (4) $\{\sqrt[5]{64}\}$
b) (1) $\{\ \}$ (2) $\{-1\}$ (3) $\{\ \}$ (4) $\{-1\}$
c)

	eine Lösung	keine Lösung	zwei Lösungen
(1)	$a = 0$	$a < 0$	$a > 0$
(2)	a beliebig	–	–
(3)	$a = 0$	$a < 0$	$a > 0$
(4)	a beliebig	–	–

9. a) $x^4 = 81$ b) $x^3 = -125$ c) $x^7 = 0$ d) $x^6 = -729$

10. –

11. a) Eine Lösung für $k = -81$; keine Lösung für $k < -81$;
zwei Lösungen für $k > -81$.
b) Zum Beispiel $4x^4 - 4 = -4$; $L = \{0\}$

Das kann ich noch!

A) (1) $L = (3 \mid -1)$ (2) $L = (-2 \mid -3)$ (3) $L = \big((x, y) \mid y = 4x + 2\big)$

B) Gleichungssystem: $\left| \begin{array}{c} 2a + 2b = 11{,}4 \\ (a - 0{,}5)(b + 1{,}5) = a \cdot b + 3{,}4 \end{array} \right|$ $L = \{(2{,}2 \mid 3{,}5)\}$

Ergebnis: Die eine Seite ist 2,2 cm, die andere Seite 3,5 cm lang.

Auf den Punkt gebracht: Lösen von Gleichungen

66

1. a) Modell A: $f(x) = 800 + 800x$ (linear)
x bezeichnet die Anzahl der Jahre, die seit 2015 vergangen sind.
Modell B: $g(x) = 2800 \cdot 1{,}11\,x$ (exponentiell)
x bezeichnet die Anzahl der Jahre, die seit 2015 vergangen sind.
b) Hierzu werden die Schnittpunkte der Funktionen g und h ermittelt. Diese Schnittpunkte ermittelt man durch den Ansatz $f(x) = g(x)$.
Es liegen Schnittpunkte bei $P(4{,}735 \mid 4\,591{,}66)$ und bei $Q(13{,}85 \mid 11\,876{,}77)$.
In den Jahren 1 bis 4 ist die Zahlung gemäß dem ersten Modell A geringer als die des zweiten Modells B, in den Jahren 5 bis 13 dominiert hingegen das lineare Modell A gegenüber dem exponentiellen Modell, bis schließlich ab dem vierzehnten Jahr das exponentielle Modell B immer dominieren wird. Also ist aus Sicht der Enkel nur in den Jahren 5 bis 13 das Modell A vorteilhafter.

2. Hier wird zunächst das algebraische Lösungsverfahren vorgestellt:
$750 \cdot x^5 + 100 = 1000 \quad |-100 + | : 750$
$1{,}2 = x^5 \quad |\sqrt[5]{(\dots)}$
$x = 1{,}03713\dots$

66

2. Fortsetzung
Der Zinssatz muss also mindestens 3,712 % betragen, damit 1 000 € erreicht werden.
Mithilfe des Taschenrechners oder eines Koordinatensystems müssen die beiden Gleichungen $f(x) = 750x^5 + 100$ und $g(x) = 1\,000$ auf Schnittpunkte hin untersucht werden. Dieser Schnittpunkt liegt an der Stelle 1,03713. Das entspricht dem Faktor, um den sich das angelegte Geld jährlich vermehren muss, damit die 1 000 € erreicht werden.
Auch in den Wertetabellen erreichen beide Gleichungen an der Stelle $x = 1{,}03713$ jeweils den gleichen Wert 1 000.

67

3. (1) Ohne Rechner, quadratische Gleichung: $x = -3\frac{5}{7}$
(2) Solver: $x = -1{,}454$ und $x = 1{,}204$
(3) Satz des Nullproduktes: $x = 3$ oder $x = 12$ oder $x = -3$
(4) Satz des Nullproduktes: $x = 3$ oder $x = -3$
(5) Solver: $x \approx 3{,}74$, $x = -2\sqrt{2}$, $x = 2\sqrt{2}$ und $x \approx 3{,}74$
(6) Solver: $x \approx -1{,}86$, $x \approx 0{,}23$ und $x \approx 4{,}63$
(7) Ohne Rechner, quadratische Gleichung: $x = \sqrt{5}$ oder $x = -\sqrt{5}$
(8) Ohne Rechner, Potenzgleichung: $x = 2$

4. a) Der Lösungsansatz geschieht mithilfe der pq-Formel. Damit es nur eine Lösung gibt, muss die Diskriminante (der Term unter der Wurzel) 0 werden. Es folgt aus dieser Bedingung, dass für $a = 0{,}5$ und $a = -0{,}5$ jeweils nur eine Lösung der quadratischen Gleichung vorliegt, nämlich gerade $x = 2 \cdot a = 1$ bzw. $x = 2a = -1$.
b) *Ansatz:* Setze 3 in die gegebene Gleichung ein und stelle um.
Dies führt zu: $a = \frac{5}{6}$

5. a) Der Oberflächeninhalt ergibt sich aus der Summe aller Teilflächen. Die Formel für den Oberflächeninhalt des Quaders wird gleichgesetzt mit 900, weil der Oberflächeninhalt 900 cm² betragen soll. Dann wird nach h umgestellt. Das Volumen ist $a^2 \cdot h$ und die Formel für h, welche die Bedingung des Oberflächeninhaltes von genau 900 cm² enthält, wird nun für h in das Volumen eingesetzt und dann zusammengefasst.
b) *Ansatz:* Umstellen der Gleichung $900 = 225a - \frac{1}{3}a^3$ nach a
Es folgt für $a \approx 4{,}1$.
Mit der Formel für h folgt dann $h \approx 52{,}8$ cm.
Es gibt einen Punkt, für den das Volumen maximal wird, nämlich bei $a = 12{,}25$ cm und bei $h = 12{,}25$ cm. Das bedeutet, dass in diesem Extremfall ein besonderer Quader, nämlich ein Würfel, vorliegt. Bei größerem a bzw. kleinerem h oder umgekehrt sinkt das zugehörige Volumen unter der Bedingung des festgelegten Oberflächeninhaltes quadratisch.
Hier können noch beliebig viele weitere Wertepaare angegeben werden, um den Zusammenhang noch genauer zu beschreiben.

1.8 Aufgaben zur Vertiefung

68

1. (1) *1. Schritt:*
$x_0 = 4;\ \frac{a}{x_0} = \frac{19}{4} = 4{,}75;\ \frac{1}{2}\left(x_0 + \frac{a}{x_0}\right) = \frac{1}{2}(4 + 4{,}75) = 4{,}375$
2. Schritt:
$x_1 = 4{,}375;\ \frac{a}{x_1} = \frac{19}{4{,}375} \approx 4{,}342857\ldots;\ \frac{1}{2}\left(x_1 + \frac{a}{x_1}\right) = 4{,}3589\ldots$
(2) *1. Schritt:*
$x_0 = 6;\ \frac{a}{x_0} = \frac{33}{6} = 5{,}5;\ \frac{1}{2}\left(x_0 + \frac{a}{x_0}\right) = 5{,}75$
2. Schritt:
$x_1 = 5{,}75;\ \frac{a}{x_1} = 5{,}739\ldots;\ \frac{1}{2}\left(x_1 + \frac{a}{x_1}\right) = 5{,}74456\ldots$

2. a) $V = G \cdot h$, mit $V = a$ und $G = x_0^2$ folgt für h: $h = \frac{V}{G} = \frac{a}{x_0^2}$
Der Mittelwert der drei Seitenlängen x_0, x_0, und $\frac{a}{x_0^2}$ ist:
$\left(x_0 + x_0 + \frac{a}{x_0^2}\right) \cdot \frac{1}{3} = \frac{1}{3} \cdot \left(2x_0 + \frac{a}{x_0^2}\right)$

b) (1) Startwert 2:
1. Schritt: $\sqrt[3]{4} \approx 1{,}\overline{6}$
2. Schritt: $\sqrt[3]{4} \approx 1{,}59\overline{1}$
3. Schritt: $\sqrt[3]{4} \approx 1{,}5874097$
4. Schritt: $\sqrt[3]{4} \approx 1{,}58740105$
5. Schritt: $\sqrt[3]{4} \approx 1{,}58740105$

(2) Startwert 2:
1. Schritt: $\sqrt[3]{10} \approx 2{,}1\overline{6}$
2. Schritt: $\sqrt[3]{10} \approx 2{,}15450362$
3. Schritt: $\sqrt[3]{10} \approx 2{,}15443469$
4. Schritt: $\sqrt[3]{10} \approx 2{,}15443469$

c) Hier einige Beispiele:

Radikand	5	7	9
Wurzel-Exponent	3	5	13
x_0	1	1	1
x_1	2,33333333	2,2	1,61538462
x_2	1,861678	1,81976368	1,493317
x_3	1,72200188	1,58347483	1,38407603
x_4	1,71005974	1,48946097	1,29161676
x_5	1,70997595	1,47602244	1,22437568
x_6	1,70997595	1,47577325	1,19119195
x_7	1,70997595	1,47577316	1,18438568
x	1,70997595	1,47577316	1,18414059

d) –

Bleib fit im Umgang mit Flächeninhalt und Volumen

72

1. *Erster Körper:*
   $a = 4\,\text{cm}$
   $c = 2\,\text{cm}$
   $b = \sqrt{a^2 + b^2} = \sqrt{20}\,\text{cm} \approx 4{,}5\,\text{cm}$
   $h = 3\,\text{cm}$
   $A = 2 \cdot \frac{1}{2} a \cdot c + (a + b + c) \cdot h$
   $\approx 39{,}42\,\text{cm}^2$
   $V = \frac{1}{2} a \cdot c \cdot h = 12\,\text{cm}^3$

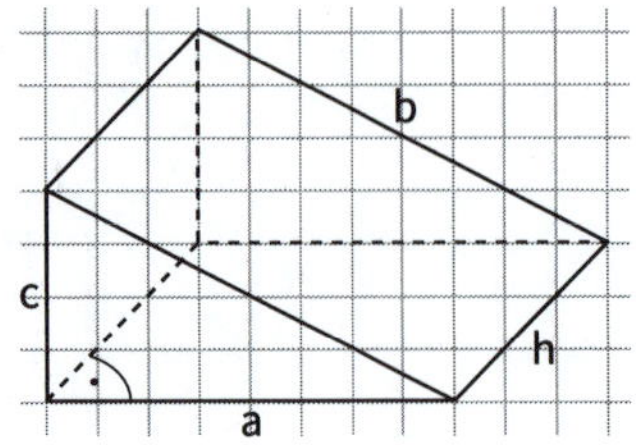

   Zweiter Körper:
   $a = 3{,}5\,\text{cm};\ h = 4{,}0\,\text{cm}$
   $h_D = 2{,}5\,\text{cm};\ p = 2{,}5\,\text{cm};\ q = 1{,}0\,\text{cm}$
   $b = \sqrt{p^2 + h_D^2} = \sqrt{12{,}5}\,\text{cm} \approx 3{,}5\,\text{cm}$
   $c = \sqrt{q^2 + h_D^2} = \sqrt{7{,}25}\,\text{cm} \approx 2{,}7\,\text{cm}$
   $A = 2 \cdot \frac{1}{2} a \cdot h_D + (a + b + c) \cdot h$
   $\approx 47{,}66\,\text{cm}^2$
   $V = \frac{1}{2} a \cdot h_D \cdot h = 17{,}5\,\text{cm}^3$

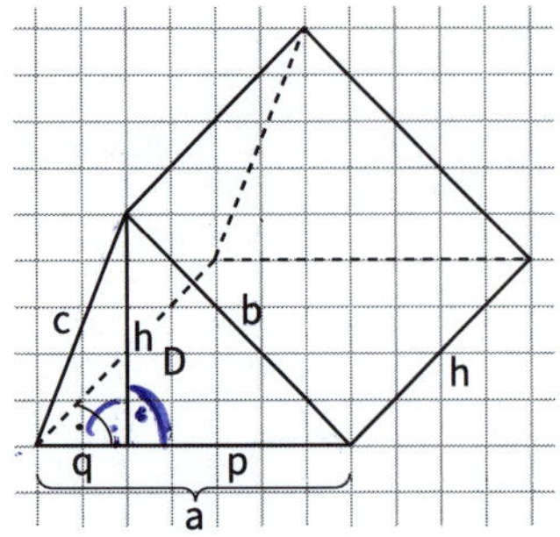

   Dritter Körper:
   $a = 3{,}0\,\text{cm};\ c = 2{,}0\,\text{cm}$
   $b = \sqrt{x^2 + y^2} = \sqrt{(2\,\text{cm})^2 + (1{,}5\,\text{cm})^2}$
   $= \sqrt{6{,}25}\,\text{cm} = 2{,}5\,\text{cm}$
   $A = 2 \cdot (a \cdot b + a \cdot c + b \cdot c) = 37\,\text{cm}^2$
   $V = a \cdot b \cdot c = 15\,\text{cm}^3$

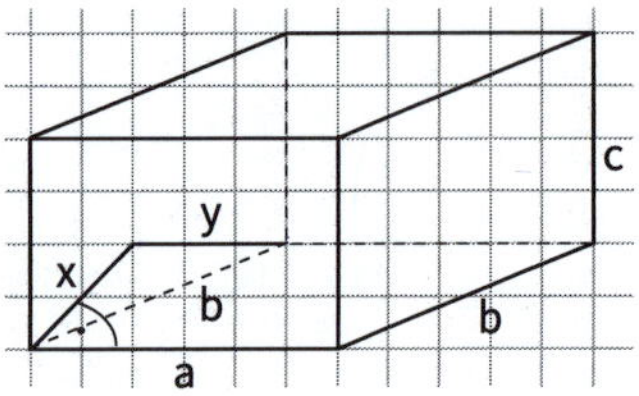

2. **a)** Ein Quadrat mit der Seitenlänge 1 cm besteht aus $10 \cdot 10 = 100$ Quadraten mit der Seitenlänge 1 mm, also $1\,\text{cm}^2 = 100\,\text{mm}^2$.
   b) Ein Würfel mit der Kantenlänge 1 cm besteht aus $10 \cdot 10 \cdot 10 = 1\,000$ Würfeln mit der Kantenlänge 1 mm, also $1\,\text{cm}^3 = 1\,000\,\text{mm}^3$.

72

3. **a)** $A = 2 \cdot \pi \cdot (4{,}25\,cm)^2 + \pi \cdot 8{,}5\,cm \cdot 4{,}5\,cm \approx 233{,}66\,cm^2$

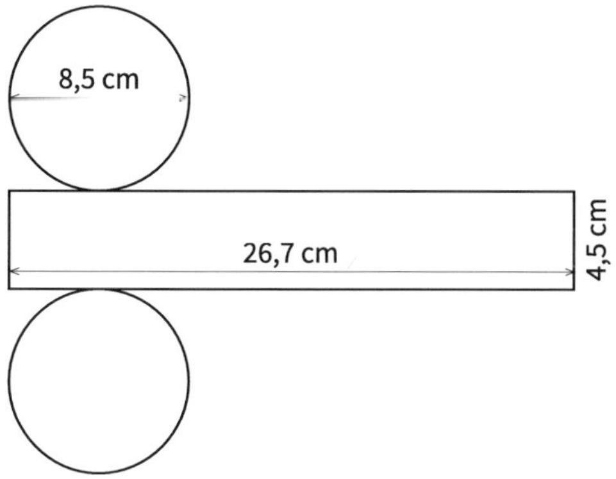

b) $V = \pi \cdot (2{,}75\,cm)^2 \cdot 4\,cm + (15{,}5\,cm - 5{,}5\,cm) \cdot 5{,}5\,cm \cdot 4{,}0\,cm$
$\approx 315\,cm^3$

74

4. **a)** $1\,200\,dm^2$; $0{,}042\,dm^2$; $500\,cm^2$ **b)** $0{,}0007\,m^2$; $35\,cm^2$; $0{,}36\,dm^2$ **c)** $0{,}071\,dm^3$; $0{,}235\,m^3$; $7\,000\,cm^3$ **d)** $375\,cm^3$; $1\,550\,dm^3$; 3,1755 l

a) $1\,200\,dm^2$	**b)** $0{,}0007\,m^2$	**c)** $0{,}071\,dm^3$	**d)** $375\,cm^3$
$0{,}042\,dm^2$	$35\,cm^2$	$0{,}235\,m^3$	$1\,550\,dm^3$
$500\,cm^2$	$0{,}36\,dm^2$	$7\,000\,cm^3$	3,1755 l

5. Garten 1: $A = 1\,008\,m^2$; Pacht: 221,76 €
Garten 2: $A = 784\,m^2$; Pacht: 172,48 €
Garten 3: $A = 720\,m^2$; Pacht: 158,40 €
Garten 4: $A = 1\,554\,m^2$; Pacht: 341,88 €

6. **a)** $1 = \pi \cdot \left(\frac{d}{2}\right)^2$, also $d = \frac{2}{\sqrt{\pi}}$ $\quad 1 = \frac{1}{2} \cdot \frac{2}{\sqrt{\pi}} \cdot h$, also $h = \sqrt{\pi}$
Das Dreieck hat also ungefähr die Grundseitenlänge $d \approx 1{,}13\,m$ und die Höhe $h \approx 1{,}77\,m$.

b) $A = d^2 = \frac{4}{\pi}\,m^2 \approx 1{,}27\,m^2$

c) $b = \frac{a}{2}$, also $a \cdot \frac{a}{2} = \frac{a^2}{2} = 1$, also $a = \sqrt{2}$
Das Rechteck hat die Seitenlängen $a = \sqrt{2}\,m \approx 1{,}41\,m$ und $b = \frac{1}{2}\sqrt{2}\,m \approx 0{,}71\,m$.

7. Die Grundfläche besteht aus 6 gleichseitigen Dreiecken mit der Seitenlänge $s = 2\,m$ und der Höhe $h = \sqrt{3}\,m \approx 1{,}73\,m$.
$V = 6 \cdot \frac{1}{2} \cdot s \cdot h \cdot 0{,}6\,m \approx 6{,}24\,m^2$

8. **a)** Gesamtes Feld: $A_F = 420\,m^2$
Mittelkreis: $A_K \approx 10{,}18\,m^2$

b) $A = \frac{6{,}0\,m + 3{,}6\,m}{2} \cdot 5{,}8\,m + \pi \cdot (0{,}9\,m)^2 \approx 30{,}4\,m^2$

74

9. Das Werkstück besteht aus einem Zylinder und einem quaderförmigen „Kopf".

a) $V = \pi \cdot (10{,}5\,cm)^2 \cdot 45\,cm + (31\,cm)^2 \cdot 22\,cm \approx 36\,728{,}23\,cm^3$

Masse: $m \approx 290\,520{,}3\,g \approx 290{,}52\,kg$

b) $V_{Gesamt} = 64\,387\,cm^3$

$V_{Abfall} = 31\,cm \cdot 31\,cm \cdot (22\,cm + 45\,cm) - V \approx 27\,658{,}77\,cm^3$

Es sind ungefähr 43 % Abfall.

c) $A = 2 \cdot (31\,cm)^2 + 4 \cdot 31\,cm \cdot 22\,cm + p \cdot 21\,cm \cdot 45\,cm$

$\approx 7\,618{,}81\,cm^2$

10. a) $V \approx 3{,}068\,m^3 = 3\,068\,l$ **b)** 1 840,8 kg

2. Pyramide, Kegel, Kugel

75 **Einstiegsseite:**

Die Entfernung von Assuan bis Alexandria beträgt ungefähr

$5\,000 \cdot 180\,m = 900\,000\,m = 900\,km$, das sind $\frac{7,2}{360}$ des Erdumfangs.

Der Erdumfang beträgt also ungefähr $\frac{360}{7,2} \cdot 900\,km = 45\,000\,km$.

Im Internet findet man für den Erdumfang 40 074 km.

Lernfeld: Wie groß ist …?

76 **1. Auftrag: Volumen einer besonderen Pyramide**

Der Auftrag ermöglicht einen handlungsorientierten Zugang zur Volumenformel der Pyramide $V = \frac{1}{3} G \cdot h$. Speziell wird der für Spitzkörper typische Faktor $\frac{1}{3}$ hier sehr anschaulich vorbereitet.

→ Die Pyramiden lassen sich gut in Teamarbeit erstellen.
Beispiel für ein mögliches Netz der Pyramide:

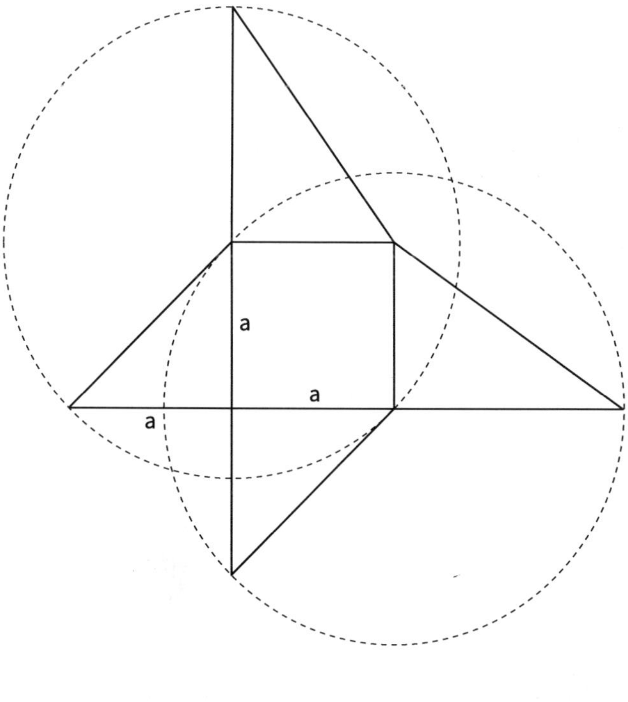

76 **1. Auftrag:** Fortsetzung

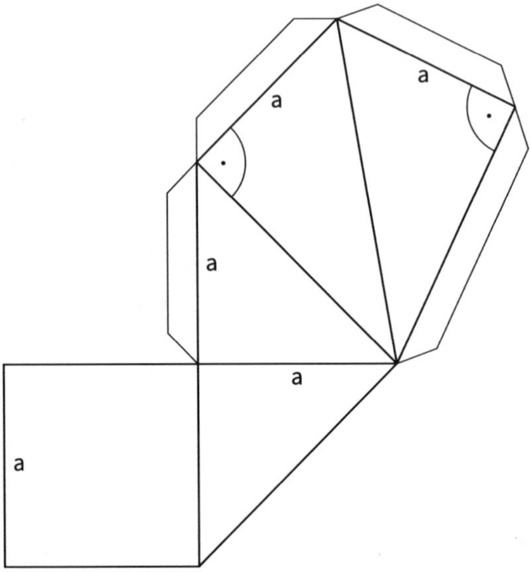

➔ Drei dieser Pyramiden lassen sich lückenlos zu einem Würfel mit der Kantenlänge 5 cm zusammensetzen. Man erhält also für das Volumen einer dieser Pyramiden:

$V = \frac{1}{3} \cdot (5\,\text{cm})^3 = 41\frac{2}{3}\,\text{cm}^3 \approx 41{,}667\,\text{cm}^3$

➔ Verallgemeinert man das Ergebnis auf die Kantenlänge a des Würfels, so erhält man für das Volumen dieser Pyramiden:

$V = \frac{1}{3} \cdot a^3$

Die Grundfläche einer solchen Pyramide ist ein Quadrat mit der Seitenlänge a. Der Grundflächeninhalt ist $G = a^2$. Für die Höhe h der Pyramide gilt: $h = a$.
Wir können nun die Formel umschreiben:

$V = \frac{1}{3}a^3 = \frac{1}{3}a^2 \cdot a = \frac{1}{3}G \cdot a = \frac{1}{3}G \cdot h$

Wir vermuten für das Volumen einer beliebigen Pyramide die Formel:

$V = \frac{1}{3}G \cdot h.$

2. Auftrag: Kegel-Wettbewerb

Der in diesem Auftrag „ausgeschriebene" Wettbewerb kann in vielfältiger Weise genutzt werden, vom einfachen Einfühlen in den Aufbau eines Kegels und praktische Handarbeit über experimentelles Vorgehen bis zu komplexen Überlegungen, die die Zusammenhänge der körperbestimmenden Größen betreffen, evtl. auch zu den Formeln der Kegelberechnung führen.
Innerhalb der Klasse als auch in den Gruppen kann handlungs- und leistungsdifferenziert vorgegangen werden. Die anschließenden Vorstellungen der Kegel fordern, sich Vorgehensweise und Zusammenhänge zu vergegenwärtigen. Interessant ist auch eine Diskussion über Festlegung, Messung bzw. Berechnung der für den Wettbewerb relevanten Größen.

76 **2. Auftrag:** Fortsetzung

Grundlegende Beobachtungen, experimentelle Erkenntnisse:

- Der Kegelmantel wird als Kreisausschnitt erkannt, der an den Schnittkanten zusammengefügt wird.
- Je größer der Mittelpunktswinkel a des Kreisausschnitts, desto größer wird die Bodenfläche und desto flacher wird der Kegel.
- Der Radius des Kreises auf dem DIN-A4-Blatt bestimmt die Länge der Seitenlinie s des Kegels.
- Der Kegel wird spitzer und höher, je länger der Kreisradius s und je kleiner der Mittelpunktswinkel a wird.

Bewertungsgrößen, Messungen und Rechnungen:

- Höhe h des Kegels, messbar durch ein daneben gestellte Lineal, über Pythagoras aus Seitenkante s und Grundflächenradius r zu berechnen.
- Breite $d = 2r$ des Kegels, zu berechnen über $u = 2\pi r$. Die Schüler erkennen durch das Basteln, dass der Umfang des Grundflächenradius u des Kegels gleichzeitig die Länge des Kreissegmentbogens auf dem DIN-A4-Blatt (Länge: 29,7 cm; Breite: 21,0 cm) ist, das mit dem Radius s mit $u = \frac{2\pi s \cdot \alpha}{360°}$ berechnet werden kann.
- Spitze des Kegels: Maß ist der Winkel φ an der Spitze, leichter noch der halbe Winkel davon $\left(\frac{\varphi}{2}\right)$ zwischen der Kegelachse und der Seitenlinie.
  Dieser ist schwer zu messen (vielleicht als Projektion), besser aus einer 1 : 1 Zeichnung der Seitenansicht des Kegels zu entnehmen.
- Das Volumen V des Kegels ist nicht leicht zu bestimmen, eine rechnerische Lösung kann nicht erwartet werden. Experimentell kann der Kegel mit Sand aufgefüllt werden, der dann in einen Messzylinder umgeschüttet wird. Als eine zusätzliche Aufgabe können leistungsstarke Schüler experimentell als Näherung die Volumenformel $V = \frac{1}{3}\pi r^2 h$ ermitteln.
- Die Oberfläche bzw. Mantelfläche M ist offensichtlich genauso groß wie der ursprüngliche Kreisausschnitt, sodass die zugehörige Formel $M = \frac{\pi s^2 \cdot \alpha}{360°}$ wiederholt wird, evtl. wird auch $M = \pi r s$ erkannt oder vorbereitet. Eine direkte Messung ist hier nicht möglich.

Weitere Ideen für Bewertungsgrößen:

- Der flachste Kegel, auf den z. B. eine Ameise am bequemsten steigen kann, entsteht bei möglichst langer Seitenkante s bei gleichzeitig minimaler Höhe von $h = 4\,\text{cm}$ mit dem maximalem Winkel φ an der Spitze.
- Der effektivste Kegel ist der, bei dem das Volumen in Bezug auf den Materialeinsatz, also die Größe der Mantelfläche optimal ist. Man erkennt, dass möglichst lange Seitenkanten s das Verhältnis verbessern. Der optimale Mittelpunktswinkel bei festem s ist $\alpha = 255°$. Dieser wird aber bei dem DIN-A4-Blatt nur mit verkürzter Seitenlinie erreicht. Hier ist der optimale Kegel gleichzeitig der mit dem größten Volumen.

76

2. Auftrag: Fortsetzung

Formen, Maße und Ergebnisse:

s = Seitenkante des Kegels = Radius des Kreisausschnitts
r = Radius des Kegels
h = Höhe des Kegels
V = Volumen des Kegels
M = Mantel des Kegels = Fläche des Kreisausschnitts
α = Mittelpunktswinkel im Kreisausschnitt
$\frac{\varphi}{2}$ = halber Öffnungswinkel an der Kegelspitze

1: Halbkreis
s = 14,8 cm, r = 7,4 cm, h = 12,8 cm,
M = 345 cm^2, V = 740 cm^3,
$\alpha = 180°$, $\frac{\varphi}{2} = 30°$

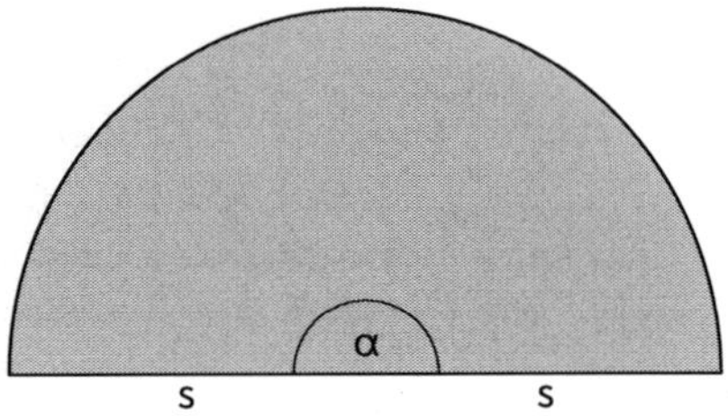

2: Gesamte Länge, maximales Volumen (auch Mantelfläche)
s = 14,8 cm, r = 9,5 cm, h = 11,4 cm,
M = 440 cm^2, V = 1 070 cm^3,
$\alpha = 230°$, $\frac{\varphi}{2} = 40°$

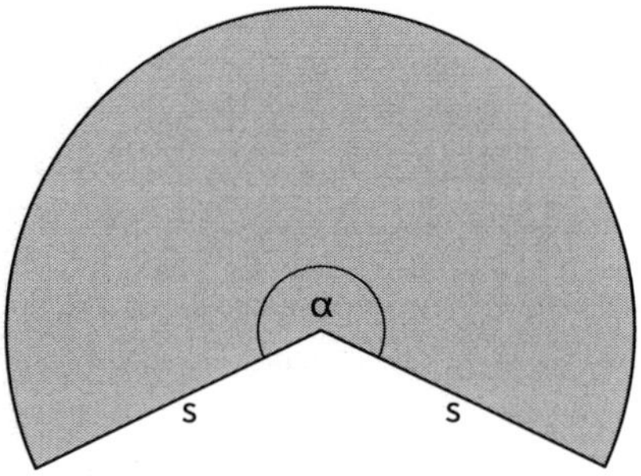

3: Gesamte Breite, maximale Bodenfläche, ganz flach
s = 10,6 cm, r = 9,8 cm, h = 4,0 cm,
M = 330 cm^2, V = 410 cm^3,
$\alpha = 333°$, $\frac{\varphi}{2} = 67°$

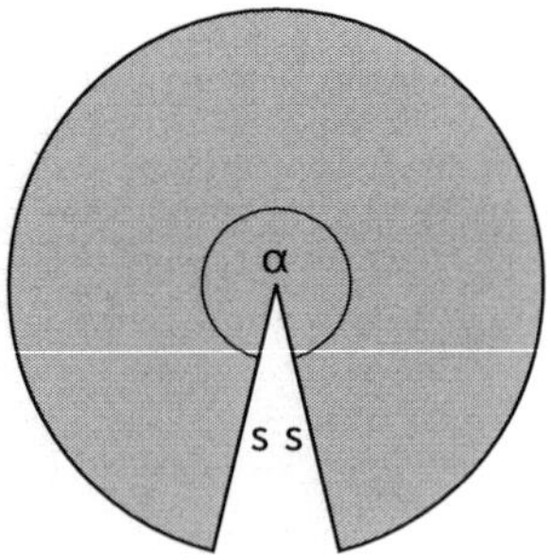

76 **2. Auftrag:** Fortsetzung

4: Gesamte Breite, auch maximale Mantelfläche
$s - 21\,cm$, $r - 6{,}71\,cm$, $h - 19{,}9\,cm$,
$M = 440\,cm^2$, $V = 940\,cm^3$,
$\alpha = 114°$, $\frac{\varphi}{2} = 18{,}5°$

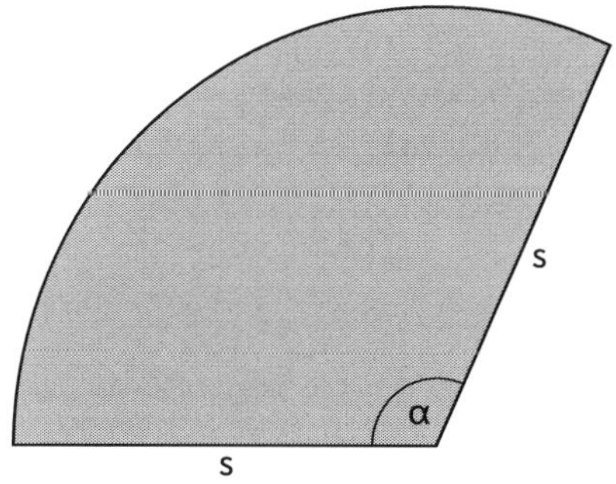

5: Spitz symmetrisch
$s = 29{,}7\,cm$, $r = 2\,cm$, $h = 29{,}6\,cm$,
$M = 185\,cm^2$, $V = 125\,cm^3$,
$\alpha = 24°$, $\frac{\varphi}{2} = 3{,}9°$

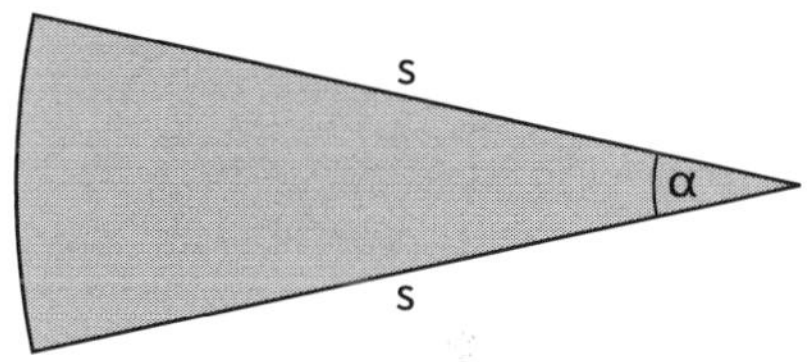

6: So lang wie möglich, höchster und spitzester Kegel
$s = 31\,cm$, $r = 2\,cm$, $h = 31\,cm$,
$M = 195\,cm^2$, $V = 130\,cm^3$,
$\alpha = 23°$, $\frac{\varphi}{2} = 3{,}7°$

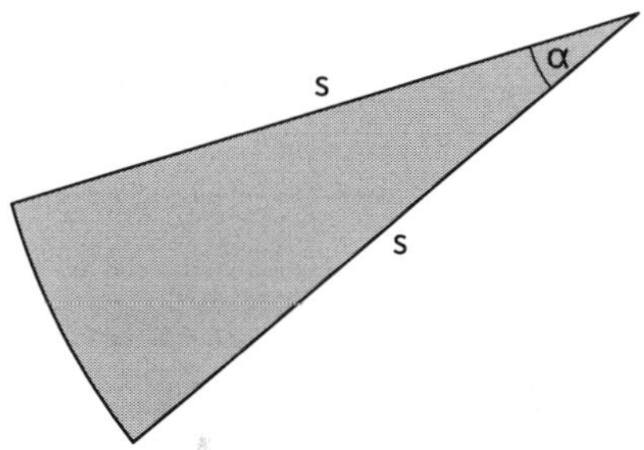

7: Der kleinste Kegel ist durch die vorgegebenen Bedingungen festgelegt:
$s = 4{,}5\,cm$, $r = 2\,cm$, $h = 4\,cm$, $M = 28{,}1\,cm^2$, $V = 16{,}8\,cm^3$, $\alpha = 161°$, $\frac{\varphi}{2} = 27°$

2.1 Oberflächeninhalt von Pyramide und Kegel

2.1.1 Pyramide – Netz und Oberflächeninhalt

77 **Einstieg:**

a) Die Pyramide des Louvres hat 5 Seitenflächen. 4 davon sind gleichschenklige Dreiecke und die Grundfläche ist quadratisch.
Der Teebeutel ist ein Tetraeder. Alle 4 Seiten sind gleichseitige Dreiecke.

b) Es muss der Oberflächeninhalt O einer solchen Pyramide berechnet werden.
$O = 4 \cdot \left(42{,}72\,cm \cdot 30\,cm \cdot \frac{1}{2}\right) + (30\,cm)^2 = 3\,463{,}2\,cm^2$
Zur Herstellung einer Pyramide wird $3\,463{,}2\,cm^2$ Pappe benötigt, also fast $35\,dm^2$.

79

2.

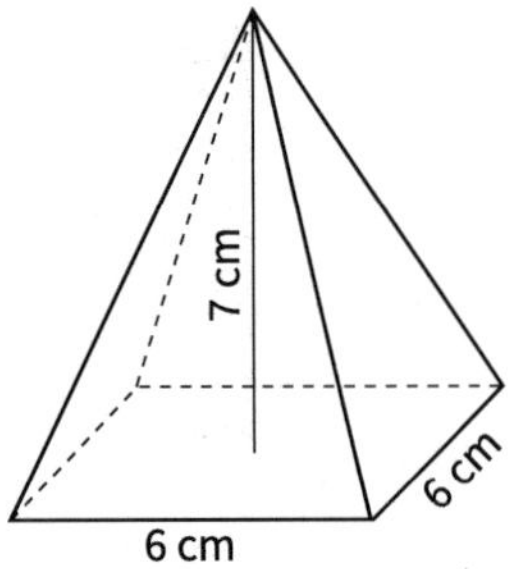

3. Die zu beschichtende Fläche ist 7 920 cm^2 groß.

4. –

5. Das zweite Netz ist kein Netz einer Pyramide. Es ist das Netz eines Prismas.

6. a)

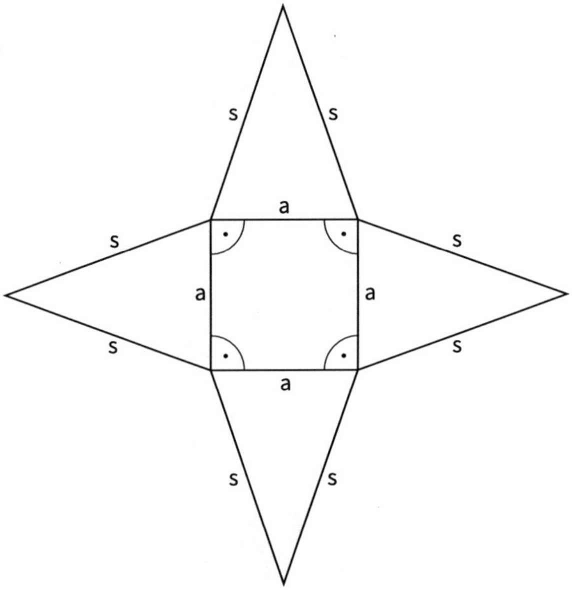

b) $h_s = \sqrt{s^2 - \left(\frac{a}{2}\right)^2} = \sqrt{32\,cm^2} \approx 5{,}7\,cm$; $M = 4 \cdot \frac{1}{2} \cdot a \cdot h_s \approx 45{,}25\,cm^2$

$O = G + M = a^2 + M \approx 61{,}25\,cm$

79 **6. c)** $h = \sqrt{h_s^2 - \left(\frac{a}{2}\right)^2} = \sqrt{32\,cm^2 - 4\,cm^2} = \sqrt{28\,cm^2} \approx 5{,}3\,cm$

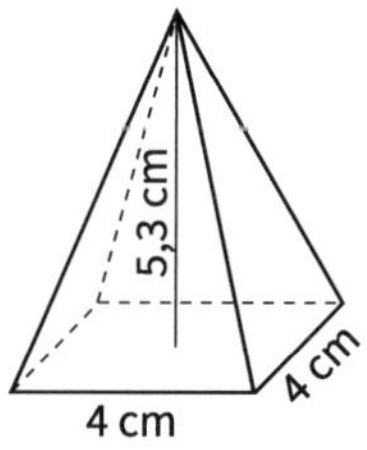

7. $h_s = \sqrt{(21{,}6\,m)^2 + (17{,}7\,m)^2} \approx 27{,}93\,m$

Flächeninhalt der Außenfläche (Mantelfläche):

$M \approx 4 \cdot \frac{1}{2} \cdot 35{,}4\,m \cdot 27{,}93\,m \approx 1\,977\,m^2$

Die Außenfläche ist ungefähr $1\,977\,m^2$ groß.

8. Wir berechnen zunächst den Mantelflächeninhalt einer Pyramide:

$h_s = \sqrt{(1{,}5\,m)^2 - (0{,}75\,m)^2} \approx 1{,}3\,m$; $M = 4 \cdot \frac{1}{2} \cdot 1{,}5\,m \cdot 1{,}3\,m \approx 3{,}9\,m^2$

Mantelflächeninhalt für 9 Pyramiden(ungefähr): $9 \cdot 3{,}9\,m^2 = 35{,}1\,m^2$

Volumen der Glasfläche: $V = 35{,}1\,m^2 \cdot 0{,}01\,m = 0{,}351\,m^3 = 351\,dm^3 = 351\,000\,cm^3$

Gewicht (Masse) des Glases: $m \approx 351\,000\,cm^3 \cdot 2{,}5\,\frac{g}{cm^3} = 877\,500\,g = 877{,}5\,kg$

Das Dach wiegt fast 880 kg.

80 **9.** $O = 2 \cdot a \cdot h_s + a^2$; $h_s = \frac{O - a^2}{2a}$; $a = \sqrt{h_s^2 + O} - h_s$

10. a) (1) $O = 40\,cm^2$ (2) $O = 33\,cm^2$

b) Man kann die Formel von Aufgabe 9 verwenden. Verändert man die Maße der zweiten Pyramide, so erhält man:

$a \approx 3{,}48\,cm \approx 3{,}5\,cm$; $h_s = 4\,cm$ oder $a = 3\,cm$; $h_s = 5\frac{1}{6}\,cm \approx 5{,}17\,cm \approx 5{,}2\,cm$

11. a) $O = 4 \cdot \frac{a^2}{4} \cdot \sqrt{3} = a^2 \cdot \sqrt{3} \approx 27{,}71\,cm^2$

b)

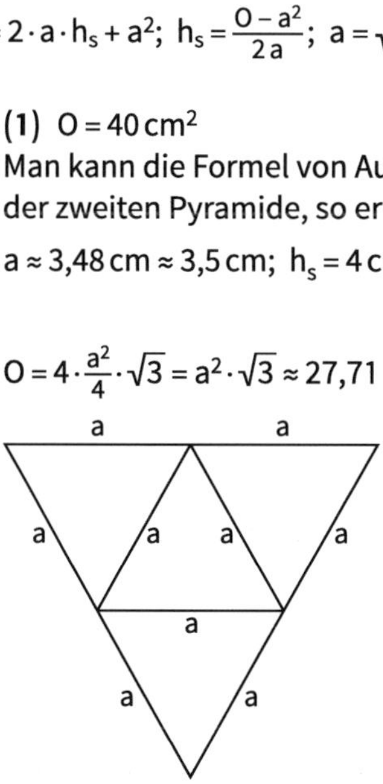

c) –

80 **12.** a)

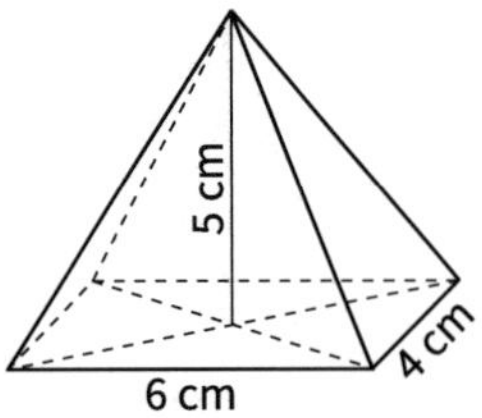

b)

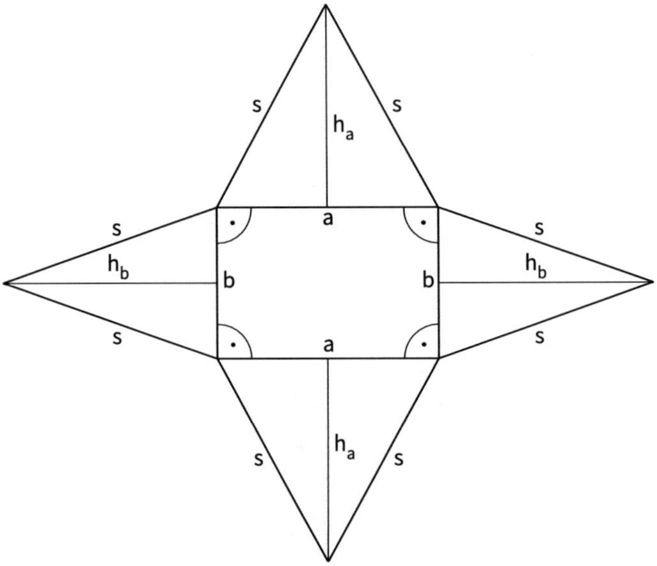

c) $O = a\,b + 2 \cdot \frac{a \cdot h_a}{2} + 2 \cdot \frac{a \cdot h_b}{2}$

Mit $h_a = \sqrt{\left(\frac{b}{2}\right)^2 + h^2}$ und $h_b = \sqrt{\left(\frac{a}{2}\right)^2 + h^2}$ folgt:

$O = a\,b + a \cdot \sqrt{\left(\frac{b}{2}\right)^2 + h^2} + b \cdot \sqrt{\left(\frac{a}{2}\right)^2 + h^2}$

$O \approx 79{,}63\,\text{cm}^2$

80

13. a)

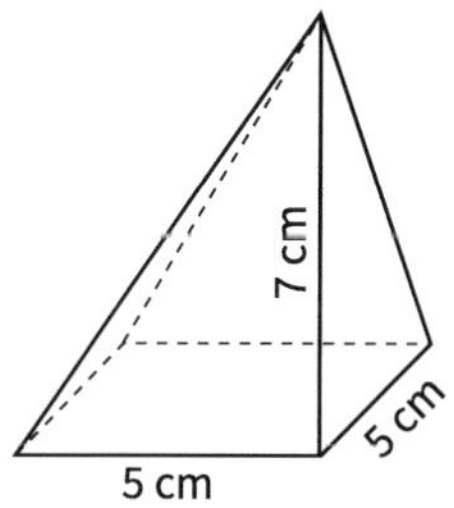

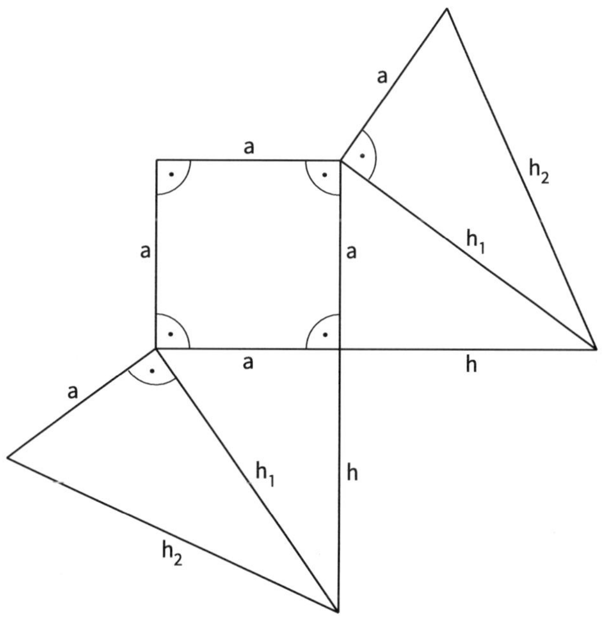

b) $a = 5\,cm$; $h = 7\,cm$,
$h_1 = \sqrt{74}\,cm \approx 8{,}6\,cm$,
$h_2 = \sqrt{99}\,cm \approx 9{,}95\,cm$,
$O = a^2 + a \cdot h + a \cdot h_1 \approx 103{,}01\,cm^2$

c) –

14. $M = 4 \cdot \frac{1}{2} \cdot 12\,m \cdot 14\,m = 336\,m^2$

Rechnungsbetrag:	35 280,00 €
19 % Mehrwertsteuer:	6 703,20 €
Gesamtsumme:	41 983,20 €
3 % Rabatt:	1 259,50 €
Gesamtpreis:	40 723,70 €

80 15. a)

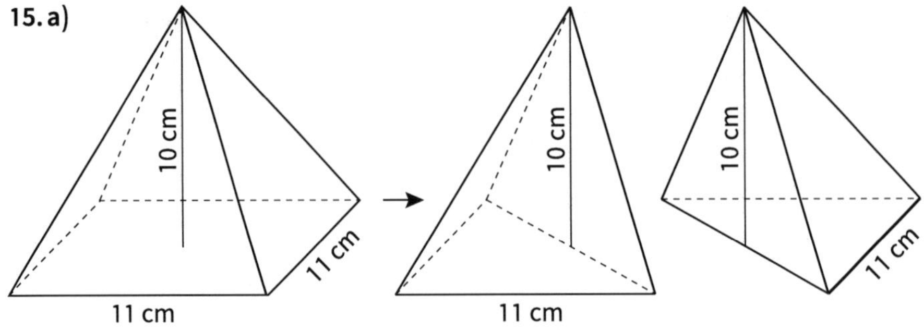

b)

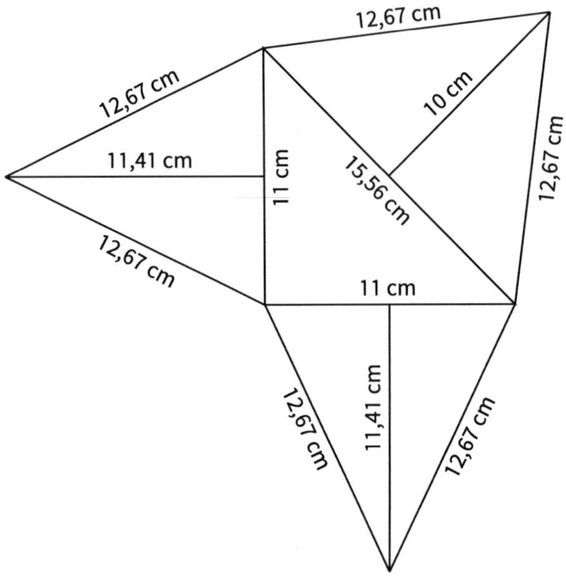

c) Maße siehe Netz zu Teilaufgabe b).

$O \approx \frac{1}{2} \cdot (11\,\text{m} \cdot 11\,\text{m} + 15{,}56\,\text{m} \cdot 10\,\text{m} + 2 \cdot 11\,\text{m} \cdot 11{,}41\,\text{m})$

$= 263{,}81\,\text{m}^2$

Pro Teilpyramide wurden ungefähr 264 m^2 Glas verbaut.

2.1.2 Kegel – Netz und Oberfläche

81 **Einstieg:**

$O = \pi \cdot (3{,}25\,\text{cm})^2 + \pi \cdot \frac{65°}{360°} \cdot (16{,}5\,\text{cm})^2 + 16{,}5\,\text{cm} \cdot 2{,}5\,\text{cm}$

$\approx 228{,}86\,\text{cm}^2 \approx 230\,\text{cm}^2$

82 **2.** $M = \pi \cdot 15\,\text{cm} \cdot 80\,\text{cm} \approx 3\,770\,\text{cm}^2$

$3\,770\,\text{cm}^2 \cdot 1{,}09 \approx 4\,109\,\text{cm}^2 \approx 41{,}1\,\text{dm}^2$

Für die Herstellung der Schultüte benötigt man etwa 41,1 dm^2 Pappe.

3. Verkehrskegel, Turmspitze, Eistüte, Zuckertüte

82 **4.** **a)** $M \approx 75{,}4\,cm^2$; $O \approx 125{,}66\,cm^2$ **b)** $M \approx 108{,}38\,m^2$; $O \approx 125{,}00\,m^2$ **c)** $M \approx 30{,}09\,m^2$; $O \approx 52{,}99\,m^2$ **d)** $M \approx 199{,}69\,m^2$; $O \approx 333{,}20\,m^2$

83 **5.** **a)** (1) $r = 2\,cm$; $h \approx 3{,}46\,cm$; $G \approx 12{,}57\,cm^2$; $O \approx 37{,}70\,cm^2$
(2) $r = 1\,cm$; $h \approx 3{,}87\,cm$; $G \approx 3{,}14\,cm^2$; $O \approx 15{,}71\,cm^2$
(3) $r = 3\,cm$; $h \approx 2{,}65\,cm$; $G \approx 28{,}27\,cm^2$; $O \approx 65{,}97\,cm^2$

b) $\frac{\varphi}{360°} = \frac{b}{u}$; $b = 2\pi r$; $u = 2\pi s$; $\varphi = \frac{2\pi r \cdot 360°}{2\pi s} = \frac{360° \cdot r}{s}$

c) zu **a)** 240° zu **b)** 55,2° zu **c)** 274,0° zu **d)** 240,7°

6. **a)** $s \approx 5{,}83\,cm$; $O \approx 83{,}23\,cm^2$

b)

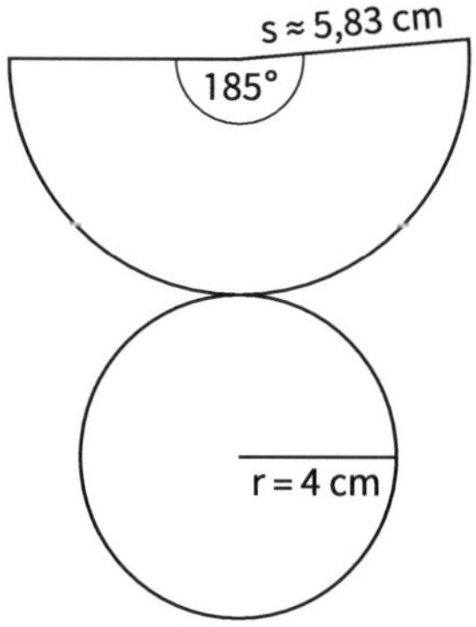

c) $\alpha = 59°$, $\gamma = 62°$

d)

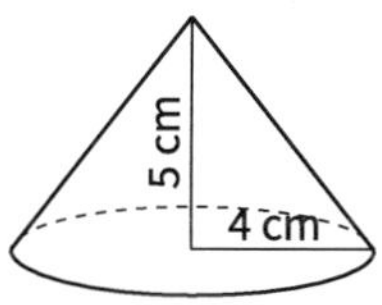

7. $r \approx 4{,}42\,m$; $s \approx 14{,}49\,m$; $M \approx \pi \cdot 4{,}42\,m \cdot 14{,}49\,m \approx 201{,}21\,m^2$
Das Decken des Daches kostet ohne Mehrwertsteuer 18 712,53 € und mit 19 % Mehrwertsteuer 22 267,91 €, also fast 22 300 €.

8. $r \approx 6{,}1$; $O \approx 462\,cm^2$

9. **a)** $r = 4{,}5\,cm$; $O \approx 190{,}9\,cm^2$
b) $s \approx 5{,}66\,cm$; $O \approx 121{,}4\,cm^2$
c) $r \approx 4{,}2\,cm$; $s \approx 6{,}5\,cm$; $O \approx 141{,}2\,cm^2$

10. –

83 11. Man kann die Puddingschachtel als Zylinder mit dem Durchmesser $d = \frac{9{,}6\,cm + 6{,}2\,cm}{2} = 7{,}9\,cm$ und der Höhe $h = 6{,}5\,cm$ modellieren und erhält $O \approx 260\ cm^2$.
Berechnet man den Oberflächeninhalt mit einer Formel aus der Formelsammlung bzw. aus Aufgabe 12, so erhält man $O \approx 264\,cm^2$.
Die Annäherung durch den Zylinder ist also einigermaßen genau.

12. Kegelstumpf zum Kegel ergänzen: mit r_1: Radius vom oberen Kegelteil:
$M = \pi \cdot r_2(s + x) - \pi r_1 \cdot x = \pi(r_2 s + r_2 x - r_1 x) = \pi(r_1 + r_2)s;$
$\frac{r_1}{x} = \frac{r_2}{x + s}$ nach dem Strahlensatz.

2.2 Volumen von Pyramide und Kegel

2.2.1 Satz des Cavalieri

84 **Einstieg:**
a) Das Volumen ändert sich im Vergleich zu einem geraden Gebäude mit derselben Grundfläche nicht.
b) Man kann das Volumen also wie bei einem geraden Gebäude berechnen: $V = G \cdot h$.
Für den Turning Torso erhält man: $V = 400\,m^2 \cdot 190\,m = 76\,000\,m^3$

85 1. a) Volumen des Würfels: $V = (6\,cm)^3 = 216\,cm^3$
Volumen des schiefen Prismas: $V = (3\,cm)^2 \cdot 6\,cm = 54\,cm^3$
b) $V = \left(\frac{a}{2}\right)^2 \cdot a$

2. $V = (3{,}3\,cm)^2 \cdot \pi \cdot 8{,}0\,cm \approx 273{,}7\,cm^3$

86 3. a) $V = 128\,mm^3$
b) $V = \frac{a \cdot b}{2} \cdot h = 3 \cdot \sqrt{3}\,mm^3$

2.2.2 Volumen der Pyramide

Einstieg:
$V \approx \frac{1}{3} G \cdot h$

89 2. a) Mithilfe der Strahlensätze kann man $a_2 \approx 1{,}14\,cm$ bestimmen.
Folglich: $V = V_{ges} - V_{Spitze} = 298{,}7\,cm^3 - 7{,}0\,cm^3 = 291{,}7\,cm^3$

89 **2. b)** $V = V_1 - V_2$ mit
V_1 = Volumen der großen Pyramide und
V_2 = Volumen der kleinen Pyramide

$$V = \frac{1}{3}G_1\overline{h} - \frac{1}{3}G_2 h^*$$

$$V = \frac{1}{3}4a_1^2\overline{h} - \frac{1}{3}4a_2^2h^* = \frac{4}{3}\left(a_1^2\overline{h} - a_2^2h^*\right) \qquad (1)$$

Aus $\frac{a_1}{a_2} = \frac{\overline{h}}{h^*}$ und $\overline{h} = h + h^*$ folgt:

$$\overline{h} = \overline{h}\frac{a_2}{a_1} + h \text{ und } h^* = h^*\frac{a_1}{a_2} - h \qquad (2)$$

Aus (1) und (2) folgt:

$$V = \frac{4}{3}\left(a_1^2\overline{h}\frac{a_2}{a_1} + a_1^2h - \left(a_2^2h^*\frac{a_1}{a_2} - a_2^2h\right)\right)$$

$$= \frac{4}{3}\left(a_1a_2\overline{h} + a_1^2h - a_2a_1h^* + a_2^2h\right)$$

$$= \frac{4}{3}\left(a_1^2h + a_1a_2\left(\overline{h} - h^*\right) + a_2^2h\right) \qquad |\ h = \overline{h} - h^*$$

$$= \frac{1}{3}\left(4a_1^2h + 4a_1a_2h + 4a_2^2h\right)$$

$$= \frac{1}{3}h\left(G_1 + \sqrt{G_1G_2} + G_2\right)$$

3. Die Raumdiagonalen bilden die Kanten der entstehenden Pyramiden. Die quadratischen Grundflächen entsprechen dann den Seitenflächen des Würfels. Die Spitzen liegen im Schnittpunkt aller Raumdiagonalen. Somit entstehen 6 gleichgroße Pyramiden mit der Höhe $\frac{a}{2}$. Folglich gilt für das Volumen V einer solchen Pyramide: $6V = a^3$, d.h. $V = \frac{a^3}{6}$.

4. **a)** $129{,}7\,cm^3$ **b)** $265{,}8\,cm^3$ **c)** $55{,}2\,cm^3$ **d)** $165{,}0\,cm^3$ **e)** $95{,}2\,cm^3$

5. $V_{Sockel} = 0{,}972\,m^3$; $V_{Pyramide} = 0{,}405\,m^3$
$V_{Denkmal} = 1{,}377\,m^3$
$m_{Denkmal} = 3\,580{,}2\,kg$
Das Denkmal wiegt 3 580,2 kg.

6. **a)** $V = 2\,642\,065\,m^3$
b) $288\,907\,m^3$ Stein sind verwittert, dass sind 10,9 % der ursprünglichen Menge.
c) $O = 1\,323{,}0\,cm^2$ (Maßstab 1 : 1000)
d) **(1)** Neigungswinkel der Seitenkante zur Grundfläche: $\alpha = 40{,}5°$
(2) Neigungswinkel der Seitenfläche zur Grundfläche: $\alpha = 50{,}36°$

90 **7.** **a)** $V = 156\,cm^3$; $O = 196{,}1\,cm^2$; $\alpha = 77°$; $\beta = 71{,}9°$
b) $V = 147{,}5\,cm^3$; $O = 187{,}8\,cm^2$; $\alpha = 76{,}3°$; $\beta = 71°$
c) $V = 151{,}8\,cm^3$; $O = 192\,cm^2$; $\alpha = 76{,}7°$; $\beta = 71{,}5°$
d) $V = 264\,cm^3$; $O = 273{,}6\,cm^2$; $\alpha = 74{,}7°$; $\beta = 68{,}9°$

8. $a = \sqrt{\frac{3 \cdot V}{h}}$; $a = 9\,cm$

9. **(1)** Wahr
(2) Falsch
(3) Wahr
(4) Falsch (Auch eine Grundkante könnte verdoppelt werden.)
(5) Falsch

10. Wir nähern das Zelt mit einer Pyramide durch eine Pyramide mit sechseckiger Grundfläche an.
a) **(1)** $12{,}97\,m^2$
(2) $11{,}7\,m^2$ (bei je 10 cm Abstand zur Decke und zu den Seiten)
b) $2{,}54\,m^3$

Das kann ich noch!

A) Druckfehler in Teilaufgabe **2)**: $x^2 + 1{,}5x - 1 = 0$
1) $L = \{0; 2\}$
2) $L = \{-2; 0{,}5\}$
3) $L = \{-1\}$
4) $L = \{\ \}$
5) $L = \{-0{,}2; 0{,}6\}$
6) $L = \{-3{,}2; -1{,}5\}$

B) **1)** $L = \{-4; 3\}$
2) $L = \{-5; 5\}$
3) $L = \{0; 3\}$
4) $L = \{0; 4{,}3\}$
5) $L = \left\{-2; \frac{4}{3}\right\}$
6) $L = \left\{-\frac{1}{8}; \frac{1}{6}\right\}$

C) **1)** $L = \{3\}$
2) $L = \{-4; 4\}$
3) $L = \{5\}$
4) $L = \{\sqrt{18}; \sqrt{18}\}$
5) $L = \{3\}$
6) $L = \{2\}$

91 **11.** **a)** **(1)** $342{,}4\,m^2$
(2) $461{,}4\,m^3$
(3) $42{,}2°$
b) **(1)** $324{,}5\,m^2$
(2) $234\,m^3$
(3) $\alpha = 53{,}1°$; $\beta = 41{,}6°$

12. $V = 155{,}9\,cm^3$; $O = 154{,}9\,cm^2$

13. **a)** $a \approx 1{,}9\,cm$; $V_{Prisma} \approx 133{,}6\,cm^3$; $V_{Pyramide} \approx 6\,cm^3$
b) $\alpha = 79°$

14. **a)** $h = \sqrt{\frac{2}{3}a^2} = \frac{a}{3}\sqrt{6}$
b) $h \approx 3{,}3\,cm$; $h_s = \frac{a}{2}\sqrt{3} \approx 3{,}5\,cm$; $O = a^2\sqrt{3} \approx 27{,}71\,cm^2$
c) $a = 7{,}35\,cm$; $h_s = 6{,}36\,cm$

91 **15.** Die Verpackung hat näherungsweise die Form eines Tetraeders mit zwei Laschen an den Enden.
$V = 85{,}9\,cm^3$; $O_{Tetraeder} = 140{,}3\,cm^2$
Der Materlalbedarf Ist $176{,}3\,cm^2$.

16. Das Fassungsvermögen beträgt ungefähr 1,5 l.

17. (1) $O \approx 7{,}6\,dm^2$ (2) $O \approx 7{,}1\,dm^2$
Beide Pyramiden haben einen fast gleich großen Oberflächeninhalt.

2.3.3 Volumen des Kegels

92 **Einstieg:**
Man kann den Kegel durch ein n-Eck annähern. Für das Volumen folgt: $V = \frac{1}{3} G \cdot h$

93 **2.** Es gilt $r = \frac{d}{2}$. Folglich gilt $V = \frac{1}{3}\pi\left(\frac{d}{2}\right)^2 h = \frac{1}{12}\pi d^2 h$

3. **a)** $1\,055\,cm^3$
b) $\frac{r_1}{r_2} = \frac{\overline{h}}{h^*}$ und $\overline{h} = h^* + h$ es folgt
$h^* r_1 = \overline{h}\, r_2 = h^* r_2 + h\, r_2$ und weiter
$h^* = h \cdot \frac{r_2}{(r_1 - r_2)}$
$$V = \frac{1}{3}\pi r_1^2 \overline{h} - \frac{1}{3}\pi r_2^2 \cdot h^* \quad | \overline{h} = h^* + h$$
$$= \frac{1}{3}\pi\left(\left(r_1^2 h^* + r_1^2 h\right) - r_2^2 \cdot h^*\right)$$
$$= \frac{1}{3}\pi\left(r_1^2 h + h^* \cdot \left(r_1^2 - r_2^2\right)\right) \text{ mit (1) folgt}$$
$$= \frac{1}{3}\pi\left(r_1^2 h + h \cdot \frac{r_2}{(r_1 - r_2)} \cdot (r_1 + r_2) \cdot (r_1 - r_2)\right)$$
$$= \frac{1}{3}\pi h\left(r_1^2 + r_2 \cdot (r_1 + r_2)\right)$$
$$V = \frac{1}{3}\pi h\left(r_1^2 + r_1 r_2 + r_2^2\right) \quad (2)$$
Durch einsetzen von $r_1 = \sqrt{G_1 \frac{1}{\pi}}$ bzw. $r_2 = \sqrt{G_2 \frac{1}{\pi}}$
(wegen $G = r^2\pi$) erhält man $V = \frac{1}{3} h\left(G_1 + \sqrt{G_1 G_2} + G_2\right)$ (3)

4. Man erhält ebenfalls $V \approx \frac{1}{3} \cdot h \cdot G$, wenn man den Kegel durch immer mehr Zylinder annäherd.

5. $V = 102{,}2\,cm^3$

6. **a)** $V = 235{,}6\,cm^3$ **b)** $V = 140{,}6\,dm^3$ **c)** $V = 0{,}19\,m^3$ **d)** $V = 116{,}1\,cm^3$

7. $V = 1085{,}91\,cm^3$. Das Werkstück wiegt ungefähr 7,93 kg.

94

8. a) $V \approx 51{,}9\,m^3$; $a \approx 3{,}7\,m$

b) $V \approx 23{,}8\,m^3$; $a \approx 2{,}88\,m$

c) $V \approx 0{,}176\,km^3$; $a \approx 560\,m$

9. a) (1) Falsch, da $V' = \frac{1}{3}(2r)^2\pi h = 4\left(\frac{1}{3}r^2\pi h\right) = 4 \cdot V$ gilt.
Das Volumen vervierfacht sich.

(2) Falsch, da z. B. aus $r = 1\,m$ und $s = 8\,m$ ein Volumen von $8{,}3\,m^3$ folgt. Aber ein Kegel mit $r' = 2\,m$ und $s' = 4\,m$ ein Volumen von $14{,}5\,m^3$ hat.

(3) Falsch, man kann die Höhe auch unverändert lassen und dafür den Radius entsprechend ändern.

(4) Falsch, da z. B. aus $r = 1\,m$ und $s = 8\,m$ ein Volumen von $V = 8{,}31\,m^3$ folgt. Aber ein Kegel mit $r' = 1\,m$ und $s' = 8{,}8\,m$ ein Volumen von $V' = 9{,}16\,m^3$ hat und $1{,}1 \cdot 8{,}31\,m^3 = 9{,}14\,m^3 \neq V'$ gilt.

b) Verdoppelt man die Höhe des Kegels, verdoppelt sich das Volumen.

10. a) $h = \frac{3V}{\pi r^2}$; $h \approx 2{,}2\,cm$

b) $= \sqrt{\frac{3V}{h\pi}}$; $r \approx 7{,}03\,dm$

11. a) $s \approx 135{,}2\,cm$; $V \approx 7\,952{,}2\,cm^3$; $O \approx 3\,362{,}5\,cm^2$

b) $h \approx 77{,}9\,dm$; $V \approx 1\,651{,}3\,dm^3$; $O \approx 1\,166{,}3\,dm^2$

c) $r \approx 4{,}77\,dm$; $V \approx 149{,}9\,dm^3$; $O \approx 189{,}7\,dm^2$

d) $h \approx 13\,cm$; $s \approx 14{,}15\,cm$; $O \approx 347{,}46\,cm^2$

e) $r \approx 12\,cm$, also keine Lösung, da $r \leq s$ gelten muss.

12. $V_{gesamt} = 115{,}45\,cm^3$

Das Saftglas ist zu

(1) 29,6 % **(2)** 8,78 % **(3)** 3,7 % **(4)** 70,2 % gefüllt.

13.

Messbecherart	Höhe der Markierung (in cm) für				
	1 l	$\frac{1}{2}$ l	$\frac{1}{4}$ l	$\frac{1}{8}$ l	$\frac{3}{4}$ l
Zylinder	8,8	4,4	2,2	1,1	6,6
Kegel	26,5	21,1	16,7	13,3	24,1

14. Sinnvoll wäre: **(1)** $r = 3{,}5\,cm$ und $h = 9{,}4\,cm$; **(2)** $r = 4\,cm$ und $h = 9{,}87\,cm$

95

15. a) $V \approx 159{,}45\,cm^3$; $O \approx 250{,}1\,cm^2$

b) $V \approx 253{,}20\,cm^3$; $O \approx 325{,}9\,cm^2$

c) $V \approx 131{,}95\,cm^3$; $O \approx 232{,}0\,cm^2$

d) $V \approx 201{,}06\,cm^3$; $O \approx 276{,}46\,cm^2$

16. Die Boje besteht aus zwei gleichen Kegeln und einem Zylinder.
$V \approx 43{,}2\,dm^3$; $O \approx 63{,}85\,dm^2$

17. a) Pyramide: $V = 2\,165{,}064\,cm^3$; Kegel: $V = 2\,617{,}994\,cm^3$
Gewichtsunterschied: $3\,805\,g = 3{,}805\,kg$

b) Pyramide: $O = 1\,053{,}53\,cm^2$; Kegel: $O = 1\,160{,}06\,cm^2$
Gewichtsunterschied: $80{,}96\,g \approx 81\,g$

95 **18. a)** 6,01 Liter **b)** 9,56 Liter

19. $r \approx 1{,}5\,m$; $s \approx 1{,}8\,m$; $V \approx 2{,}34\,m^3 \approx 23\,400\,000\,cm^3$
Vermutung: Etwa 4 Kerne pro cm^3. Folglich wurden etwa 100 Millionen Kerne verwendet.

2.3 Kugel

2.3.1 Volumen der Kugel

96 **Einstieg:**
$V \approx \frac{4}{3}\pi r^3$

97 **2. a)** $V = \frac{4}{3}\pi \cdot r^3 = \frac{4}{3}\pi\left(\frac{d}{2}\right)^3 = \frac{1}{6}\pi \cdot d^3 = 268\,mm^3$
b) $d \approx 2{,}48\,dm$

3. $V = \frac{4}{3}\pi\left(r_2^3 - r_1^3\right)$; $V \approx 2044{,}1\,cm^3$; $m \approx 14{,}9\,kg$

98 **4.** Nähert man die Halbkugel durch immer mehr Zylinder an, erhält man $V \approx \frac{2}{3}\pi r^3$.

5. a) $V = 240{,}9\,dm^3$ **b)** $V = 2\,527{,}3\,dm^3$ **c)** $V = 381{,}7\,cm^3$ **d)** $V = 41\,397{,}8\,m^3$

6. a) $V = 1{,}4 \cdot 10^{18}\,km^3$ **b)** $V = 1{,}0 \cdot 10^{12}\,km^3$ **c)** $V = 1{,}7 \cdot 10^{11}\,km^3$

7. Die Kugel wiegt ungefähr 2,53 t.

8. Die Näherung ist 4,5 % zu klein.

9. $r = \sqrt[3]{\frac{3V}{4\pi}}$; $r \approx 5{,}4\,cm$

10. a) Die Korkkugel würde ca. 105 kg wiegen.
b) $r \approx 14{,}7\,cm$

11. (1) Falsch, richtig ist $r = \sqrt[3]{\frac{V \cdot 3}{4\pi}}$ **(2)** Falsch, richtig ist $V = \frac{1}{6}\pi d^3$

12. a) Das Volumen wird 8-mal, 27-mal, … so groß.
b) $2 \cdot \left(\frac{4}{3}\pi r^3\right) = \frac{4}{3}\pi\left(\sqrt[3]{2} \cdot r\right)^3$
Der Radius muss um den Faktor $\sqrt[3]{2}$ vergrößert werden.

13. a) $m = 32{,}1\,kg$
b) Die Wandstärke beträgt ungefähr 0,12 mm.

98 14. –

2.3.2 Oberflächeninhalt der Kugel

99 **Einstieg:**

$V_{Hohlkugel} = V_{Kugel\,r} - V_{Kugel\,(r-h)}$

$\approx 7\,986\,448\,mm^3 - 7\,909\,409\,mm^3$

$\approx 77\,039\,mm^3$

$V_{Hohlkugel}$: $h \approx 192\,598\,mm^2$

Genauerer Wert: $O \approx 193\,221\,mm^2$

Man betrachtet die Oberfläche der äußeren Kugel als Grundfläche G und h als Höhe. Dann benutzt man die bekannte Formel $V = G \cdot h$.

$V \approx 4\pi^2$

100 **2.** a) $O = 4\pi r^2 = 4\pi \cdot \left(\frac{d}{2}\right)^2 = \pi d^2$ b) $d = \sqrt{\frac{O}{\pi}} \approx 1{,}6\,dm$

3. a) $O = 22\,619{,}5\,m^2$
b) Die Überlegung stimmt, denn $2 \cdot G = 2(\pi r^2) = \frac{1}{2}(4 \cdot \pi r^2) = \frac{1}{2} \cdot O$

4. a) $O = 3\,631{,}68\,cm^2$ c) $O = 10{,}18\,cm^2$ e) $O = 19{,}78\,dm^2$
b) $O = 47{,}78\,dm^2$ d) $O = 349{,}73\,mm^2$

5. $r = \sqrt{\frac{O}{4\pi}} \approx 8\,cm$

101 **6.** a) $O \approx 511\,m^2$ b) $V \approx 795\,m^3$

7. a) $O = 4\pi r^2 \approx 12{,}57\,m^2$ d) $O = 4\pi\left(\sqrt[3]{\frac{3V}{4\pi}}\right)^2 \approx 4{,}84\,m^2$
b) $O = \pi d^2 \approx 3{,}14\,m^2$ e) $r = \sqrt{\frac{O}{4\pi}} \approx 0{,}28\,m$
c) $O = \frac{u^2}{\pi} \approx 0{,}32\,m^2$

8. a) $l = 40\,024\,km$ c) $m = 6{,}02 \cdot 10^{21}\,t$
b) $V = 1{,}26 \cdot 10^{21}$ Liter d) –

9. Es werden 352,26 l Wasser im Jahr verschwendet.

10. a) $V = \frac{4}{3}\pi r^3 \approx 248{,}47\,dm^3$, $O = 4\pi r^2 \approx 191{,}13\,dm^2$
d) $r \approx 12{,}57\,m$, $V \approx 8\,322{,}04\,m^3$
g) $r \approx 1{,}69\,m$, $V \approx 20{,}31\,m^3$
b) $r = \sqrt{\frac{O}{4\pi}} \approx 4{,}55\,cm$, $V \approx 394{,}22\,cm^3$
e) $r \approx 6{,}91\,m$, $V \approx 1\,381{,}98\,m^3$
h) $r \approx 2{,}05\,m$, $O \approx 52{,}73\,m^2$
c) $r = \sqrt[3]{\frac{3V}{4\pi}} \approx 6{,}16\,cm$, $O \approx 477{,}13\,cm^2$
f) $V \approx 1{,}50\,m^3$, $O \approx 6{,}33\,m^2$

101 11. a) $O = 50{,}265\,m^2$ b) $d = 4\,m$ c) $r \approx 73{,}68\,mm$; $O \approx 68\,220{,}8\,mm^2$

12. Die Kugeln sind schwerer als Wasser und versinken daher vollständig.
Deshalb gilt:

$$V_{Kugel} = V_{Zylinder} \cdot \frac{1}{8} = (\pi \cdot 4^2 \cdot 5)\,cm^3 \cdot \frac{1}{8} \approx 31{,}42\,cm^3$$

$$V_{Kugel} \cdot 2{,}4\,\frac{g}{cm^3} \approx 75{,}4\,g$$

Auf den Punkt gebracht: Arbeiten mit der Formelsammlung

102 **Vortext:**

Kugel: $V = \frac{4}{3} \cdot \pi \cdot r^3 \approx 24\,633{,}17\,cm^3$

Kegelstumpf: $V = \frac{\pi \cdot h}{3}\left(r_1^2 + r_1 r_2 + r_2^2\right) \approx 36\,651{,}91\,cm^3$

Überschneidung: Kugelsegment: $R = \sqrt{h(2r - h)}$, also $h \approx 3{,}023\,cm$

$V = \frac{\pi}{6} h (3R^2 + h^2) \approx 489{,}32\,cm^3$

Das Volumen der Spielfigur beträgt ca. $60\,795{,}76\,cm^3$.

Oberflächeninhalt:

Kegelstumpf: $A_O = A_G + A_D + A_M$

A_D wird nicht benötigt, weil die Kugel auf dieser Fläche liegt.

$A_O = A_G + A_M \approx 1\,256{,}64\,cm^2 + 4\,805{,}71\,cm^2 = 6\,062{,}35\,cm^2$

Kugel: $O = 4\pi r^2 \approx 4\,094{,}15\,cm^2$

Kugelkappe: $A_K = \pi(2R^2 + h^2) \approx 657{,}03\,cm^3$

$O_{ges} = A_O + O - A_K \approx 9\,499{,}47\,cm^2$

Die Vergoldung kostet 712,46 €.

103 1. a) $V_{Rest} \approx 666{,}67\,cm^3$

$O_{Rest} = 4 \cdot 10\,cm \cdot 10\,cm + 8 \cdot \frac{1}{2} \cdot 10\,cm \cdot 5\sqrt{2}\,cm \approx 682{,}84\,cm^2$

b) $l = 0{,}4\,cm$; $M \approx 140{,}36\,cm^2$

2. a) $A_{Kreisausschnitt} = \pi r^2 \cdot \frac{270}{360} = 27\,\pi\,cm^2 \approx 84{,}82\,cm^2 = M_{Kegel}$

$r_{Kegel} = \frac{M}{\pi s} = \frac{27\pi}{\pi s} = \frac{27}{6}\,cm = 4{,}5\,cm$

$G_{Kegel} = \pi \cdot r_{Kegel}^2 = \frac{81}{4}\pi\,cm^2 \approx 63{,}62\,cm^2$

$O_{Kegel} = G + M = \frac{189}{4}\pi\,cm^2 \approx 148{,}44\,cm^2$

b) $s = \sqrt{r^2 + h^2} = \sqrt{65}\,cm \approx 8{,}06\,cm$

$M = \pi \cdot r \cdot s = 4 \cdot \sqrt{65} \cdot \pi\,cm^2 = A_{Kreisausschnitt} \approx 101{,}31\,cm^2$

$s = r_{Kreis} = \sqrt{65}\,cm \approx 8{,}06\,cm$

$A_{Kreisausschnitt} = \pi r^2 \cdot \frac{\alpha}{360°}$

$$\alpha = \frac{A_{Kreisausschnitt} \cdot 360°}{\pi \cdot r_{Kreis}^2} = \frac{4 \cdot \sqrt{65} \cdot \pi \cdot 360°}{\pi \cdot 65} \approx 178{,}6°$$

103 2. c) $u_1 = 3\pi$, also $r_1 = \frac{3}{2}\,cm = 1{,}5\,cm$
$u_2 = 7\pi$, also $r_2 = \frac{7}{2}\,cm = 3{,}5\,cm$
$s = 4\,cm$, also $h = \sqrt{4^2 - 2^2}\,cm = \sqrt{12}\,cm \approx 3{,}46\,cm$
$V = \frac{\pi h}{3}\left(r_1^2 + r_1 r_2 + r_2^2\right) \approx 71{,}65\,cm^3$

2.4 Vermischte Übungen

104 1. *Eiweißschaum:*
$V_{Schokokuss} = V_{Zylinder} + V_{Halbkugel} = \pi(2\,cm)^2 \cdot 4\,cm + \frac{1}{2} \cdot \frac{4}{3}\pi(2\,cm)^3 \approx 67\,cm^3$
Schokoglasur:
$A = M_{Zylinder} + O_{Halbkugel} = 2\pi \cdot (2\,cm) \cdot 4\,cm + \frac{1}{2} \cdot 4\pi(2\,cm)^2 \approx 75\,cm^2$

2. a) 8,33 %
b) $(O_{70} \cdot 1{,}25 - O_{68} \cdot 1{,}25) \cdot 400 \approx 43\,926{,}76\,cm^2$
Es werden täglich 4,4 m^2 Leder mehr gebraucht, um das Höchstmaß herzustellen.

3. a) $O \approx 615{,}75\,cm^2$; $V \approx 1\,436{,}76\,cm^3$
b) $O \approx 3\,078{,}76\,cm^2$; $V \approx 7\,183{,}78\,cm^3$
c) $O \approx 15\,393{,}80\,cm^2$; $V \approx 179\,594{,}38\,cm^3$
d) $r \approx 15{,}65\,cm$; $V \approx 16\,063{,}41\,cm^3$
e) $r \approx 11{,}97\,cm$; $O \approx 1\,800{,}47\,cm^2$

4. $r_1 = 25\,mm$; $O_1 \approx 6\,831{,}9\,mm^2$; $r_2 = 50\,mm$; $O_2 \approx 31\,415{,}9\,mm^2$
Der Oberflächeninhalt aller acht einzelnen Kugeln zusammen ist doppelt so groß wie der Oberflächeninhalt der umgeschmolzenen Kugel.

5. Es werden ungefähr 7,9 g Gold benötigt, da der Oberflächeninhalt 407,3 cm^2 beträgt.

6. a) (1) $V_{neu} = \frac{4}{3}\pi \cdot (1{,}1\,r)^3 = 1{,}1^3 \cdot \frac{4}{3}\pi r^3 = 1{,}331 \cdot V$
Zunahme um 33,1 %
$O_{neu} = 4\pi \cdot (1{,}1\,r)^2 = 1{,}1^2 \cdot 4\pi r^2 = 1{,}21 \cdot O$
Zunahme um 21,0 %
(2) $V_{neu} = \frac{4}{3}\pi \cdot (0{,}9\,r)^3 = 0{,}9^3 \cdot \frac{4}{3}\pi r^3 = 0{,}729 \cdot V$
Abnahme um 27,1 %
$O_{neu} = 4\pi \cdot (0{,}9\,r)^2 = 0{,}9^2 \cdot 4\pi r^2 = 0{,}81 \cdot O$
Abnahme um 19,0 %

104 6. b) (1) $r_{neu} = \sqrt[3]{\frac{3 \cdot 1,1 \cdot V}{4\pi}} = \sqrt[3]{1,1} \cdot \sqrt[3]{\frac{3 \cdot V}{4\pi}} = \sqrt[3]{1,1} \cdot r \approx 1,032 \cdot r$

Zunahme um etwa 3,2 %

$O_{neu} = 4\pi r_{neu}^2 = 4\pi \cdot (\sqrt[3]{1,1} \cdot r)^2 = (\sqrt[3]{1,1})^2 \cdot 4\pi r^2 = (\sqrt[3]{1,1})^2 \cdot O \approx 1,066 \cdot O$

Zunahme um etwa 6,6 %

(2) $r_{neu} = \sqrt[3]{\frac{3 \cdot 0,9 \cdot V}{4\pi}} = \sqrt[3]{0,9} \cdot \sqrt[3]{\frac{3 \cdot V}{4\pi}} = \sqrt[3]{0,9} \cdot r \approx 0,965 \cdot r$

Abnahme um etwa 3,5 %

$O_{neu} = 4\pi r_{neu}^2 = 4\pi \cdot (\sqrt[3]{0,9} \cdot r)^2 = (\sqrt[3]{0,9})^2 \cdot 4\pi r^2 = (\sqrt[3]{0,9})^2 \cdot O \approx 0,932 \cdot O$

Abnahme um etwa 6,8 %

c) $r_{neu} = \sqrt{\frac{1,25 \cdot O}{4\pi}} = \sqrt{1,25} \cdot \sqrt{\frac{O}{4\pi}} = \sqrt{1,25} \cdot r \approx 1,118 \cdot r$

Der Radius muss um etwa 11,8 % verlängert werden.

7. Für den Mantelflächeninhalt eines Kegels gilt: $M = \pi r s = \pi r \cdot \sqrt{r^2 + h^2}$.

$M_{gesamt} = \pi \cdot 1\,217,5\,mm \cdot \sqrt{(1\,217,5\,mm)^2 + (1\,875\,mm)^2} +$

$\pi \cdot 1\,217,5\,mm \cdot \sqrt{(1\,217,5\,mm)^2 + (2\,960\,mm)^2}$

$\approx 8\,550\,942,41\,mm^2 + 12\,241\,979,28\,mm^2$

$= 20\,792\,921,69\,mm^2 \approx 207\,929\,cm^2 \approx 2\,079\,dm^2 \approx 20,8\,m^2$

Es werden 20,8 m^2 Stahlblech benötigt.

105 8. $V_{Halbkugel} \approx 166,589\,mm^3$; $V_{Prisma} \approx 561,185\,mm^3$; $V_{Zylinder} \approx 137,445\,mm^3$

$V_{Rohling} \approx 166,589\,mm^3 + 561,185\,mm^3 \approx 727,774\,mm^3$

$V_{gesamt} \approx 727,774 - 137,445\,mm^3 \approx 590,329\,mm^3$

$\frac{V_{gesamt}}{V_{Rohling}} = \frac{590,329\,mm^3}{727,774\,mm^3} \approx 0,811$

Da sich das Gewicht proportional zum Volumen ändert, verringert die Bohrung das Gewicht um etwa 18,9 %.

9. a) $V \approx 522,7\,cm^3$, $O \approx 3\,687,5\,cm^2$ b) $V \approx 27\,040\,cm^3$, $O \approx 5\,496,2\,cm^2$ c) $V \approx 9\,108,1\,cm^3$, $O \approx 3\,038,0\,cm^2$ d) $V \approx 2\,715,4\,cm^3$, $O \approx 1\,309,3\,cm^2$

10. a) $M_{Kegel} = \pi \cdot r \cdot s \approx 366,37\,m^2$

$A_{Mittelteil} = 2 \cdot 15 \cdot \sqrt{136}\,m^2 \approx 349,86\,m^2$

$A_{unten} \approx 2 \cdot (15 + 15 + 62,83)\,m^2 \approx 185,66\,m^2$

$A_{ges} \approx 901,89\,m^2$

Es wird 901,89 m^2 Zeltplane benötigt (ohne Überlappung zum Vernähen).

105

10. b) $A_{Boden} = 15 \cdot 20\,m^2 + 100 \cdot \pi\,m^2 \approx 614{,}16\,m^2$

$V_{unten} = 1\,228{,}32\,m^3$

$V_{Mitte} = \left(\frac{1}{2} \cdot 20 \cdot 6\right) \cdot 15\,m^3 = 900\,m^3$

$V_{Kegel} = \frac{\pi}{3} r^2 h = 200 \cdot \pi\,m^3 \approx 628{,}32\,m^3$

$V_{ges} = 2{,}756{,}64\,m^3$

Der Innenraum des Zeltes fasst $2\,756{,}64\,m^3$ Luft.

11. a) Annahme: 2 Kegelstümpfe der Höhe $h = 2{,}07\,m$

$V = 11{,}4 m^3$; $O = 27{,}8 m^2$

b) Geht man davon aus, dass ein Drittel leer bleiben muss, um den Beton noch zu mischen, fasst die Trommel etwa $7{,}6\,m^3$.

12. $O = 4270{,}6\,cm^2$; $V = 22{,}64\,dm^3$

13. a) Die Vase fasst etwa 1 521 ml.

b) Es wird etwa $145{,}6\,cm^3$ Glas benötigt.

14. a) Das Glas endet nicht am Blechprofil sondern dahinter, die Maße für das Glas sind also wie angegeben.

$h_{Trapez} = \sqrt{10^2 + 60^2}\,cm \approx 60{,}83\,cm$, also $A_{Trapez} \approx 1\,824{,}9\,cm^2$

$h_{Dreieck} \approx 14{,}14\,cm$, also $A_{Dreieck} \approx 141{,}4\,cm^2$

Es werden $7\,865{,}2\,cm^2$ Glas benötigt.

$s_{Trapez} \approx 61{,}64\,cm$

$u_{Trapez} = 20 + 40 + 2 \cdot s \approx 183{,}29\,cm$, also $A_{Blechtrapez} \approx 366{,}58\,cm^2$

$s_{Dreieck} \approx 17{,}31\,cm$, also $u_{Dreieck} = 20 + 2 \cdot s \approx 54{,}64\,cm$, also

$A_{Blechdreieck} \approx 109{,}28\,cm^2$

$A_{Blech} \approx 1\,903{,}44\,cm^2$

b) $V_{Pyramidenstumpf} = \frac{1}{3} h \left(G_1 + \sqrt{G_1 G_2} + G_2\right) \approx 56\,000\,cm^3$

$V_{Pyramide} \approx 1\,333{,}33\,cm^3$

$V_{ges} \approx 57\,333{,}33\,cm^3$

Es befinden sich $11\,466{,}67\,cm^3$ Sauerstoff im Windlicht.

Im Blickpunkt: Dreitafelprojektionen

106

1. (1) Schrägbild
   Vorteil: Räumliche Vorstellung wird unterstützt.
   Nachteil: Längen nicht maßstabsgerecht.
   (2) Zweitafelbild
   Vorteil: Es gibt keine Verzerrung.
   Nachteil: Räumliche Vorstellung wird nicht unterstützt.
   Architekten nutzen Dreitafelprojektionen, da so alles maßstabsgetreu und ohne Verzerrung gezeichnet werden kann. Außerdem kann jede Seite betrachtet werden.

2. Beide Darstellungen enthalten einen Grundriss. Die Architekten verwenden allerdings mehr Bilder. Ihnen reicht es nicht, nur Ansichten von links und vorne zu haben. Sie möchten auch je eine Ansicht von rechts und von hinten. Sie benutzen die Himmelsrichtungen zur Bezeichnung.

107

3. a)
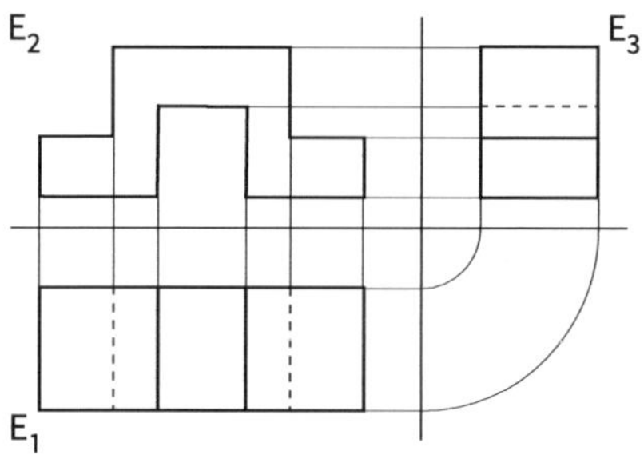

b)
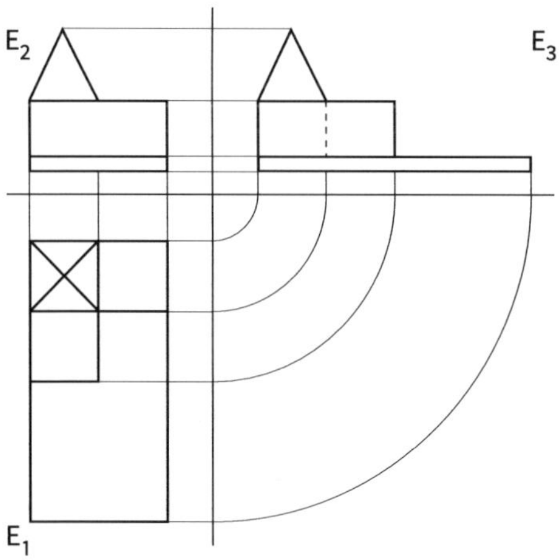

107

3. c)

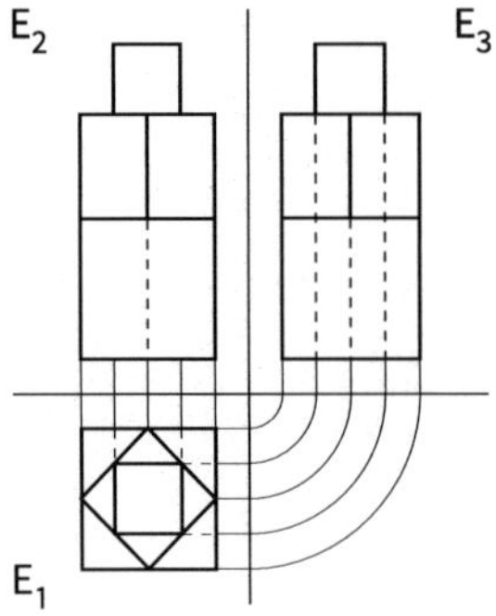

4. a)

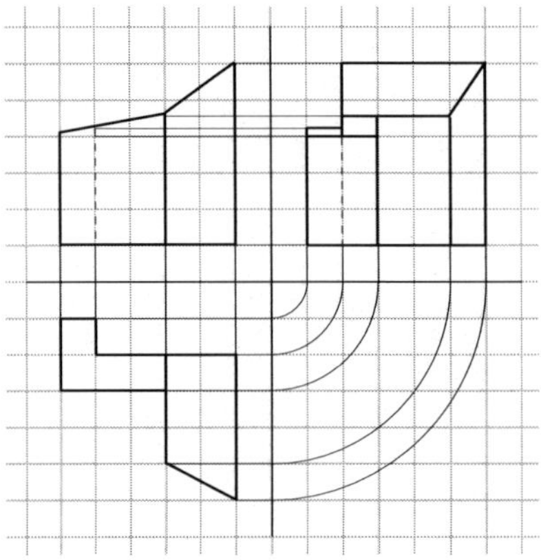

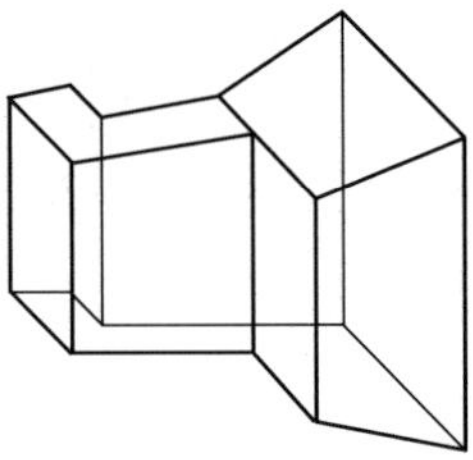

b)

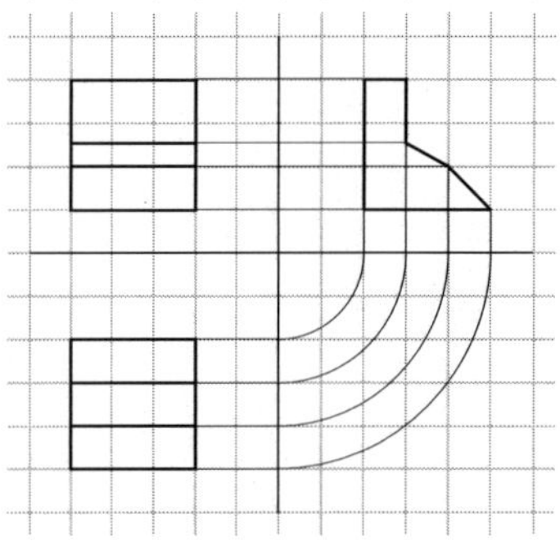

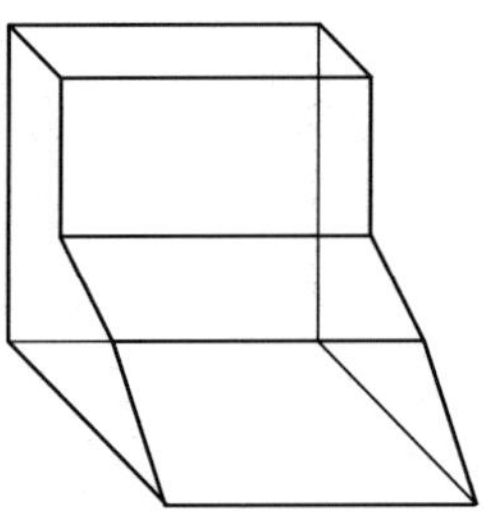

107 **4.** c)

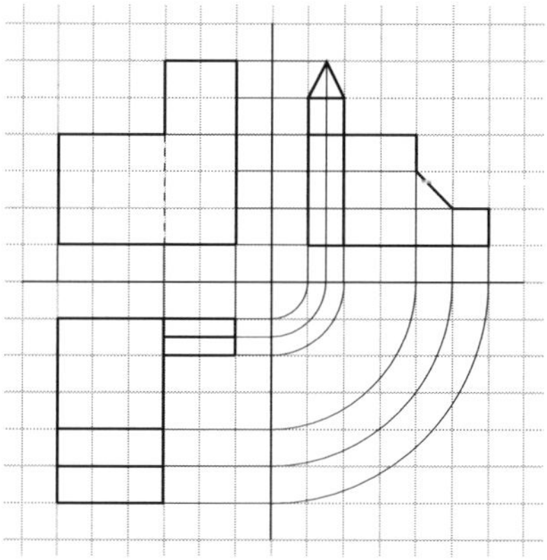

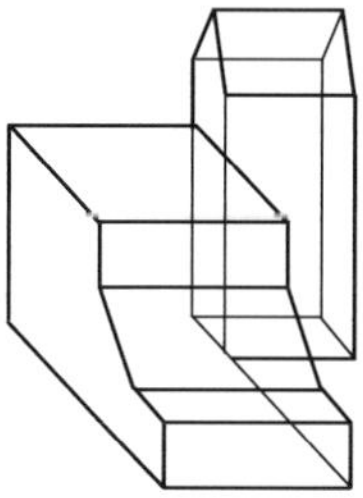

5. Prisma mit dreieckiger Grundfläche

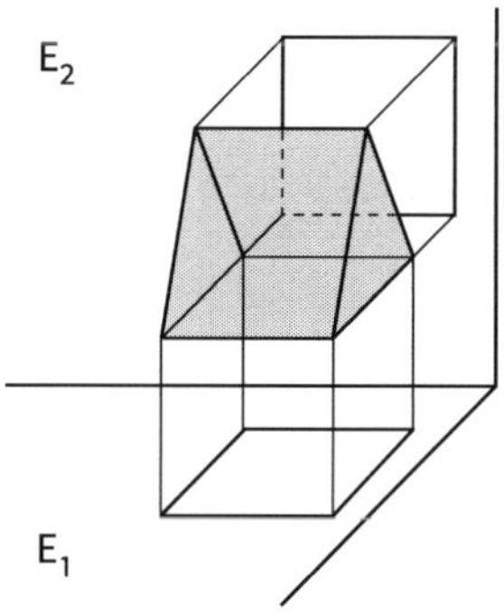

6. Damit das Logo als Dreitafelprojektion aufgefasst werden kann, muss das Dreieck um 90° gedreht werden. Man stelle sich einen Zylinder vor, mit d = h. Vom liegenden Zylinder wird oben links und rechts ein Teil abgeschnitten, sodass ein Keil übrigbleibt.

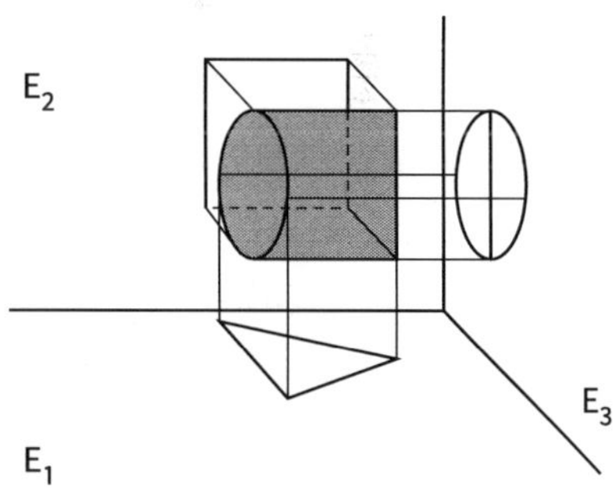

2.5 Aufgaben zur Vertiefung

108 **1.** Wir nehmen für die Seitenlänge s eines der 20 Dreiecke 6 cm und für den Durchmesser der Kugel 10 cm an.
Mithilfe des Satzes des Pythagoras (bzw. mithilfe der Formelsammlung) erhält man für die Höhe eines gleichseitigen Dreiecks $h = \frac{1}{2}s\sqrt{3}$. Für den Flächeninhalt des Dreiecks gilt:
$A_{Dreieck} = \frac{1}{2}sh = \frac{1}{4}s^2\sqrt{3} \approx 15{,}59\,\text{cm}^2$
Damit erhält man die Oberfläche des Ikosaeders
$O_{Ikosaeder} = 20\,A_{Dreieck} \approx 311{,}8\,\text{cm}^2$.
Mithilfe der Oberflächenformel $O_{Kugel} = 4\pi r^2$ ergibt sich: $O_{Kugel} \approx 314{,}2\,\text{cm}^2$
Die beiden Oberflächenwerte unterscheiden sich um weniger als 1 %.

2. $V_{Kegel} : V_{Halbkugel} : V_{Zylinder} = \frac{1}{3}\pi r^3 : \frac{2}{3}\pi r^3 : \pi r^3 = 1:2:3$

3. **a)** V_1: Volumen der kleinen Pyramide
V_2: Volumen der großen Pyramide
$V_1 = a^2 \cdot h_1 \cdot \frac{1}{3}$; $V_2 = (2a_1)^2 \cdot (2h_1) \cdot \frac{1}{3} = 8\left(a_1^2 \cdot h_1 \cdot \frac{1}{3}\right) = 8V_1$
$\frac{V_2}{100} = \frac{V_2 - V_1}{p}$; $p = 100 \cdot \frac{7 \cdot V_1}{8 \cdot V_1} = 87{,}5\,\%$
b) Analog zu Teilaufgabe a).
$V_2 = (2r_1)^2 \cdot \pi \cdot (2h_1) \cdot \frac{1}{3} = 8\left(r_1^2 \cdot \pi \cdot h\right) = 8V_1$; $p = 87{,}5\,\%$

4. **a)** $\frac{1}{6}\pi d^3 = a^3$, also $\frac{O_k}{O_w} = \frac{\pi \cdot d^2}{6a^2} = \frac{\pi \cdot d^2}{\left(\sqrt[3]{\frac{\pi}{6}}\right)^2 \cdot d^2 \cdot 6} = \sqrt[3]{\frac{\pi}{6}} \approx 0{,}81$

b) $\pi \cdot d^2 = 6a^2$, also $\frac{V_w}{V_k} = \frac{a^3}{\frac{1}{6}\pi \cdot d^3} = \frac{\frac{\pi}{6} \cdot \sqrt{\frac{\pi}{6}} \cdot d^3}{\frac{\pi}{6}d^3} = \sqrt{\frac{\pi}{6}} \approx 0{,}72$

5. r Radius der Kugel; d Durchmesser des Zylinders; h Höhe des Zylinders
a) Nach dem Satz des Pythagoras gilt: $r^2 = \frac{d^2}{4} + \frac{h^2}{4}$, also für $h = 2d$:
$r^2 = \frac{d^2}{4} + d^2 = \frac{5}{4}d^2$, also $d^2 = \frac{4}{5}r^2$
Oberflächeninhalt der Kugel: $O_K = 4\pi r^2$
Oberflächeninhalt des Zylinders: $O_Z = 2 \cdot \pi \cdot \frac{d^2}{4} + \pi d \cdot 2d = \frac{5\pi}{2}d^2 = \frac{5}{2} \cdot \frac{4}{5}\pi$
$r^2 = 2\pi r^2$
b) Es gilt: $r^2 = \frac{d^2}{4} + \frac{d^2}{4} = \frac{1}{2}d^2$
$O_K = 4\pi r^2$
$O_Z = 2 \cdot \pi \cdot \frac{d^2}{4} + \pi d \cdot d = \frac{3}{2}\pi d^2 = 3\pi r^2$
Die Oberflächeninhalte verhalten sich wie 4 : 3.

108

6. Grundfläche des Kegels: $A_Z = \pi \cdot r^2$
Grundfläche der einbeschriebenen Pyramide: $A_e = 2\,r^2$
Grundfläche der umbeschriebenen Pyramide: $A_u = 4\,r^2$

$\frac{V_K}{V_e} = \frac{\frac{1}{3}\pi r^2 \cdot h}{\frac{2}{3} r^2 \cdot h} = \frac{\pi}{2} \approx 1{,}57$; $\frac{V_K}{V_u} = \frac{\frac{1}{3}\pi r^2 \cdot h}{\frac{1}{3} \cdot 4 r^2 \cdot h} = \frac{\pi}{4} \approx 0{,}785$; $\frac{V_e}{V_u} = \frac{\frac{1}{3} \cdot 2 r^2}{\frac{1}{3} \cdot 4 r^2} = \frac{1}{2} = 0{,}5$

7. a) $V = \frac{4}{3}\pi r^3$

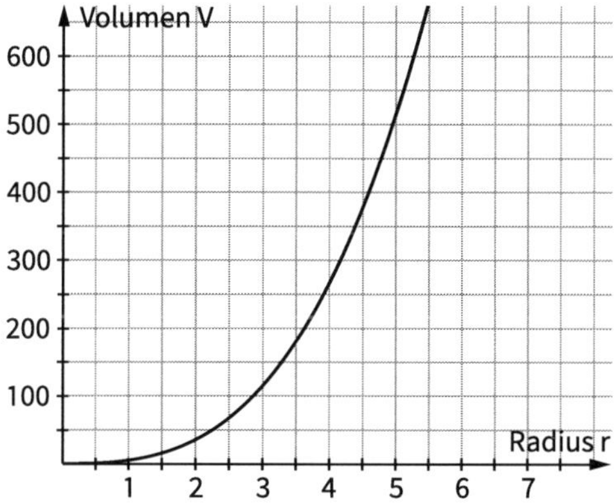

b) $O = 4\pi r^2$

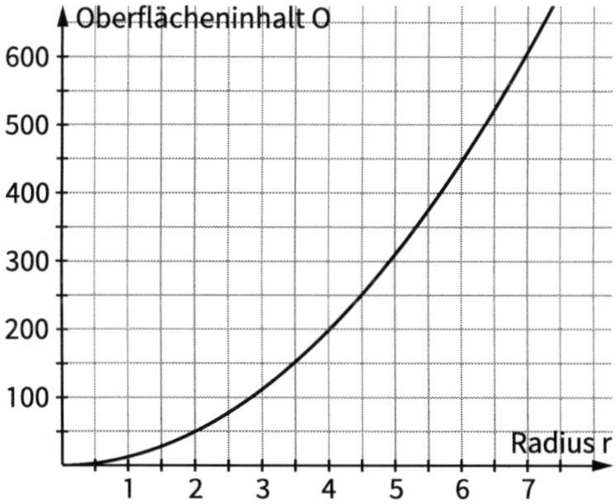

3. Wachstumsprozesse – Exponentialfunktionen

111 **Einstiegsseite:**

→ 10 cm Höhe: V ≈ 2011 cm^3
15 cm Höhe: V ≈ 3016 cm^3
20 cm Höhe: V ≈ 4021 cm^3

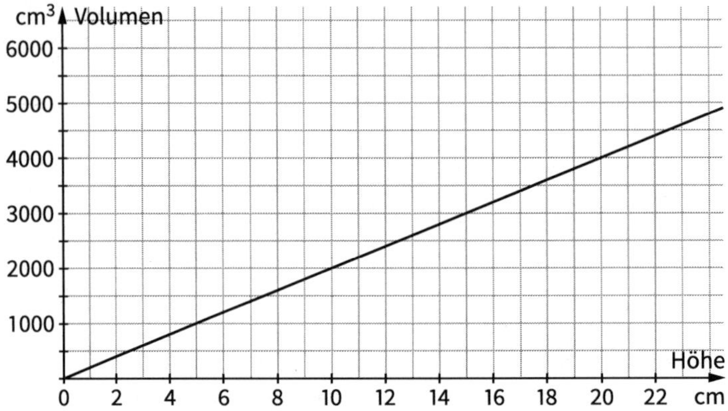

→ 16 cm Durchmesser: V ≈ 3016 cm^3
20 cm Durchmesser: V ≈ 4712 cm^3
24 cm Durchmesser: V ≈ 6786 cm^3
28 cm Durchmesser: V ≈ 9236 cm^3

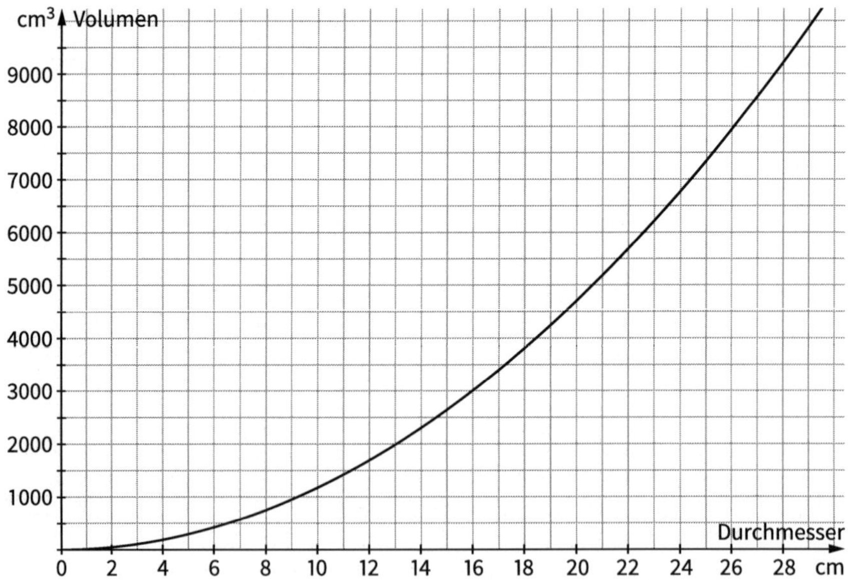

Lernfeld: Schnell hinunter, hoch hinaus

112

1. Auftrag: Würfelspiel „Sechs ist aus“

- Die Schülerinnen und Schüler erfahren bei der Bearbeitung der Aufgaben, wie sich exponentielle Abnahme auch im Alltag bemerkbar macht und wie man zu großer Wahrscheinlichkeit im Modell diese exponentielle Abnahme bereits vorhersagen kann. In der Aufgabe zum „Würfelspiel“ fließt am Rande darüber hinaus noch die stochastische Streuung mit ein.
- Im ersten Spiel wird erwartet, dass noch 40 Würfel im Spiel sind, im zweiten dann noch etwa $\frac{5}{6}$ davon, also rund 33, dann 28, 23, 19, 16, 13, 11, 9, 8, 6, 5,…
  Diese Prognose basiert auf der verallgemeinernden Annahme, dass nach dem n-ten Spiel noch $40 \cdot \left(\frac{5}{6}\right)^n$ Würfel im Spiel sind.

2. Auftrag: Erneuerbare Energien

Jahr	Prozentuale Zunahme im Vergleich zum Vorjahr
1997	24,59 %
1998	34,21 %
1999	33,33 %
2000	27,94 %
2001	37,36 %
2002	32,64 %
2003	24,29 %
2004	20,81 %
2005	24,16 %
2006	25,38 %
2007	26,59 %
2008	28,25 %
2009	32,09 %
2010	24,35 %
2011	20,65 %
2012	18,46 %
2013	12,64 %
2014	16,19 %

- Unter der Voraussetzung, dass das Wachstum im Mittel so bleibt, ergibt sich bei der Annahme der konstanten prozentualen Wachstumsrate von 25,77 % (arithmetisches Mittel der einzeln ermittelten Wachstumsraten) ein Wert von $6{,}1 \cdot 1{,}2577^{24} \approx 1497$ Gigawatt.
- Dieser Wert ist nicht realistisch, da in der realen Welt Wachstum stets durch Platz begrenzt wird. Daher stellt exponentielles Wachstum nur in eingeschränkten Zeitbereichen eine sinnvolle Modellierung dar. Außerdem zeigt sich an den letzten jährlichen Zunahmen (2009 bis 2014) bereits ein Trend in Richtung sinkender Wachstumsraten.

113 **3. Auftrag: Weltbevölkerung wächst und wächst**

Die Schülerinnen und Schüler erfahren bei der Bearbeitung der Aufgaben, wie man zu Aussagen über das Bevölkerungswachstum gelangen kann, wie Prognosen erstellt werden können und welchen Aussagewert diese haben.

Die beiden Texte regen zur Diskussion über die statistische Erfassung der Weltbevölkerung an: Die Weltbevölkerungsuhr arbeitet nach einem linearen Modell, die Vereinten Nationen legen ihren Prognosen ein exponentielles Modell zugrunde. Beide Modelle gehen von verschiedenen Annahmen über das Bevölkerungswachstum hinaus.

Die Schülerinnen und Schüler erstellen mithilfe ihres Rechners für beide Annahmen Graphen und Tabellen und berechnen für beide Modelle Prognosen für das Jahr 2050 sowie das Überschreiten einer Milliardengrenze. Dazu müssen sie zunächst Überlegungen zur Berechnung der Bevölkerungszahl nach n Jahren anstellen. Diese können zu einer expliziten oder einer rekursiven Darstellung führen je nach Vorkenntnis der Schülerinnen und Schüler.

→ *Weltbevölkerungsuhr*

Pro Sekunde kommen 2,7 Menschen hinzu bedeutet, in einem Jahr kommen $2{,}7 \cdot 60 \cdot 60 \cdot 24 \cdot 365$ Menschen = 85 147 200 Menschen hinzu.

2014 leben am 22.02. um 10.50 Uhr 7 195 955 995 Menschen, dann leben nach 36 Jahren am 22.02.2050 um 10.50 Uhr

7 195 955 995 Menschen + 85 147 200 Menschen · 36 = 10 261 255 195 Menschen.

UN-Prognose vom 22.02.2014

Die Weltbevölkerung wächst nach dieser Prognose der UN jährlich um 1,1 %. Das bedeutet, nach 36 Jahren, am 22.02.2050, leben

7 195 955 995 Menschen $\cdot 1{,}011^{36} \approx$ 10 669 156 860 Menschen.

Statt einer exakten Rechnung kann die Lösung auch tabellarisch ermittelt werden. Dazu werden die Schüler allerdings mit Näherungswerten rechnen, z. B. für die Weltbevölkerungsuhr mit der Formel $y = 7{,}196 + 0{,}0851 \cdot x$, für die UN-Prognose nach der Formel $y = 7{,}196 \cdot 1{,}011^x$ (in Mrd.).

→ Das Überschreiten der Milliardengrenzen kann ebenfalls mithilfe der Tabelle ermittelt werden.

	Weltbevölkerungsuhr	UN-Prognose
8-Milliardengrenze	Zwischen 2023 und 2024	Zwischen 2023 und 2024
9-Milliardengrenze	Zwischen 2035 und 2036	Zwischen 2034 und 2035
10-Milliardengrenze	Zwischen 2046 und 2047	Zwischen 2044 und 2045

Die Tabelle führt zu der zu negierenden Frage, ob exponentielles Wachstum den Prozess für immer beschreiben kann und darüber hinaus wird deutlich, dass jeweils ein Modell eine Annahme trifft (hier: einmal linear und einmal exponentiell).

3.1 Beschreibung exponentieller Prozesse

3.1.1 Lineares und exponentielles Wachstum

114 **Einstieg:**

Stellungnahme Artikel links:

$f(x) = 500 + 200x$ (x Anzahl der Monate nach Januar 2015)

$f(12) = 500 + 200 \cdot 12 = 2\,900 > 2\,500.$

Im Januar 2016 werden es unter der Bedingung, dass die Mitgliederzahlen weiterhin derart wachsen, sogar mehr als 2 500 Mitglieder sein, nämlich 2 900. Daher ist die Angabe im Artikel falsch.

Stellungnahme Artikel rechts:

$g(x) = 50 \cdot 1{,}5^x$

$g(12) = 50 \cdot 1{,}5^{12} = 6\,487 > 5\,000.$

Im Januar 2016 kann unter der Bedingung der gleichbleibenden Wachstumsrate mit mehr als 5 000 Nutzern gerechnet werden. Daher ist die Angabe im Artikel richtig.

Berechnung der Mitgliederzahl im Januar 2018:

Im Januar 2018 sind drei Jahre vergangen, also 36 Monate.

$f(36) = 500 + 200 \cdot 36 = 7\,700$

$g(36) = 50 \cdot 1{,}5^{36} \approx 109\,208\,221$

Unter der Bedingung, dass sich das Wachstum nicht verändert, wird das soziale Netzwerk „Kennst-du-den?" im Januar 2018 rund 7700 Mitglieder haben, der Kurznachrichtendienst wird sogar 109 208 221 Mitglieder haben.

Seite 116

116 2. a)

Zeit t (in min)	0	1	2	3	4	5	6
Wassermenge B(t) (in l)	0	0,75	1,5	2,25	3	3,75	4,5

Zeit t (in min)	7	8	9	10	11	12
Wassermenge B(t) (in l)	5,25	6	6,75	7,5	8,25	9

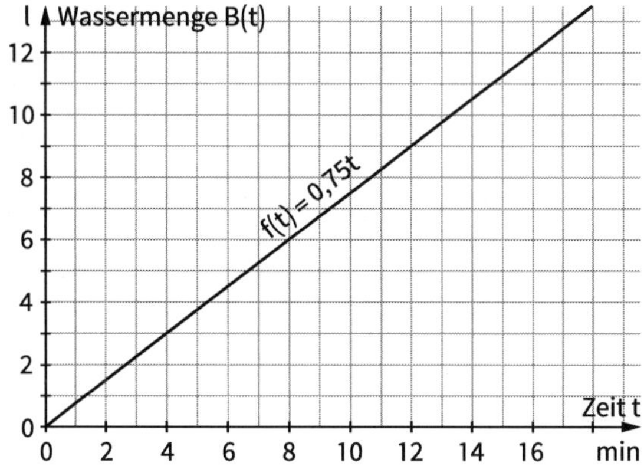

$B(t) = 0{,}75 \cdot t$

116 2. b) Nach der doppelten (dreifachen, vierfachen, …) Zeit fließt die doppelte (dreifache, vierfache, …) Menge an Wasser aus dem Hahn. Somit handelt es sich um eine proportionale Zuordnung, also um proportionales Wachstum.

c) Bei $t = 0$ ist auch $B(t) = 0$.

117 3.

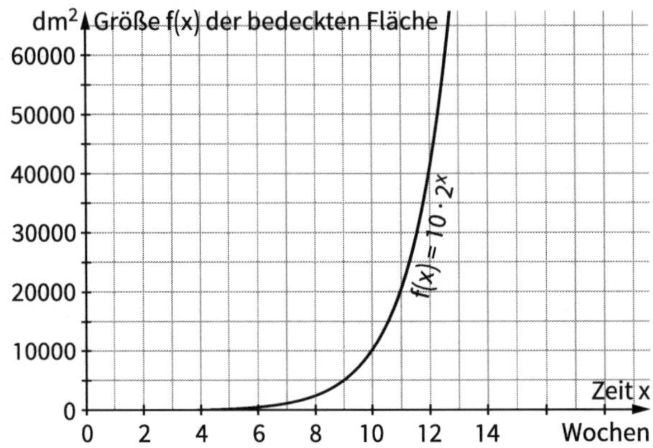

a) Nach 4 Wochen hat sich die Fläche um den Faktor 16 vergrößert.
Nach 6 Wochen hat sich die Fläche um den Faktor 64 vergrößert.
Nach 8 Wochen hat sich die Fläche um den Faktor 256 vergrößert.
Nach 10 Wochen hat sich die Fläche um den Faktor 1 024 vergrößert.

b) Nach 11 Wochen: $20\,480\,\text{dm}^2$;
[nach 10 Wochen: $10\,240\,\text{dm}^2$: nach 9 Wochen: $5\,120\,\text{dm}^2$].

c) Nach $\frac{1}{4}$ Woche: $\approx 11{,}9\,\text{dm}^2$; nach einem Tag $= \frac{1}{7}$ Woche: $\approx 11\,\text{dm}^2$.

d) Das Ergebnis ist richtig. Die Fläche hat sich um den Faktor 1 024 vergrößert.

4. a) x: Anzahl der Wochen
f(x): Größe des Baggersees (in m^2)
g(x): Größe der Algenfläche (in m^2)

x	0	1	2	3	4	5
f(x)	1 200	1 900	2 600	3 300	4 000	4 700
g(x)	1	3	9	27	81	243

x	6	7	8	9
f(x)	5 400	6 100	6 800	7 500
g(x)	729	2 187	6 561	19 683

Die Fläche des Sees wächst linear, die von den Algen bedeckte Fläche wächst exponentiell.

$f(x) = 1\,200 + 700x$ $\qquad$ $g(x) = 3^x$

117

4. b) Nach etwas mehr als 8 Wochen ist der ganze See mit Algen bedeckt.

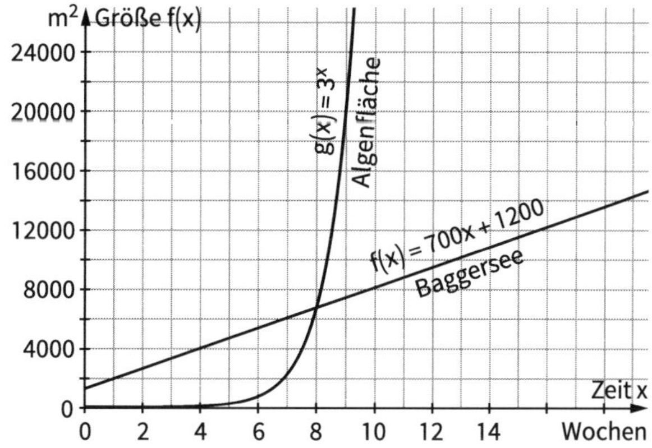

5.

Zeit (in Monaten)	Größe der mit Hyazinthen bedeckten Fläche (in m²)	Größe der mit Hyazinthen bedeckten Fläche (in km²)
0	2	0,000002
1	6	0,000006
2	18	0,000018
3	54	0,000054
4	162	0,00016
5	486	0,00049
6	1 458	0,0015
7	4 374	0,0044
8	13 122	0,013
9	39 366	0,039
10	118 098	0,12
11	354 294	0,35
12	1 062 882	1,06
13	3 188 646	3,19
14	9 565 938	9,57
15	28 697 814	28,70

$f(x) = 2 \cdot 3^x$ (in m²)

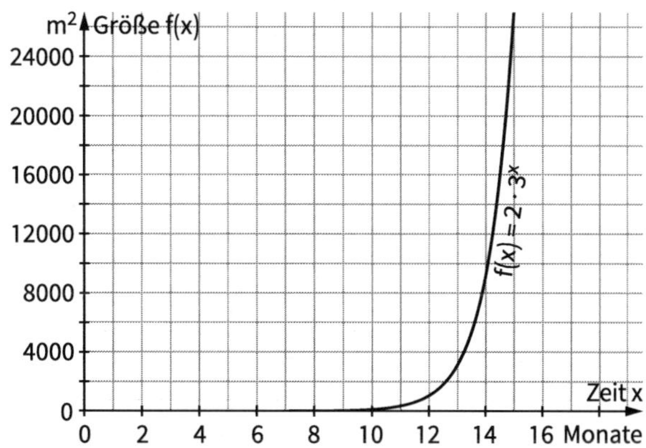

117

6. Arten der Prozesse und Formeln:

a) exponentiell;
$V(x) = 3^x$ (in cm^2)

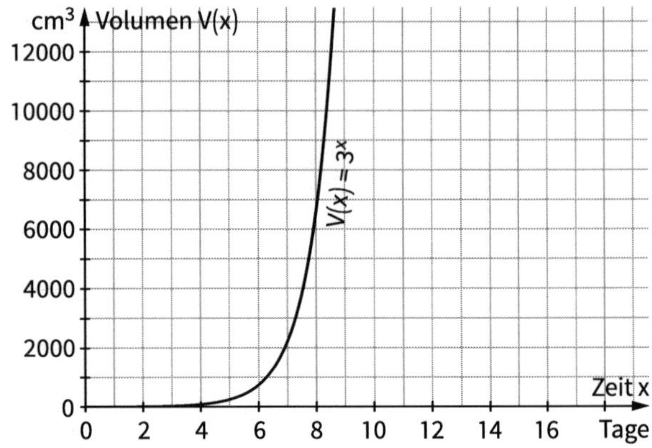

b) linear;
$H(x) = 26 \cdot x$ (in cm)

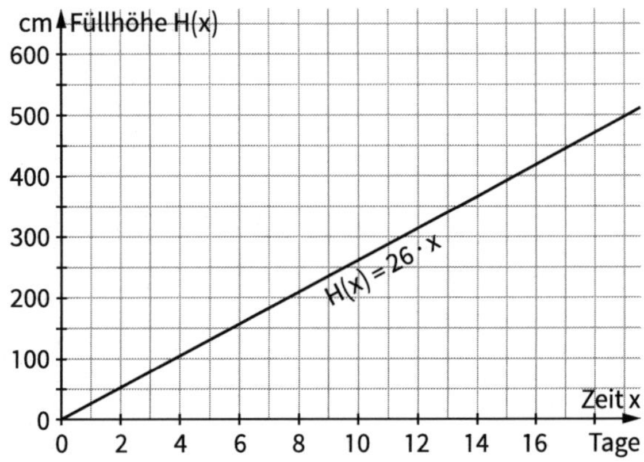

c) exponentiell;
$A(x) = 4^x$
(Anzahl der infizierten Personen)

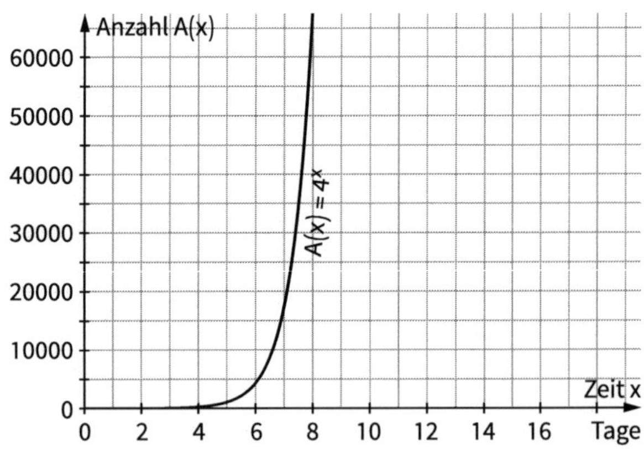

Zeit (in Tagen)	0	1	2	3	4	5	6	7	8
a) Volumen (in cm^3)	1	3	9	27	81	243	729	2187	6561
b) Füllhöhe (in cm)	0	26	52	78	104	130	156	182	208
c) Anzahl der infizierten Personen	1	4	16	64	256	1024	4096	16384	65536

3.1.2 Prozentuale Wachstumsrate

118 **Einstieg:**
Die Städte wachsen jährlich um 3,0 %, also mit dem Faktor 1,03. In zwei Jahren also mit dem Faktor $1{,}03^2$, in n Jahren mit dem Faktor $1{,}03^n$. Eine Verdopplung der Bevölkerung bedeutet, dass dieser Wert 2 ist. Das ist nach 20 Jahren aber noch nicht der Fall, da $1{,}03^{20} \approx 1{,}81 < 2$. Somit stimmt die Angabe über die Verdopplungszeit im Artikel nicht. Eine Verdopplung ist erst nach 23,45 Jahren der Fall, also im 24. Jahr.

119 **2. a)** Unter Verwendung der angegebenen Faustformel gilt für die Verdopplungszeiten:
Simbabwe: nach etwa 16,5 Jahren
Liberia: nach etwa 27,6 Jahren
Indien: nach etwa 55,0 Jahren
Malaysia: nach etwa 47,8 Jahren
Nigeria: nach etwa 28,2 Jahren

b)

Wachstumsrate p %	1	2	3	4	5
Verdopplungszeit d (Jahre)	69,7	35	23,4	17,7	14,2
$p \cdot d$	69,7	70	70,2	70,8	71

Wachstumsrate p %	6	7	8	9	10
Verdopplungszeit d (Jahre)	11,9	11,2	9	8,04	7,3
$p \cdot d$	71,4	71,4	72	72,4	73

Beide Größen sind antiproportional zueinander.

3. M (x): Masse der Hefekultur (in g)
x: Anzahl der Stunden
$M(x) = 5 \cdot 2{,}5^x$
Die prozentuale Wachstumsrate beträgt 150 %.
Eine Verdopplung (Verdreifachung, ...) des Anfangsbestandes führt zu einer Verdopplung (Verdreifachung, ...) des Endbestandes, denn:
$M(x) = (n \cdot 5) \cdot 2{,}5^x = n \cdot (5 \cdot 2{,}5^x)$.

4. 1 092,73 €; 1 159,27 €; 1 266,77 €
Wachstum: exponentiell
Formel: $1\,000\,€ \cdot 1{,}03^n$ (n: Anzahl der Jahre)

5. a)

Zeit x (in Jahren)	0	1	2	3	4	5
Bestand B (x) (in Festmeter)	40 000	41 400	42 849	44 349	45 901	47 507

Zeit x (in Jahren)	6	7	8	9	10
Bestand B (x) (in Festmeter)	49 170	50 891	52 672	54 516	56 424

119

5. b)

Zeit x (in Jahren)	0	1	2	3	4	5
Bestand B(x) (in Festmeter)	40 000	41 000	42 025	43 076	44 153	45 256

Zeit x (in Jahren)	6	7	8	9	10
Bestand B(x) (in Festmeter)	46 388	47 547	48 736	49 955	51 203

c)

Zeit x (in Jahren)	0	1	2	3	4	5
Bestandsunterschied (in Festmeter)	0	400	824	1 273	1 748	2 251
Verlust (in €)	0	18 000	37 080	57 285	78 660	101 295

6. $1170\,€ : 1000\,€ = 1{,}17$; $1{,}17^{\frac{1}{4}} \approx 1{,}04$
Der Zinssatz beträgt 4 %.

7. K_0: Anfangskapital (am Jahresbeginn)
p %: Wachstumsrate (= Zinssatz)
n: Anzahl der Jahre
K_n: Kapital nach n Jahren

K_0	1 500 €	25 000 €	23 682,28 €	1 000 €	8 945,45 €
p %	4 %	5,75 %	3 %	4,14 %	6 %
n	8	10	8	10	12
K_n	2 052,85 €	43 726,40 €	30 000 €	1 500 €	18 000 €

120

8. Afrika: $72 : 2{,}6 \approx 28$ Jahre
Asien: $72 : 1{,}1 \approx 65$ Jahre

9. Die Rechnung berücksichtigt nicht die Zinseszinsen.
Das Kapital wird sich bereits nach 29 Jahren verdoppelt haben, da die hier geltende Gleichung $1{,}025^x = 2$ die Lösung $x \approx 28{,}07$ besitzt.

10. Prognose A: $\sqrt[25]{2} - 1 = 2{,}8\,\%$ Prognose B: $\sqrt[32]{2} - 1 = 2{,}2\,\%$

11. Funktionsgleichung: $f(x) = 23 \cdot 1{,}2^x$ für f(x) in Mio. und x in Jahren nach 2011
Prognose für 2016: $f(5) = 23 \cdot 1{,}2^5 \approx 57{,}23$
Die Anzahl der verkauften Downlights im Jahr 2016 beträgt rund 57 Mio.

3.1.3 Exponentielle Abnahme – Zerfall

120 **Einstieg:**

a) Funktionsgleichung: $f(x) = 40 \cdot 0{,}8^x$
Der Funktionswert 20 wird bei $x \approx 3{,}11$ erreicht. Also dauert es etwa 3:06 Minuten, bis die Hälfte des injizierten Farbstoffes abgebaut ist. Die Dauer ist aber unabhängig davon, wie groß der Anfangswert ist.

b) Funktionsgleichung: $f(x) = 50 \cdot 0{,}8^x$
Prüfe den Wert $f(10) = 50 \cdot 0{,}8^{10} \approx 5{,}4$.
10 % von 50 sind etwa 5. Dies entspricht dem ermittelten Wert gerundet. Also arbeitet die Leber des Patienten normal.

122 **2. a)**

	1. Tag	2. Tag	3. Tag	4. Tag	5. Tag
Anzahl der Tage	0	1	2	3	4
Masse (in mg)	3	2,76	2,54	2,34	2,15

Abnahmefaktor: $1 - 0{,}08 = 0{,}92$

b) neuer Wert = alter Wert – p % vom alten Wert
$= \text{alter Wert} \cdot \left(1 - \frac{p}{100}\right)$

3. a)

Anzahl x der Jahre	Masse f(x) (in g)
0	6
1	5,500
2	5,042
3	4,622
4	4,236
5	3,883
6	3,560

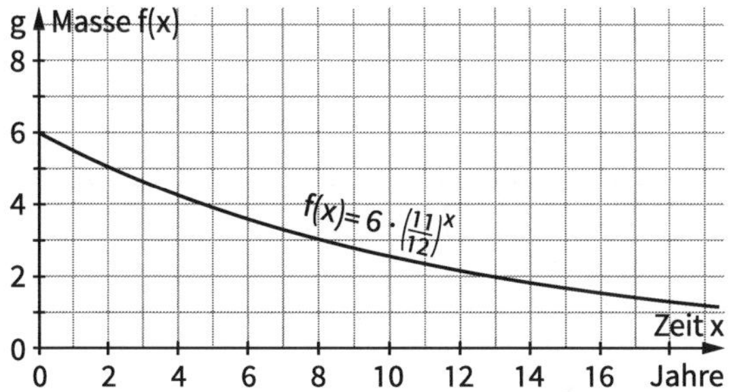

b) $y = 6 \cdot \left(\frac{11}{12}\right)^x$

c) 10 Jahre: 2,513 g

d) Für $x = 8$ erhält man ungefähr 3,000 g. Die Halbwertszeit beträgt also 8 Jahre.

4. a) Nach 3 Stunden ist zum ersten Mal weniger als 0,5 mg vorhanden.

b) Der Zerfallsfaktor beträgt 0,75 [0,5625; 0,421875; 0,237305]

122

5. a) Morgens ist der Gehalt $1{,}6 - 0{,}2 \cdot 5 = 0{,}6$ Promille.
   b) x: Anzahl der Stunden
   Promillegehalt: $P(x) = 1{,}6 - 0{,}2 \cdot t$
   $1{,}6 - 0{,}2 \cdot x = 0$; d. h. $x = 8$
   Um 11:00 Uhr ist der Blutalkoholgehalt auf 0 Promille abgesunken.
   c) Der Abbau des Blutalkohols ist ein linearer Prozess, der Abbau des radioaktiven Jods dagegen ist ein exponentieller Prozess.

6. Nach etwas mehr als 17 Wochen: $135 \cdot 0{,}9^{17} \approx 22{,}51$

7. Zwischen (1) 13 mm und 14 mm ; (2) 44 mm und 45 mm.

Im Blickpunkt: Mittelwerte bei Zunahme- und Abnahmeprozessen

123

1. a) Der Zug war beim Streckenkilometer 41,5.
   b) Geschwindigkeit des Zuges: $\frac{b-a}{t_2-t_1}$
   Nach t_1 Sekunden ist der Zug an der Stelle a, d. h. jede weitere gefahrene Sekunde muss mit der Geschwindigkeit multipliziert werden und zu a hinzuaddiert werden. Bei $\frac{t_1+t_2}{2}$ Sekunden fährt der Zug zusätzlich $\frac{t_1+t_2}{2} - t_1$ Sekunden, also insgesamt
   $$a + \frac{b-a}{t_2-t_1} \cdot \left(\frac{t_1+t_2}{2} - t_1\right) = a + \frac{b-a}{t_2-t_1} \cdot \left(\frac{t_2-t_1}{2}\right) = \frac{a+b}{2}$$

2. a) $300 \frac{km}{h}$
   b) Die Länge der zurückgelegten Strecke l ist konstant und beträgt:
   $$l = t_1 \cdot a = t_2 \cdot b = \left(\frac{t_1+t_2}{2}\right) \cdot x$$
   $$x = \frac{t_1 \cdot a}{t_1+t_2} \cdot 2 = \frac{\frac{l}{a} \cdot a}{\frac{l}{a} + \frac{l}{b}} \cdot 2 = \frac{2}{\frac{1}{a} + \frac{1}{b}} = \frac{2ab}{a+b}$$

3. a) $60\,m^2$
   b) Für den Wachstumsfaktor w gilt: $a_o \cdot w^{t_1} = a$ und $a_o \cdot w^{t_2} = b$
   mit a_o: bedeckte Fläche zu Beobachtungsbeginn.
   Für w folgt: $\frac{w^{t_2}}{w^{t_1}} = \frac{b}{a}$
   $$w = \left(\frac{b}{a}\right)^{\frac{1}{t_2-t_1}}$$
   Weiter gilt: $a \cdot w^{t_2-t_1} = b$ und für den gesuchten Term x:
   $$x = a \cdot w^{\frac{t_1+t_2}{2} - t_1}$$
   $$= a \cdot w^{\frac{t_2-t_1}{2}} = a \cdot \left(\frac{b}{a}\right)^{\frac{1}{t_2-t_1} \cdot \frac{t_2-t_1}{2}}$$
   $$= a \cdot \left(\frac{b}{a}\right)^{\frac{1}{2}}$$
   $$x = \sqrt{a \cdot b}$$

124 **4.** **a)** Bei allen 3 Aufgaben wird zu zwei gegebenen Zeitpunkten t_1 und t_2 der zugehörige Wert zum Mittelwert $\frac{t_1 + t_2}{2}$, also dem Zeitpunkt, der genau in der Mitte zwischen t_1 und t_2 liegt, gesucht.
Ergebnis von Aufgabe 1 ist das Arithmetische Mittel.
Ergebnis von Aufgabe 2 ist $x = \frac{2}{\frac{1}{a} + \frac{1}{b}}$ bzw. umgeformt $\frac{1}{x} = \left(\frac{1}{a} + \frac{1}{b}\right) \cdot \frac{1}{2}$, also das Harmonische Mittel.
Aufgabe 3 hat das Geometrische Mittel als Ergebnis.

b) –

c) **(1)** Herleitung siehe Lösung zur Aufgabe 1. b) auf Seite 123 des Schülerbandes.
(2) Herleitung siehe Lösung zur Aufgabe 3. b) auf Seite 123 des Schülerbandes.
(3) Herleitung siehe Lösung zur Aufgabe 2. b) auf Seite 123 des Schülerbandes.

5. **(1)** Arithmetisches Mittel; $15\,\frac{km}{h}$
(2) Harmonisches Mittel; $14{,}4\,\frac{km}{h}$
(3) Geometrisches Mittel; 19,58 %

6. –

7. **(1)** r: Radius des Halbkreises mit $r = |AM| = |BM| = |CM|$.
$2 \cdot |MC| = 2 \cdot r = |AB| = a + b$
$|MC| = \frac{1}{2}(a + b)$

(2) Höhensatz: $|HC|^2 = |AH| \cdot |HB| = a \cdot b$
$|HC| = \sqrt{a \cdot b}$

(3) $|LM| \cdot |CM| = |HM|^2$ (Kathetensatz)
$(r - |LC|) \cdot r = (b - r)^2$
$-|LC| = \frac{(b - r)^2}{r} - r$
$|LC| = \frac{r^2 - (b - r)^2}{r}$
$\frac{1}{|LC|} = \frac{r}{r^2 - b^2 + 2br - r^2} \qquad \Big| \, r = \frac{a + b}{2}$
$= \frac{a + b}{2} \cdot \frac{1}{-b^2 + b(a + b)}$
$= \frac{a + b}{2} \cdot \frac{1}{ba}$
$\frac{1}{|LC|} = \frac{1}{2} \cdot \left(\frac{1}{b} + \frac{1}{a}\right)$

(4) $|MC| > |HC| > |LC|$, d. h. das arithmetische Mittel ist größer als das geometrische Mittel und das ist größer als das harmonische Mittel von a und b.

3.2 Exponentialfunktionen und ihre Eigenschaften

3.2.1 Die Exponentialfunktionen mit $y = b^x$ mit $b > 0$; $b \neq 1$

125 **Einstieg:**
Siehe Information auf Seite 127 des Schülerbandes.

126 **3.** **a)** Siehe Information auf Seite 127 des Schülerbandes.
b) $b = 1$: $b^x = 1^x = 1$ konstante Funktion.
Dieser Fall ist ausgeschlossen, da die Eigenschaften der Exponentialfunktionen (z. B. strenge Monotonie, Asymptote) hierfür nicht gegeben sind.
$b = 0$: $b^x = 0^x = 0$; $x \neq 0$ konstante Funktion. Analog zum Fall $b = 1$
$b < 0$: Sei z. B. $b = -2$. Für die Funktion $f(x) = (-2)^x$ könnte man z. B. an der Stelle $x = 0{,}5$ keinen Funktionswert zuordnen, denn aus einer negativen Zahl darf man keine Wurzel ziehen. Für $b < 0$ könnte man also nicht den Definitionsbereich $\mathbb{R}$ wählen.

127 **4.** **a)** 2,3; 0,2; 4,0; 5,2; 0,5 **b)** 0,3; 1,6; keine; 2,1

5. **a)** $f(x) = 4 \cdot 2^x$ **d)** $f(x) = \frac{1}{8} \cdot 2^x$ **g)** $f(x) = 4^x$
b) $f(x) = \frac{1}{4} \cdot 2^x$ **e)** $f(x) = \sqrt{2} \cdot 2^x$ **h)** $f(x) = 8^x$
c) $f(x) = 8 \cdot 2^x$ **f)** $f(x) = \frac{\sqrt{2}}{2} \cdot 2^x$ **i)** $f(x) = \left(\sqrt{2}\right)^x$

6. **a)** $f(x) = 2^{10} \cdot 2^x$ $\left[f(x) = \frac{1}{2^{10}} \cdot 2^x\right]$
b) $f(x) = 4^5 \cdot 4^x = 4^{x+5}$ um 5, da $4^5 = 1024 \approx 1000$

7. Multiplikation
a) mit 0,25 **c)** mit $\frac{1}{1024}$ **e)** mit $\frac{1}{\sqrt{2}} \approx 0{,}707$
b) mit $\frac{1}{16}$ **d)** mit 2 **f)** mit sich selbst

128 **8.** Eigenschaften: siehe Information auf Seite 127 des Schülerbandes.

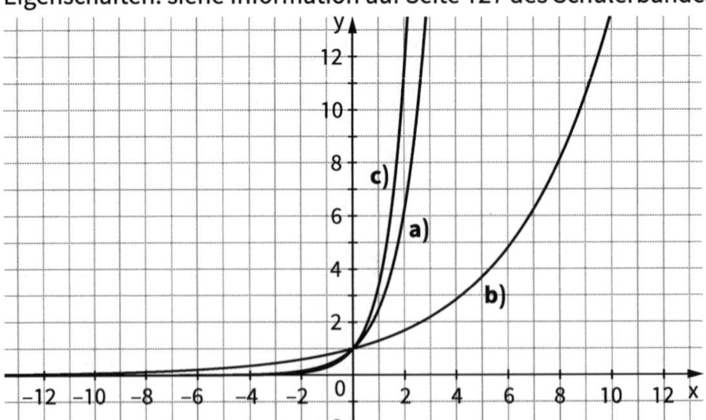

128

9. $f(x) = 5^x$

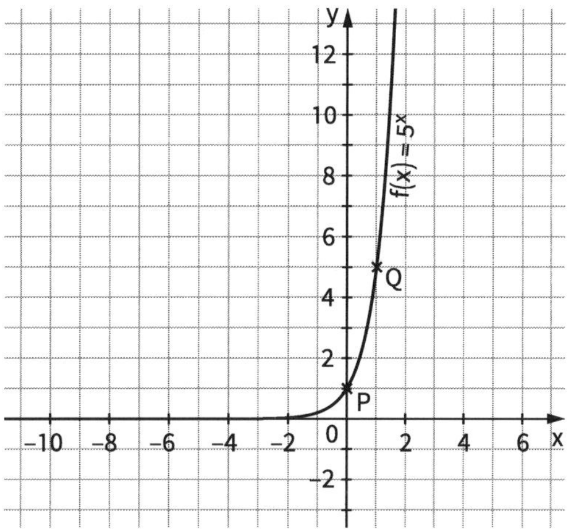

10. Der Graph zu $y = 3^x$ ist steiler als der Graph von $y = 2{,}5^x$. Beide steigen von links nach rechts an.
Der Graph zu $y = 0{,}3^x$ fällt von links nach rechts.
Das linke Bild gehört zu $y = 0{,}3^x$, das mittlere zu $y = 3^x$ und das rechte zu $y \approx 2{,}5^x$.
Es fehlt die Wertetabelle zu $y = 3^x$ (siehe rechts).

x	y
−3	0,037
−2	0,1111
−1	0,3333
0	1
1	3
2	9
3	27

11. a) Wenn man für $f(x) = 2^x$ die Werte für die Zeiten (in h) einsetzt, erhält man die entsprechenden Werte für das Volumen (in cm^3).

b) **(1)** $4\,cm^3$ **(2)** $32\,cm^3$ **(3)** $1\,024\,cm^3$ **(4)** $1\,048\,576\,cm^3$

12. a) Die Punkte P(0 | 1), Q(1 | 2,5) und R(2 | 6,25) liegen auf dem Graphen. Diese Punkte liegen auch auf dem Graphen der Exponentialfunktion mit der Funktionsgleichung $y = 2{,}5^x$. Man erhält folgende Wertetabelle zu $y = 2{,}5^x$:

x	0	0,5	1	1,5	2	3
y	1	1,58	2,5	3,95	6,25	16,625

x	3,5	4	10	20	−1
y	24,705	39,06	9536,7	$9{,}09 \cdot 10^7$	0,4

b) Tims Behauptung ist falsch. Nach 5 Stunden ist die Algenkultur ungefähr $98\,m^2$ groß.

129

13. **(1)** $y = 3$
(2) $z \approx 0{,}25$
(3) $x \approx 2{,}66$
(4) $g(x) > 0$;
keine Lösung
(5) $x \approx -1{,}26$

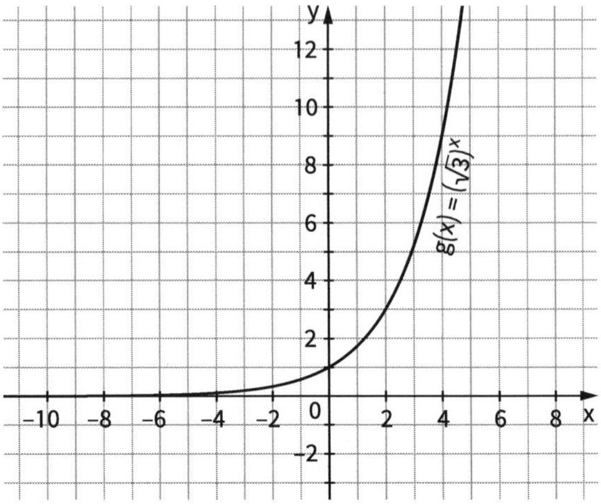

14. Druckfehler in der ersten Auflage in (1): $2{,}1^x$ statt $2{,}7^x$
Die Funktionsterme zu (1), (2) und (5) sind Terme exponentieller Funktionen. Von diesen Graphen verläuft der Graph zu (2) im ersten Quadranten am flachsten, der Graph zu (5) am steilsten. Der Graph zu (1) verläuft dazwischen. Die Funktionsterme zu (3), (4) und (6) sind Terme linearer Funktionen. Von diesen haben die Graphen zu (3) und(4) beide den y-Achsenabschnitt 1. Der Graph zu (4) ist aber steiler als der Graph zu (3).
Der Graph zu (6) hat den y-Abschnitt 2, schneidet die y-Achse also höher als die Graphen zu (3) und zu (4).
Es ergibt sich also folgende Zuordnung:

(1) Graph j	**(3)** Graph f	**(5)** Graph k
(2) Graph i	**(4)** Graph h	**(6)** Graph g

15. Eigenschaften: Siehe Information auf Seite 127 des Schülerbandes.

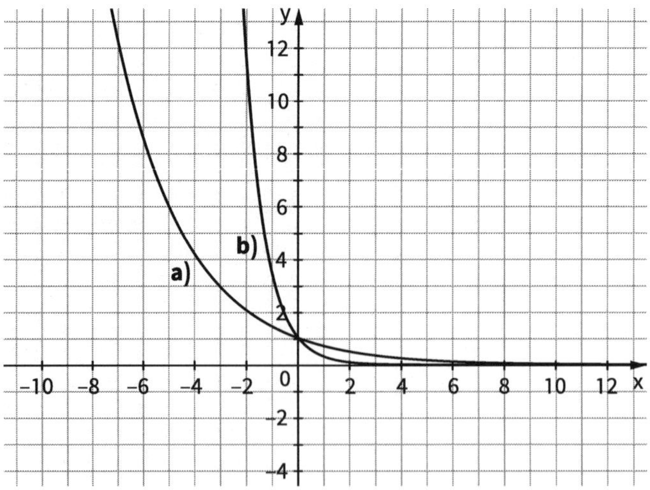

129

16. a) 3; 0,1; 0; −0,8; 0 und −3 sind keine Funktionswerte.

b) **(1)** Mit 0,25 multiplizieren. **(4)** Mit 2 multiplizieren.

(2) Mit 4 multiplizieren. **(5)** Mit sich selbst multiplizieren.

(3) Mit 0,5 multiplizieren. **(6)** Quadratwurzel ziehen.

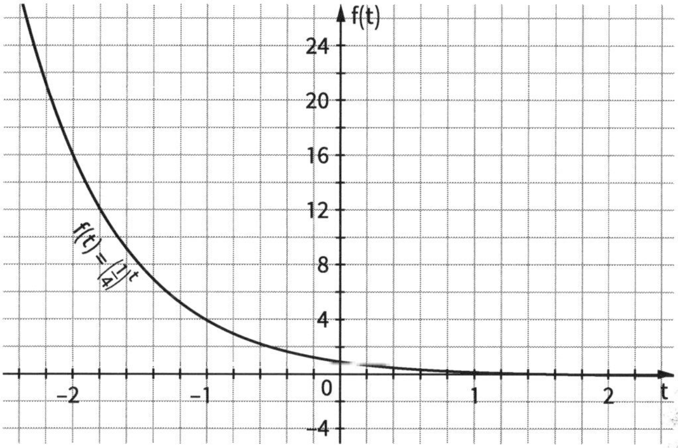

17. Die Funktionsterme zu a), b) und d) sind Terme exponentieller Funktionen. Von diesen Graphen verläuft der Graph zu d) im zweiten Quadranten am flachsten, der Graph zu b) am steilsten. Der Graph zu a) verläuft dazwischen. Die Funktionsterme zu c), e) und f) sind Terme linearer Funktionen. Von diesen Graphen haben die Graphen zu c) und e) beide den y-Achsenabschnitt 1. Der Graph zu e) fällt aber steiler als der Graph zu c).
Der Graph zu f) hat den y-Abschnitt 2, schneidet die y-Achse also höher als die Graphen zu c) und zu e).
Es ergibt sich also folgende Zuordnung:

a) Graph (6) **c)** Graph (2) **e)** Graph (1)

b) Graph (7) **d)** Graph (5) **f)** Graph (3)

18. $f(x) = 3^x$; $g(x) = \left(\frac{1}{3}\right)^x$

zu zeigen: $f(-x) = g(x)$

$f(-x) = 3^{-x} - \frac{1}{3^x} = \frac{1^x}{3^x} = \left(\frac{1}{3}\right)^x = g(x)$

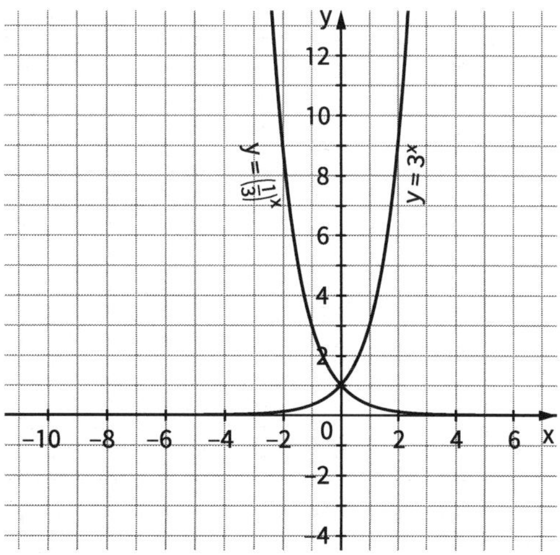

129 19. $\left(\frac{3}{4}\right)^x$ und $\left(\frac{4}{3}\right)^x$; $1{,}2^x$ und $\left(\frac{5}{6}\right)^x$; $1{,}4^x$ und $\left(\frac{5}{7}\right)^x$

20. a) $b^2 = 25$; $b = 5$
b) $b^{-1} = 0{,}25$; $b = 4$
c) $b^{\frac{1}{2}} = \frac{1}{2}\sqrt{2}$; $b = \frac{1}{2}$
d) $b^{-3} = 0{,}125$; $b = 2$
e) $b^{-4} = 0{,}25$; $b = \sqrt{2}$
f) $b^{-1} = 6$; $b = \frac{1}{6}$
g) $b^3 = 0{,}343$; $b = 0{,}7$
h) $b^{-4} = 256$; $b = 0{,}25$
i) $b^{-0{,}5} = \frac{1}{3}$; $b = 9$

21. Ist die 1. Koordinate positiv und die 2. Koordinate größer als 1 [kleiner als 1], so ist die Basis größer als 1 [kleiner als 1].
Ist die 1 Koordinate negativ und die 2. Koordinate größer als 1 [kleiner als 1], so ist die Basis kleiner als 1 [größer als 1].

3.2.2 Potenzen mit irrationalen Exponenten

130 **Einstieg:**
Man kann sie durch Einschachtelung von z. B. $\sqrt{2}$ durch rationale Zahlen definieren.

131 2. a) 4,7288 b) 22,1946 c) 31,5443 d) 355,5336

3. a) $\left(\frac{1}{2}\right)^{\sqrt{2}}$ b) $2^{\sqrt{3}}$ c) $3^{-\sqrt{2}-2}$ d) $3^{\sqrt{3}-\pi}$

4. a) $3^2 = 9$
b) $4^4 = 256$
c) $7^{-\sqrt{7}} \approx 0{,}0058$
d) $\left(\frac{1}{2}\right)^{2\sqrt{2}} = \left(\frac{1}{2}\right)^{\sqrt{8}} \approx 0{,}141$

5. Term (2) ist wertgleich zu Term (1), denn: $3^{(2\cdot\sqrt{5})} = 3^{\sqrt{5}\cdot 2} = \left(3^{\sqrt{5}}\right)^2$
Term (3) ist wertgleich zu Term (1), denn: $(3^2)^{\sqrt{5}} = 3^{2\cdot\sqrt{5}} = 3^{\sqrt{5}\cdot 2} = \left(3^{\sqrt{5}}\right)^2$
Term (6) ist wertgleich zu Term (1), denn: $3^{\sqrt{5}} \cdot 3^{\sqrt{5}} = 3^{\sqrt{5}+\sqrt{5}} = 3^{\sqrt{5}\cdot 2} = \left(3^{\sqrt{5}}\right)^2$
Die Terme (1), (2), (3) und (6) sind also wertgleich zueinander.
Term (5) ist wertgleich zu Term (7), denn: $\left(3^{\sqrt{2}}\right)^2 = 3^{\sqrt{2}\cdot 2} = 3^{\sqrt{2}+\sqrt{2}} = 3^{\sqrt{2}} \cdot 3^{\sqrt{2}}$
Term (4) ist zu keinem Term wertgleich, ebenso Term (8).

Das kann ich noch!

A) Ähnlich zueinander sind: B und C, D und E, G und H, G und I, H und I.
Insbesondere sind die Figuren G und I zueinander kongruent, was einen Spezialfall der Ähnlichkeit mit dem Streckfaktor $k = 1$ darstellt.

B) $\frac{x}{27} = \frac{42 + 14}{42}$ ergibt nach Umstellen für $x = 36$ m.
Die Länge der Strecke $\overline{CD}$ beträgt also 36 Meter.

3.3 Verschieben und Strecken der Graphen der Exponentialfunktionen

135

1. (1) Der Graph entsteht durch Streckung parallel zur y-Achse mit dem Faktor 0,4 (Stauchung).
   (2) Der Graph entsteht durch Streckung parallel zur y-Achse mit dem Faktor 1,5.
   (3) Der Graph entsteht durch Spiegelung an der x-Achse.
   (4) Der Graph entsteht durch Spiegelung an der x-Achse und anschließende Streckung parallel zur y-Achse mit dem Faktor 0,3.
   (5) Der Graph entsteht durch Spiegelung an der x-Achse und anschließende Streckung parallel zur y-Achse mit dem Faktor 1,2 in y-Richtung.

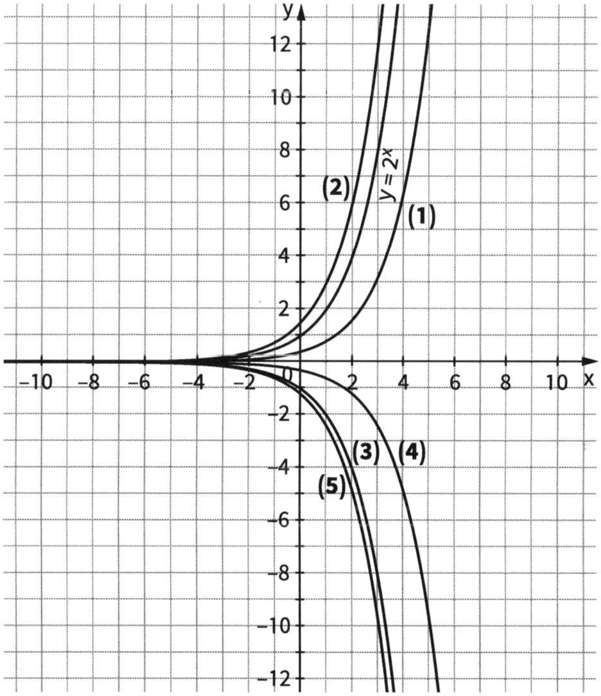

2. Der Graph entsteht durch Streckung um parallel zur y-Achse mit dem Fakor $|a|$ und anschließende Spiegelung an der y-Achse, wenn $b < 1$ ist.

135

3. **a)** Der Funktionswert ver-25-facht [ver-$\sqrt{5}$-facht; ver-$\sqrt{125}$-facht] sich.

b) Der Funktionswert vervierfacht [ver-$\sqrt{2}$-facht; ver-$\sqrt{8}$-facht] sich.

c) Der Funktionswert wird geviertelt [wird multipliziert mit dem Faktor $\frac{1}{\sqrt{2}}$ bzw. $\frac{1}{\sqrt{8}}$].

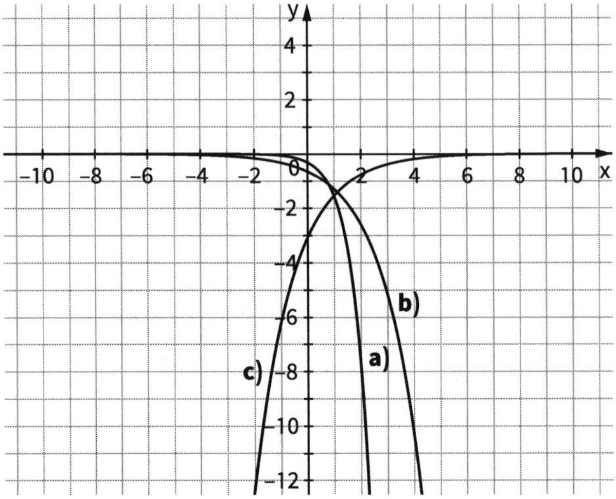

4. Die Form des Graphen bleibt erhalten, er wandert auf der x-Achse nach links für größer werdende c und nach rechts für kleiner werdende c.

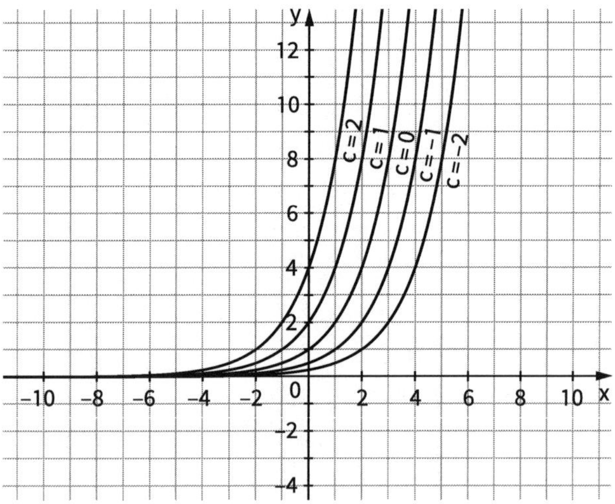

135

5. Durch Verschieben des Graphen um drei Einheiten nach rechts.

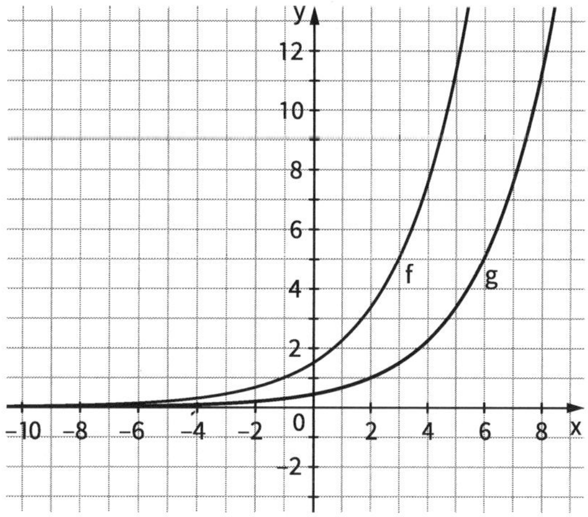

136

6. a und $f_6(x)$ b und $f_5(x)$ c und $f_7(x)$ d und $f_3(x)$
e und $f_1(x)$ f und $f_8(x)$ g und $f_2(x)$ h und $f_4(x)$

7. **a)** Siehe Merksatz auf Seite 134 des Schülerbandes.
b) Siehe Merksatz auf Seite 132 des Schülerbandes.

8. a und $f_6(x)$ b und $f_2(x)$ c und $f_4(x)$
d und $f_5(x)$ e und $f_1(x)$ f und $f_3(x)$

9. $c = -2$

10. a) $y = 64 \cdot 4^x$ Durch Verschiebung parallel zur x-Achse um $4^3 = 64$ Einheiten.
b) $y = 2 \cdot 8^x = 8^{\frac{1}{3}} \cdot 8^x = 8^{x+\frac{1}{3}}$
Der Graph von 8^x wird parallel zur y-Achse mit dem Faktor 2 gestreckt. Man erhält den Graphen zu $2 \cdot 8^x$.

11. $y = b^{x+c}$ und $y = b^{x+d}$ werden durch Verschiebung parallel zur x-Achse ineinander überführt. Sie haben den gleichen Verlauf und können sich daher nicht schneiden.

12. Die Graphen sind parallel zur y-Achse verschoben, sie unterscheiden sich also jeweils ein Schnittpunkt mit der x-Achse.

13. a) **(1)** $y = -2^x$ **(2)** $y = 2^{-x}$
b) **(1)** $y = 2^x + 3$ **(2)** $y = 2^x - 3$
c) **(1)** $y = 2^x + 1$ **(2)** $y = 2^x - 1$
d) **(1)** $y = -2^{(x+1)} + 3$ **(2)** $y = 2^{-(x+1)} + 3 = \left(\frac{1}{2}\right)^{x+1} + 3$

136 **14. a)** Der Graph zu 3^x wird mit dem Faktor 2 gestreckt und dann an der x-Achse gespiegelt. Der Graph schmiegt sich von unten dem negativen Teil der x-Achse an. Er liegt unterhalb der x-Achse und fällt von links nach rechts. Er geht durch die Punkte $P(0|-2)$ und $Q(1|-6)$.

b) Der Graph zu $1{,}5^x$ wird mit dem Faktor $\frac{1}{2}$ gestreckt und um 2 Einheiten nach rechts verschoben. Der Graph schmiegt sich von oben dem negativen Teil der x-Achse an. Er liegt oberhalb der x-Achse und steigt von links nach rechts. Er geht durch die Punkte $P\left(2\middle|\frac{1}{2}\right)$ und $Q(3|0{,}75)$.

c) Der Graph zu $0{,}5^x$ wird mit dem Faktor 3 gestreckt und um 3 Einheiten nach unten verschoben. Der Graph schmiegt sich auf dem positiven Teil der x-Achse der Geraden $y=-3$ an und fällt von links nach rechts. Er geht durch die Punkte $P(0|0)$ und $Q(1|-1{,}5)$.

d) Der Graph zu $\left(\frac{1}{4}\right)^x$ wird mit dem Faktor 0,25 gestreckt, an der y-Achse gespiegelt, um 0,5 Einheiten nach links und um 2 Einheiten nach oben verschoben. Der Graph schmiegt sich auf dem positiven Teil der x-Achse an die Gerade zu $y=2$ an. Er liegt unterhalb dieser Geraden und steigt von links nach rechts. Er geht durch die Punkte $P(-2|0)$ und $Q(-3|6)$.

3.4 Bestimmen von Exponentialgleichungen in Anwendungen

137 **Einstieg:**

Im Artikel wächst die Weltbevölkerung laut der Prognose um den Faktor $\frac{10{,}9}{7{,}3}$ innerhalb von 85 Jahren (von 2015 bis 2100). Also ergibt sich für die jährliche Wachstumsrate $\sqrt[85]{\frac{10{,}9}{7{,}3}} \approx 1{,}004\,727$. Somit wächst auf Basis dieses Artikels die Bevölkerung jährlich um rund 0,47 %.

Darüber hinaus beträgt das Wachstum in Afrika innerhalb des Zeitraums von 85 Jahren eine Erhöhung um den Faktor $\frac{4{,}4}{1{,}2}$, woraus sich die Wachstumsrate $\sqrt[85]{\frac{4{,}4}{1{,}2}} \approx 1{,}015403$ ergibt.

Somit liegt eine jährliche Zunahme von rund 1,54 % zugrunde.

Bezogen auf Europa beträgt der Abnahmefaktor bezogen auf 85 Jahre $\frac{646}{738}$.

Somit gilt für den jährlichen Abnahmefaktor $\sqrt[85]{\frac{646}{738}} \approx 0{,}9984$, was einer jährlichen Abnahme von 0,156 % entspricht.

Für die Bevölkerungszahlen in den einzelnen Bereichen der Erde galt dann auf Basis der Daten im Jahr 2000, also für die Bevölkerungszahlen vor 15 Jahren Folgendes:

Weltbevölkerung: $7{,}3 \cdot 1{,}004\,727^{-15} \approx 6{,}80$ Milliarden

Afrika: $1{,}2 \cdot 1{,}015403^{-15} \approx 0{,}954$ Milliarden

Europa: $0{,}738 \cdot 0{,}9984^{-15} \approx 0{,}7559$ Milliarden

Diese Werte bilden also die Anfangswerte für die gesuchten Funktionen.

137 **Einstieg:** Fortsetzung

Es sind von den Schülerinnen und Schülern final hier die Graphen zu den folgenden Funktionen zu zeichnen sowie die Funktionswerte an der Stelle $x = 50$ zu berechnen, um die Werte für 2050 zu ermitteln:

$f(x) = 6{,}80 \cdot 1{,}004\,727^x$; $f(50) = 6{,}80 \cdot 1{,}004\,727^{50} \approx 8{,}61$ Milliarden

$g(x) = 0{,}954 \cdot 1{,}015\,403^x$; $g(50) = 0{,}954 \cdot 1{,}015\,403^{50} \approx 2{,}05$ Milliarden

$h(x) = 0{,}7559 \cdot 0{,}9984^x$; $h(50) = 0{,}7559 \cdot 0{,}9984^{50} \approx 0{,}698$ Milliarden = 698 Millionen

Im Jahr 2050 lässt sich auf Basis der Daten eine Weltbevölkerung von rund 8,61 Milliarden Menschen erwarten, in Afrika eine Bevölkerung von 2,05 Milliarden Menschen und von 698 Millionen in Europa.

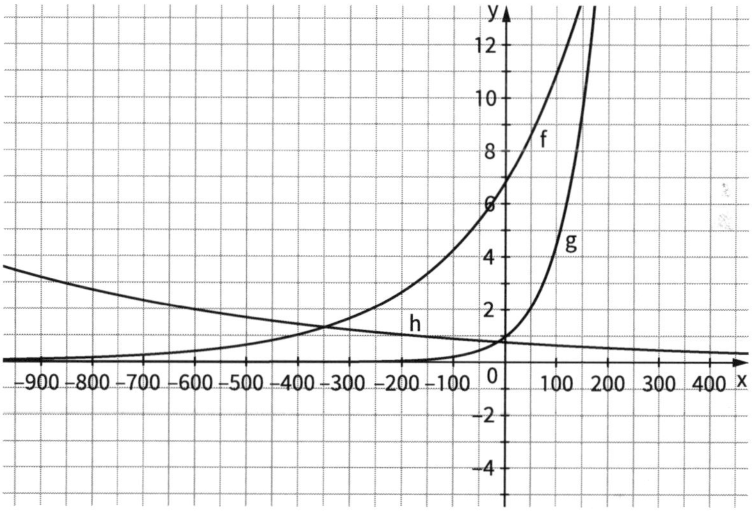

138

2. $f(x) = 0{,}05 \cdot 2^x$ für x in Wochen und f(x) in Metern

$f\left(5\frac{1}{2}\right) = 0{,}05 \cdot 2^{5{,}5} = 2{,}26$.

Nach $5\frac{1}{2}$ Wochen erwartet man eine Höhe von 2,26 m.

3. $f(x) = 1{,}6 \cdot 0{,}5^x$ für x in Wochen und f(x) in mg

$f(8) = 1{,}6 \cdot 0{,}5^8 = 0{,}006\,25$.

Nach 8 Wochen beträgt die Iod-Menge 0,00625 mg.

4. Korrigierte Rechnung:

$1 = a \cdot b^1$

$3 = a \cdot b^2 = a \cdot b \cdot b$

$3 = 1 \cdot b$

$b = 3$

$a = \frac{1}{3}$

$y = \frac{1}{3} \cdot 3^x = 3^{x-1}$

139

5. **a)** $a = 2;\ b = 3;\ y = 2 \cdot 3^x$
b) $a = 1{,}5;\ b = 5;\ y = 1{,}5 \cdot 5^x$
c) $a = 0{,}32;\ b = 2{,}5;\ y = 0{,}32 \cdot 2{,}5^x$
d) $a \approx 13{,}935;\ b \approx 1{,}137;\ y = 13{,}935 \cdot 1{,}137^x$
e) $a = 10;\ b = 0{,}5;\ y = 10 \cdot 0{,}5^x$
f) $a \approx 1{,}199;\ b \approx 1{,}25;\ y = 1{,}199 \cdot 1{,}25^x$
g) $a = r;\ b = \left(\frac{t}{r}\right);\ y = r \cdot \left(\frac{t}{r}\right)^x$
h) $a = r;\ b = \left(\frac{1}{r}\right)^{\frac{1}{t}};\ y = r \cdot \left(\left(\frac{1}{r}\right)^{\frac{1}{t}}\right)^x$
i) $a = r;\ b = \left(\frac{t}{r}\right)^{\frac{1}{s}};\ y = r \cdot \left(\left(\frac{t}{r}\right)^{\frac{1}{s}}\right)^x$

6. **a)** 31,6 % **b)** 540; 935; 19 188

7.

	Anzahl der Wochen	5	10	20
a)	Bakterienanzahl (mit Faktor 1,41)	111	621	19 293
b)	Bakterienanzahl (mit Faktor 1,4095)	111	619	19 157

8. **a)** Alle zwei Monate erhöht sich die Anzahl der Öffnungen um den Faktor 1,5. Dies hat zur Folge, dass der Anfangswert $32 : 1{,}5 = 21\frac{1}{3}$ betragen haben muss. Durch diese Überlegung ergibt sich die Funktionsgleichung:
$f(x) = 21\frac{1}{3} \cdot 1{,}5^{\frac{x}{2}}$.
Nach zwei Jahren sind $f(24) = 21\frac{1}{3} \cdot 1{,}5^{\frac{24}{2}} \approx 2768$ Öffnungen zu erwarten.

b) Langfristig wird sich das Modell des exponentiellen Wachstums nicht eignen, weil der Ameisenhaufen sich nach endlich langer Zeit nicht mehr ausbreiten können wird, da beispielsweise die Nahrung ansonsten nicht genügt oder der Platz der Umgebung möglicherweise begrenzt ist. Darüber hinaus können Wetterumstände oder sonstige Beeinflussung der Umwelt das Wachstum begrenzen. Vermutlich wird sich die Population daher nach endlicher Zeit auf etwa ein Niveau einstellen und so einen Grenzwert erreichen.

9.

Beschreibung des Prozesses	Anfangs-bestand	Zeit-einheit	Wachstums-faktor pro Zeiteinheit	Prozentuale Wachstums-rate pro Zeiteinheit	Bestand nach x Zeit-einheiten
Vergrößerung einer Länge auf das 2,3-fache alle 7 Wochen	350 cm	1 Woche	$\sqrt[7]{2{,}3} = 1{,}1264$	$\sqrt[7]{2{,}3} - 1$ $= 1{,}1264 - 1$ $= 0{,}1264$ $= 12{,}64\,\%$	$350 \cdot 1{,}1264^x$
Zunahme pro Jahr	600 €	1 Jahr	1,03	3 %	$600 \cdot 1{,}03^x$
Gewichtszunahme auf das 2,3-fache alle 6 Minuten	30 g	1 Minute	$\sqrt[6]{2{,}3} = 1{,}1489$	$\sqrt[6]{2{,}3} - 1 = 1{,}1$ $489 - 1 = 0{,}14$ $89 = 14{,}89\,\%$	$30\,g \cdot \sqrt[6]{2{,}3}^x$ $= 30\,g \cdot 1{,}1489^x$

139 10. a) $f(x) = 30 \cdot 4^{\frac{x}{3}}$
b) $f(x) = 2 \cdot \frac{1}{3}^{\frac{x}{5}}$
c) $f(x) = 0{,}65 \cdot 1{,}5^{\frac{x}{2{,}5}}$
d) $f(x) = 400 \cdot 0{,}88^{2x}$
e) $f(x) = 32 \cdot 1{,}05^{\frac{x}{3}}$
f) $f(x) = 4 + 0{,}3x$
g) $f(x) = 13{,}7 - 5 \cdot \frac{x}{4}$

3.5 Wachstum modellieren – Regression

140 **Einstieg:**

a) Je länger die Strecke wird, desto langsamer ist die erreichte Durchschnittsgeschwindigkeit der Frauen im Eiskunstlauf. Bei linearer Modellierung müsste die Durchschnittsgeschwindigkeit auf den einzelnen Strecken stets konstant sein, bei exponentiellem Wachstum sogar steigen, beziehungsweise gegen null gehen, was ebenfalls nicht der Fall ist. Daher liegt weder exponentielles, noch lineares Wachstum vor.

b) Für x in Kilometern und f(x) in Minuten gilt der Zusammenhang:
$f(x) = 1{,}2696 \cdot x^{1{,}03423}$

c) $f(15) = 1{,}2696 \cdot 15^{1{,}03423} \approx 20{,}89$ Minuten; also 20:54 Minuten
$f(42{,}195) = 1{,}2696 \cdot 42{,}195^{1{,}03423} \approx 60{,}89$ Minuten, also 1:00:54 h.
Die Zeiten wirken realistisch, da z. B. das 4,2195-Fache der Zeit für 10 000 m eine Zeit von 57:55 Minuten für den Marathon bei gleichem Tempo zur Folge hätte. Der Geschwindigkeitsverlust zum Marathon scheint mit rund drei Minuten sinnvoll, da im Laufsport etwas stärkere Verluste über längere Distanzen gelten. Der Widerstand ist nämlich beim Eiskunstlauf geringer.
Hinsichtlich mangelnder Ausdauer können die Schüler gegen dieses Modell argumentieren.

141 2. a) $f(x) = 0{,}04309 \cdot x^{1{,}1596}$
Das Modell ist passend, da das Rückeinsetzen der Punkte, z. B. für $x = 800$ m etwa die angegebene Zeit von 1:41,11 ergibt →
$f(800) = 100{,}18\,s = 1{:}40{,}18$.

b) $f(5000) = 838{,}88$ s; also 13:58,88 min → Weltrekord liegt unter 13 Minuten.
$f(10000) = 1874$ s; also 31:14 min → Weltrekord liegt unter 27 Minuten.
$f(42195) = 9950$; also 2:45:50 min → Weltrekord liegt unter 2:03 h.
Je weiter die Strecke, desto stärker weicht das Ergebnis nach oben vom tatsächlichen Weltrekord ab.

3. Eine Möglichkeit ist die Modellierung durch eine Potenzfunktion:
Potenzfunktion: $f(x) = 2095201 \cdot x^{-1{,}6018}$; wobei x das Jahr und f(x) die Zeit in s ist.
Dieser Sachverhalt lässt sich insgesamt nur recht ungenau durch eine Funktion approximieren, da Abweichungen von beispielsweise 0,3 Sekunden im 100 m-Lauf fundamental sind.
Da die Zeiten im Mittel langfristig wohl sinken, kann man auch lineares Verhalten annehmen:
$f(x) = -0{,}00889x + 28{,}56$; wobei x das Jahr und f(x) die Zeit in s ist.

142

4. a) Der naive Ansatz ist zunächst:
Sei 1987 der Zeitpunkt $x = 0$.
Dann gilt für x = Anzahl der seit 1987 vergangenen Jahre und
$f(x)$ = Viren in Tausend der Zusammenhang:
$f(x) = 11{,}27 \cdot 2{,}004^x$
Dieses Modell weicht daher sehr stark ab von den Zielwerten.
Da sich die Wachstumsfaktoren bis etwa 1994 stark voneinander unterscheiden (Werte bis 6), kann man den betrachteten Bereich einschränken auf die Zeit ab 1994. Hier kommen nur Werte zwischen 1 und 2 vor. Sei also 1994 der Zeitpunkt $x = 0$. Dann gilt der Zusammenhang:
$g(x) = 3393 \cdot 1{,}54^x$

b) Prüfung für den naiven Ansatz mit f:
Für 2006, also $x = 2006 - 1987 = 19$ und 2007, also $x = 2007 - 1987 = 20$ gilt:
$f(19) = 6\,137\,345$ und $f(20) = 12\,299\,239$. Diese Werte sind viel zu hoch, was sich dadurch erklären lässt, dass die Wachstumsfaktoren sich sehr stark voneinander unterscheiden.
Prüfung für den Ansatz mit Einschränkung des Wertebereichs g:
Für 2006, also $x = 2006 - 1994 = 12$ und 2007, also $x = 2007 - 1994 = 13$ gilt:
$g(12) = 604\,715$ und $g(13) = 929\,722$. Der eine Wert weicht nach oben ab, der andere weicht nach unten ab. Insgesamt ist die Abweichung im Mittel aber sehr viel geringer als bei dem obigen, naiven Modell.
Man hätte diese Virenzahl im Jahre 2002 also nicht vorhergesagt.

5. a) Lineare Regression: $f(x) = 1{,}41\,x - 2\,449$
Potenzregression: $g(x) = 1{,}65 \cdot 10^{-24} \cdot x^{7{,}98}$

b) Der CO_2 – Gehalt steigt etwa linear an, also kann man dauerhaft eine relativ konstante Erhöhung des CO_2-Gehalts erwarten.

c) Es gibt in der Realität einen Grenzwert, der maximal erreicht wird. Nach endlicher Zeit endet jedes Wachstum in der realen Welt.

6. a) Rund 11 000.

b) Die absolute jährliche Abnahme sinkt von Jahr zu Jahr.

c) Exponentielle Abnahme: $f(x) = 2{,}09 \cdot 10^{29} \cdot 0{,}9715^x$
(x ist das Jahr und f(x) die Anzahl der Tankstellen)
$f(2020) = 9\,008$.
Für das Jahr 2020 kann man rund 9 000 Tankstellen vorhersagen.
Wegen zu stark unterschiedlichen Abnahmefaktoren ist die Prognose aus a) besser und die Regression durch exponentielle Abnahme immer noch ungenau, aber dennoch weitaus besser als die lineare.

3.6 Logarithmen – Exponentialgleichungen

3.6.1 Logarithmen

143 **Einstieg:**

a) $2^4 = 16$ c) $4^0 = 1$ e) $2^{-4} = \frac{1}{16}$ g) $5^{\frac{1}{2}} = \sqrt{5}$
b) $3^2 = 9$ d) $3^{-2} = \frac{1}{9}$ f) $6^{-1} = \frac{1}{6}$ h) $2^1 = \sqrt[3]{8} = 8^{\frac{1}{3}}$

144 **2.** Da $1^x = 1$ für alle $x \in \mathbb{R}$

145 **3. a)**

$\xrightarrow{\log_2}$ $\xrightarrow{2\text{ hoch}}$		
16	4	16
$\frac{1}{2}$	−1	$\frac{1}{2}$
$\sqrt{2}$	$\frac{1}{2}$	$\sqrt{2}$
$8\sqrt{2}$	3,5	$8\sqrt{2}$

Erste und dritte Spalte sind gleich.

b)

$\xrightarrow{2\text{ hoch}}$ $\xrightarrow{\log_2}$		
5	32	5
−2	$\frac{1}{4}$	−2
$\frac{3}{2}$	$2\sqrt{2}$	$\frac{3}{2}$
−0,5	$\frac{\sqrt{2}}{2}$	−0,5

Erste und dritte Spalte sind gleich.

4. a) $6; 10; 0; -3; -4; -7; \frac{1}{2}; 13$ c) $1; 2; 0; 4; 5; -1; -2; \frac{1}{2}$
b) $2; 0; 5; -4; -2; 7; \frac{1}{2}; 1{,}5$

5. a) $9;\ 5; 6; 2; 2; 1; 0$ b) $-8; -3; -5; -2; -1; -3; 5$

6. a) 1 und 2 c) −2 und −1 e) 1 und 2 g) 2 und 3
b) 2 und 3 d) 0 und 1 f) 2 und 3 h) 3 und 4

7. a) $\frac{4}{3}; \frac{7}{5}; \frac{3}{4}; -1; -\frac{4}{3}; \frac{4}{7}; -\frac{2}{3}$ b) $\frac{1}{3}; -\frac{2}{3}; \frac{2}{3}; -0{,}6; -\frac{1}{2}; -\frac{1}{2}; \frac{2}{3}$

8. a) m d) $-\frac{1}{n}$ g) -1 j) n m) $\frac{1}{n}$
b) $-m$ e) 1 h) 2 k) $\frac{1}{2}$ n) $\frac{m}{n}$
c) $\frac{1}{n}$ f) 0 i) -2 l) $-\frac{1}{2}$ o) $-\frac{3}{5}$

9. a) 7 c) $\sqrt{12}$ e) 9 g) -7
b) u^2 d) 2 f) $\sqrt{2}$ h) $7{,}2$

146 **10.** a) 32 c) $1\,000\,000$ e) $\approx 15{,}589$ g) 2 i) 10
b) $\sqrt[3]{4}$ d) $\sqrt[3]{16}$ f) $\frac{1}{32}$ h) $\frac{1}{2}$ j) $\approx 0{,}178$

11. a) $x = \sqrt[4]{25}$ c) $x = \frac{27}{3}$ e) keine Lösung
b) $\log_3(101)$ d) keine Lösung

146 12. a) 3 c) 3 e) 5 g) 4
b) 2 d) 5 f) 4 h) 9

13. a) Sei $\log_2(3) = \frac{m}{n}$ $(n, m \in \mathbb{N}^*)$
$3 = 2^{\frac{m}{n}}$, also $3^n = 2^m$, da 3^n ungerade für alle n und 2^m gerade für alle m, ist $\log_2(3)$ keine rationale Zahl.
b) Analog erhält man:
$\log_9(3) = \frac{m}{n}$ $(n, m \in \mathbb{N}^*)$

$9^{\frac{m}{n}} = 3$, also $9^m = 3^n$
Diese Gleichung gilt für $m = 1$ und $n = 2$.

3.6.2 Lösen von Exponentialgleichungen

Einstieg:
Funktionsgleichung: $f(x) = 0{,}6 \cdot 2^x$
Exponentialgleichung:
$6{,}30 = 0{,}6 \cdot 2^x \quad |:0{,}6$
$10{,}5 = 2^x \quad |\log_2(\ldots)$
$x = \log_2(10{,}5) = 3{,}39$
Ergebnis: Nach etwa 3 Wochen und 3 Tagen hat eine 60 cm große Alge die Oberfläche des 6,30 m tiefen Sees erreicht.

147 2. a) Der Anfangsbestand hat keinen Einfluss, da er lediglich als Faktor in jedem Wert auftaucht.
b) $\frac{1}{2} \cdot a \cdot b^x$ ist die Hälfte des Bestandes zur Zeit x
$a \cdot b^{x+s}$ ist der Bestand zur Zeit $x + s$
Bei Gleichheit hat sich der Bestand gerade in der Zeitspanne s halbiert.
Umformungsschritte:
$\frac{1}{2} \cdot a \cdot b^x = a \cdot b^{x+s} \quad |:a \cdot b^x$
$\frac{1}{2} = b^s \quad |$ logarithmieren (Basis b)
$\log_b\left(\frac{1}{2}\right) = s \quad |$ auf log umrechnen
$s = \frac{\log\left(\frac{1}{2}\right)}{\log(b)}$
Halbwertszeit: $s \approx 1{,}5$
c) $B(x) = 3{,}2 \cdot 0{,}969^x$

3. a) $x \approx 1{,}209$ c) $x \approx 3{,}322$ e) $x \approx 0{,}631$ g) $x = \frac{1}{3} \approx 0{,}333$
b) $x \approx 8{,}827$ d) $x = 0$ f) $x \approx -0{,}073$ h) $x \approx -2{,}836$

147

4. (1) Nach 16 Jahren verdoppelt (exakt 15,75)
   (2) Nach 25 Jahren verdreifacht (exakt 24,96)
   (3) Nach 32 Jahren vervierfacht (exakt 31,49)

5. Nach 11 Tagen (10,34 exakt)

6. Nach 12 Tagen (exakt 11,13)

148

7. Halbwertszeiten:

a) $\frac{1}{3}$	c) 1,357	e) 11,202
b) 1,94	d) 6,5788	f) 1,609

8. a) $f(x) = 12 \cdot \left(\sqrt[5]{\frac{1}{3}}\right)^x \approx 12 \cdot (0{,}8027)^x$ Halbwertszeit $s = 3{,}155$ Tage
   b) $s = 25{,}59$ Stunden
   c) $s = 6{,}309$ Tage
   Nach ungefähr 21 Tagen sind noch 3 g vorhanden (20,96 Tage).
   d) Nach 10 Jahren noch 0,794 von der Anfangsmenge.
   Nach 40 Jahren noch 0,397 von der Anfangsmenge.

9. (1) Noch 10 % nach ungefähr 27 Tagen (26,57 Tagen).
   (2) Noch 1 % nach ungefähr 53 Tagen (53,15 Tagen).
   (3) Noch 2 ‰ nach ungefähr 72 Tagen (71,73 Tagen).

10. 5 000 € nach ungefähr 20 Jahren (20,15 Jahren).
    10 000 € nach ungefähr 40 Jahren (40,298 Jahren).

11. a) 8 Platten für Cäsium 137; 12 Platten für Cobalt 60.
    b) 1080 g für Cäsium 137; 1620 g für Cobalt 60.

12. a) Schnittpunkt $P_1(4 \mid 1\,280)$
    b) Schnittpunkt $P_2(-4 \mid 6\,561)$
    c) Schnittpunkt $P_3(0{,}0961 \mid 5{,}344)$
    d) Schnittpunkt $P_4(-0{,}5959 \mid 4{,}5344)$

13. Roter Graph: $f(x) = 2 \cdot (\sqrt{2})^x$
    Blauer Graph: $g(x) = 3{,}34 \cdot 0{,}6687^x$
    Schnittpunkt $P(0{,}6847 \mid 2{,}536)$

3.6.3 Logarithmengesetze

149 **Einstieg:**
Siehe Information auf Seite 149 des Schülerbandes (roter Kasten unten).

150 **2.** Zahlenbeispiel für die erste Regel: Setze $b = 2$ und $v = 4$
$\log_2\left(\frac{1}{4}\right) = -\log_2(4) = -2$
Zahlenbeispiel für die zweite Regel: Setze $u = b = 2$ und $v = 4$
$\log_2(2 \cdot 4) = \log_2(8) = 1 + \log_2(4) = 1 + 2 = 3$
Verwende zur Herleitung von Regel 1 Logarithmusgesetz L2:
$\log_b\left(\frac{1}{v}\right) = \log_b(1) - \log_b(v) = 0 - \log_b(v) = -\log_b(v)$
Verwende zur Herleitung von Regel 2 Logarithmusgesetz L1:
$\log_b(b \cdot v) = \log_b(b) + \log_b(v) = 1 + \log_b(v)$

3. **a)** $\log(1\,000) = 3$
b) $\log(100) = 2$
c) $\log(10) = 1$
d) $\log_2(2) = 1$
e) $\log_2(16) = 4$
f) $\log_3\left(\frac{1}{3}\right) = -1$

4. **a)** 3,2
b) 4,8
c) 5,2
d) 3,6
e) 0,8
f) −1,6
g) −0,6
h) −3,2

5. **a)** $\log_b(4) + \log_b(x)$ mit $x > 0,\ b > 0,\ b \neq 1$
b) $\log_b(r) + \log_b(s)$ mit $r > 0,\ s > 0,\ b > 0,\ b \neq 1$
c) $\log_b(3) - \log_b(z)$ mit $b > 0,\ b \neq 1,\ z > 0$
d) $\log_b(a) + 1 + \log_b(c)$ mit $a > 0,\ b > 0,\ c > 0,\ b \neq 1$
e) $\log_b(x) + \log_b(y + z)$ mit $x > 0,\ y + z > 0,\ b > 0,\ b \neq 1$
f) $\log_b(2) + \log_b(a) - \log_b(3) - 1$ mit $a > 0,\ b > 0,\ b \neq 1$
g) $-\log_b(4) - 1$ mit $b > 0,\ b \neq 1$
h) $\log_b(x) + \log_b(y) + \log_b(z) - \log_b(5) - 1$ mit $x > 0,\ y > 0,\ z > 0,\ b > 0,\ b \neq 1$
i) $1 - \log_b(3) - \log_b(a)$ mit $a > 0,\ b \neq 1$

6. **a)** $5\log_b(x)\ (x > 0)$
b) $\frac{4}{5}\log_b(r)\ (r > 0)$
c) -2
d) $-\frac{2}{3}\log_b(z)\ (z > 0)$
e) $-3\log_b(x)\ (x > 0)$
f) $-\frac{1}{3}\log_b(a)\ (a > 0)$

7. **a)** $L = \left\{\frac{5}{3}\right\}$
b) $L = \{2\}$
c) $L = \{25\}$

8. **a)** **(1)** $10^{\log(x+y)} = x + y$ aber $10^{\log(x) + \log(y)} \neq x + y$
wegen Potenzgesetzen
(2) $10^{\log(r-s)} = r - s$ aber $10^{\log(r) - \log(s)} \neq r - s$
wegen Potenzgesetzen
b) Die Formel ist gültig, wenn:
(1) $x \cdot y = x + y$, z. B. $x = y = 2$
(2) $\frac{r}{s} = r - s$, z. B. $r = 4,\ s = 2$

150 9. a) 4; 10; 101
b) 2; 7; 22
c) Indem er den Zehnerlogarithmus anwendet, findet er die Zahl, mit der er 10 potenzieren muss, um 4^{13} zu erhalten: 7,826…
10^7 hat 8 Stellen, 10^8 hat 9 Stellen, $10^{7,826...}$ hat also 8 Stellen.
$4^{13} = 67\,108\,864$
d) 4; 18; 2 185
e) Größte Zahl mit 3 Ziffern: $9^{(9^9)}$, mit ungefähr 370 Mio. Stellen.

3.7 Logarithmusfunktionen

151 **Einstieg:**
Siehe Information (2) und (3) auf Seite 152 des Schülerbandes.

153 **2.**

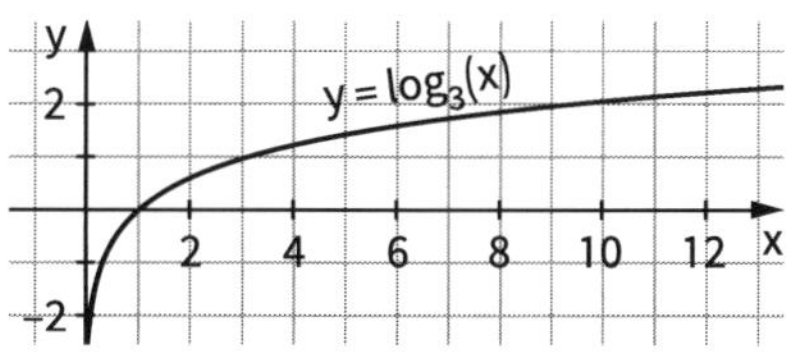

3. Der Graph ist streng monoton fallend. Er hat den positiven Teil der y-Achse als Asymptote. Dies ergibt sich unmittelbar aus den Eigenschaften des Graphen zu $y = 0{,}3^x$, wenn man den Graphen an der Hauptwinkelhalbierenden spiegelt.

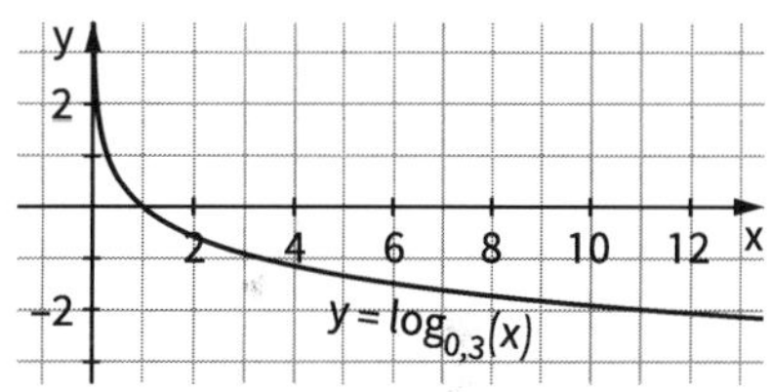

4. Bei gleicher Achseneinteilung geht der Graph zu $y = 4^x$ beim Spiegeln an der Hauptwinkelhalbierenden w über in den Graphen zu $y = \log_4(x)$. Der Punkt $P(s\,|\,v)$ auf dem Graphen zu $y = 4^x$ geht beim Spiegeln an w über in den Punkt $P^*(v\,|\,s)$ auf dem Graphen zu $y = \log_4(x)$.
Begründung: Wenn $P(s\,|\,v)$ auf dem Graphen der Funktion zu $y = 4^x$ liegt, so gilt $v = 4^s$. Daraus folgt $s = \log_4(v)$. Also ist s der Funktionswert der Logarithmusfunktion an der Stelle v. P^* hat also die Koordinaten $P^*\big(v\,|\,\log_4(v)\big)$. Somit liegt P^* auf dem Graphen der Funktion zu $y = \log_4(x)$.
Bei gleicher Achseneinteilung geht der Graph zu $y = 0{,}25^x$ beim Spiegeln an der Hauptwinkelhalbierenden w über in den Graphen zu $y = \log_{0,25}(x)$. Der Punkt $P(s\,|\,v)$ auf dem Graphen zu $y = 0{,}25^x$ geht beim Spiegeln an w über in den Punkt $P^*(v\,|\,s)$ auf dem Graphen zu $y = \log_{0,25}(x)$.
Begründung: Wenn $P(s\,|\,v)$ auf dem Graphen der Funktion zu $y = 0{,}25^x$ liegt, so gilt $v = 0{,}25^s$. Daraus folgt $s = \log_{0,25}(v)$. Also ist s der Funktionswert der Logarithmusfunktion an der Stelle v. P^* hat also die Koordinaten $P^*\big(v\,|\,\log_{0,25}(v)\big)$. Somit liegt P^* auf dem Graphen der Funktion zu $y = \log_{0,25}(x)$.

153

5. $y = \log_b(x)$, also $x = b^y$

a) $8 = b^3$; $b = 2$; $y = \log_2(x)$

b) $3 = b^8$; $b = \sqrt[8]{3}$; $y = \log_{\sqrt[8]{3}}(x)$

c) $0{,}5 = b^{-1}$; $b = 2$; $y = \log_2(x)$

d) $1 = b^0$; $b > 0$; $y = \log_b(x)$

e) $\frac{1}{3} = b^3$; $b = \sqrt[3]{\frac{1}{3}}$; $y = \log_{\sqrt[3]{\frac{1}{3}}}(x)$

6. (1) und b); (2) und c); (3) und a); (4) und d)

7. a) Es gilt $\log(x \cdot s) = \log(x) + \log(s)$.
Da $\log(s)$ eine Zahl ist, wird also immer der konstante Summand $\log(s)$ addiert.

b) Jedes Mal, wenn x mit s potenziert wird, wird der Funktionswert mit s multipliziert.
Begründung:
Es gilt $\log(x^s) = s \cdot \log(x)$. Da $\log(s)$ eine Zahl ist, wird also immer mit dem Faktor $\log(s)$ multipliziert.

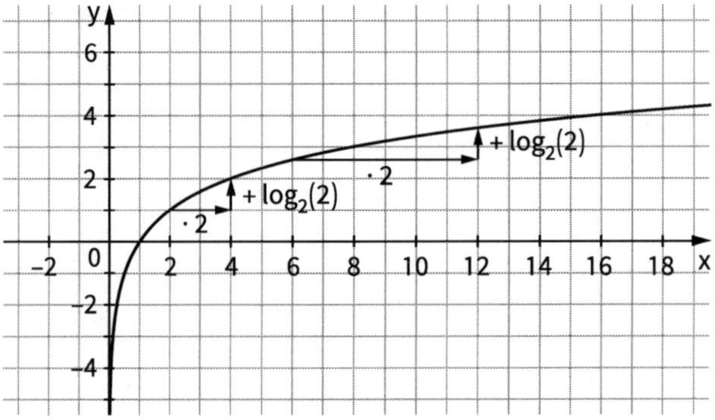

8. a) *Hochformat* (21 cm breit, 29,7 cm hoch)
$\log_2(x) = 14{,}85$
$x \approx 29\,532$
29 532 cm : 21 cm = 1 406,2…
Er benötigt 1 407 Blätter.
Querformat (29,7 cm breit; 21 cm hoch)
$\log_2(x) = 10{,}5$
$x \approx 1\,448$
1 448 cm : 29,7 cm = 48,7…
Er benötigt 49 Blätter.

153 8. b) *Hochformat*

$\lg(x) = 14{,}85$

$x \approx 7{,}0795 \cdot 10^{14}$

$7{,}0795 \cdot 10^{14}\,\text{cm} : 21\,\text{cm} \approx 3{,}37 \cdot 10^{13}$

$3{,}37 \cdot 10^{13} : 1\,000 \cdot 5\,\text{kg} \approx 1{,}685 \cdot 10^{11}\,\text{kg} \approx 1{,}685 \cdot 10^{8}\,\text{t}$

Querformat

$\lg(x) = 10{,}5$

$x \approx 3{,}1623 \cdot 10^{10}$

$3{,}1623 \cdot 10^{10}\,\text{cm} : 29{,}7\,\text{cm} \approx 1{,}065 \cdot 10^{9}$

$1{,}065 \cdot 10^{9} : 1\,000 \cdot 5\,\text{kg} \approx 5{,}325 \cdot 10^{6}\,\text{kg} \approx 5\,325\,\text{t}$

9. $\text{DIN} = 10 \cdot \log(\text{ASA}) + 1$

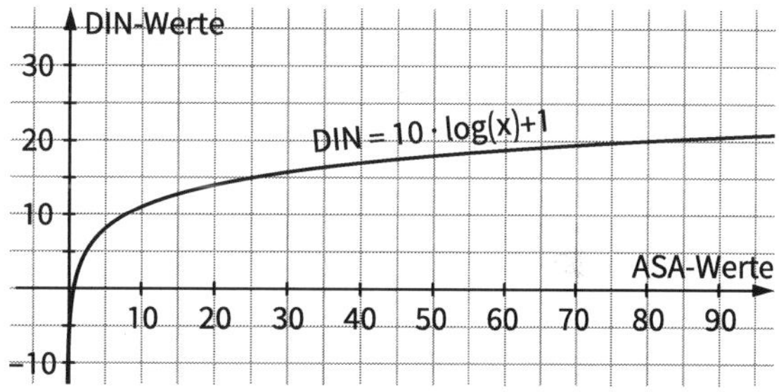

3.8 Aufgaben zur Vertiefung

154 1. a) Die Behauptung ist falsch.
Bei 2,9 % pro Jahr ist bei monatlicher Gutschrift der effektive Zinssatz ungefähr 2,942 %.

b) halbmonatlich: 2,941 %

c) Der Zinssatz ist jeweils ungefähr bei 2,942 %.

d) Nein. Einen höheren Zinssatz kann man nur über mehrere Jahre erhalten.

2.

p	1	2	3	4	5	6	7	8	9	10
Term	69,6	70	70,3	70,7	71	71,3	71,7	72	72,4	72,7

p	20	30	40	50	60	70	80	90	100
Term	76	79,3	82,4	85,5	88,5	91,4	94,3	97,2	100

Verdopplung bedeutet $\left(1 + \frac{p}{100}\right)^{x} = 2$

$x \log\left(1 + \frac{p}{100}\right) = \log(2)$

Für $p \leq 10$ ist die Faustformel $72 : p = x$ für die Ermittlung der benötigten Jahre um den Bestand zu verdoppeln eine gute Annäherung.

154

3. **a)** Die Hochachse ist logarithmisch. Das ist daran zu erkennen, dass sich bei gleich bleibendem Abstand jeweils die Achsenbeschriftungen verzehnfachen. Der Zahlenwert, dem eine Einheit im Koordinatensystem entspricht, verändert sich daher von Einheit zu Einheit um den Faktor 10.

b) Die Punkte $P_1(1\,|\,1)$; $P_2(2{,}5\,|\,10)$; $P_3(4\,|\,100)$; $P_4(5{,}5\,|\,1\,000)$ liegen in der Abbildung auf einer Geraden. Die zugehörige Funktionsgleichung ist exponentiell:

$f(x) = 0{,}2154 \cdot 4{,}6416^x$

Näherungslösung: $f(x) = 0{,}2 \cdot 5^x$

4. –

Bleib fit im Umgang mit Wahrscheinlichkeiten

157 1. a) Die Grund- und Deckfläche ist etwa doppelt so groß wie die größeren Seitenflächen und etwa viermal so groß wie die kleineren Seitenflächen. Damit kommt man zu der ersten groben Einschätzung:

1	2	3	4	5	6
7,5 %	15 %	30 %	30 %	15 %	8,75 %

Aus Erfahrung wissen wir aber, dass die größeren Flächen öfter vorkommen und die kleineren weniger oft. So könnten wir folgende Verteilung vermuten:

1	2	3	4	5	6
5 %	10 %	35 %	35 %	10 %	5 %

Vom Lego-Vierer wissen wir, dass die Seite mit den Noppen öfter unten liegt als die gegenüberliegende offene Seite. So können wir zu folgender Vermutung kommen:

1	2	3	4	5	6
5 %	10 %	40 %	30 %	10 %	5 %

Das Erscheinen der 1 und der 6 haben wir eventuell noch zu hoch eingeschätzt, da der Lego-Achter dort doch sehr leicht zur Seite kippt.

b) Durch das Würfeln wird man doch noch zu einer Verteilung kommen, bei der gegenüber der letzten Einschätzung aus Teilaufgabe a) die 3 noch häufiger vorkommt, die 4 etwas häufiger und die 1 und 6 doch noch seltener erscheinen. Folgende Verteilung könnte richtiger sein:

1	2	3	4	5	6
1 %	10 %	46 %	32 %	10 %	1 %

2. a) $E = \{4, 8, 12, 16, 20, 24, 28, 32, 36, 40, 44, 48, 52, 56, 60\}$

$P(E) = \frac{15}{60} = \frac{1}{4} = 0{,}25 = 25\,\%$

b) $E = \{12, 24, 36, 48, 60\}$

$P(E) = \frac{5}{60} = \frac{1}{12} = 0{,}08\overline{3} \approx 8{,}3\,\%$

c) $E = \{5, 10, 15, 20, 25, 30, 35, 40, 45, 50, 55, 60\}$

$P(E) = \frac{12}{60} = \frac{1}{5} = 0{,}2 = 20\,\%$

d) $E = \{11, 22, 33, 44, 55\}$

$P(E) = \frac{5}{60} = \frac{1}{12} = 0{,}08\overline{3} \approx 8{,}3\,\%$

e) $E = \{1, 3, 5, 7, 9, 11, 13, 15, 17, 19, 21, 23, 25, 27, 29, 31, 33, 35, 37, 39, 41, 43, 45, 47, 49, 51, 53, 55, 57, 59\}$

$P(E) = \frac{30}{60} = \frac{1}{2} = 0{,}5 = 50\,\%$

f) $E = \{1, 2, 3, 5, 7, 9, 10, 11, 13, 14, 15, 17, 19, 21, 22, 23, 25, 26, 27, 29, 31, 33, 34, 35, 37, 38, 39, 41, 43, 45, 46, 47, 49, 50, 51, 53, 55, 57, 58, 59\}$

$P(E) = \frac{40}{60} = \frac{2}{3} = 0{,}\overline{6} \approx 66{,}6\,\%$

158

3. (1) Augenzahlen, die Primzahlen sind: 2, 3, 5, 7

P (Primzahl beim Werfen eines Oktaeders) $= \frac{4}{8} = \frac{1}{2} = 0{,}5$

(2) P (Gerade Zahl beim Werfen eines gewöhnlichen Würfels) $= \frac{3}{6} = \frac{1}{2} = 0{,}5$

Die Wahrscheinlichkeit für einen Gewinn ist bei beiden Zufallsexperimenten gleich groß.

4. **a)** P (Kreuz-Bube) $= \frac{1}{32}$

b) P (Bube) $= \frac{4}{32} = \frac{1}{8}$

c) P (Kreuz-Karte) $= \frac{8}{32} = \frac{1}{4}$

d) P (rote Karte) $= \frac{16}{32} = \frac{1}{2}$

e) P (Karte ohne Bild) $= \frac{20}{32} = \frac{5}{8}$

5. **a)** P (gerade Augenzahl) = 0,4
b) P (ungerade Augenzahl) = 0,6
c) P (Augenzahl höchstens 3) = 0,6
d) P (Augenzahl mindestens 2) = 0,52
e) P (Augenzahl durch 7 teilbar) = 0
f) P (Augenzahl kleiner als 7) = 1

6. Jede richtige Ziffer hat die Wahrscheinlichkeit $p = 0{,}1$

Gewinn	Wahrscheinlichkeit
2,50 €	P (1 richtige Endziffern) = 0,1
6,00 €	P (2 richtige Endziffern) = 0,01
66,00 €	P (3 richtige Endziffern) = 0,001
666,00 €	P (4 richtige Endziffern) = 0,0001
6 666,00 €	P (5 richtige Endziffern) = 0,00001
100 000,00 €	P (6 richtige Endziffern) = 0,000001

4. Mehrstufige Zufallsexperimente

159 **Einstiegsseite:**

→ P(zwei Mädchen werden gezogen) $= \frac{17}{31} \cdot \frac{16}{30} = \frac{136}{465} \approx 0{,}292 = 29{,}2\,\%$

P(ein Junge und ein Mädchen) $= \frac{14}{31} \cdot \frac{17}{30} = \frac{119}{465} \approx 0{,}256 = 25{,}6\,\%$

→ P(zwei Jungen werden gezogen) $= \frac{14}{31} \cdot \frac{13}{30} = \frac{91}{465} \approx 0{,}196 = 19{,}6\,\%$

Lernfeld: Ein Zufall nach dem anderen

160 **1. Auftrag: Junge oder Mädchen?**

→ Der Auftrag soll dazu führen, dass die Schülerinnen und Schüler erkennen, dass man verschiedene Ergebnismengen betrachten kann:
$S_1 = \{(J\,|\,J), (J\,|\,M), (M\,|\,J), (M\,|\,M)\}$ oder
$S_2 = \{$zwei Jungen, Pärchen, zwei Mädchen$\}$.
Im ersten Fall wird man vermuten, dass die vier Kombinationen der Ergebnismenge SI etwa gleich häufig vorkommen – genauer: (J | J) etwas häufiger als (J | M) und als (M | J) und diese wiederum etwas häufiger als (M | M). Im zweiten Fall werden die Schülerinnen und Schüler möglicherweise vorhersagen, dass die drei „Möglichkeiten“ mit gleicher Häufigkeit auftreten, was dann durch die Erhebung in der eigenen Schule aufgeklärt werden soll.

→ Für die Umfrage muss beachtet werden, dass nur Kinder aus 2-Kind-Familien erfasst werden, dabei spielt es keine Rolle, ob die befragten Kinder aus gleichen oder aus verschiedenen Familien stammen.

→ Nachdem die Analyse in 2-Kind-Familien gelungen ist, fällt im Allgemeinen die entsprechende Aufgabe für 3-Kind-Familien leicht.
$S = \{(J\,|\,J\,|\,J), (J\,|\,J\,|\,M), (J\,|\,M\,|\,J), (J\,|\,M\,|\,M), (M\,|\,J\,|\,J), (M\,|\,J\,|\,M), (M\,|\,M\,|\,J), (M\,|\,M\,|\,M)$

2. Auftrag: Leistungen mit Noten bewerten

In den vorgeschlagenen Wettbewerben werden qualitative Merkmale betrachtet, die durch eine Punktwertung zu einer Rangskalierung führen. Diese Aufgabenstellung bereitet also auf die Untersuchung von geordneten Listen, der Bestimmung des Medians und der Streuung von Daten vor. Durch die konkret durchgeführten Experimente wird Datenmaterial hergestellt, das dann ausgewertet werden kann. Man erkennt: Lässt man extreme Bewertungen weg, dann hat dies keine Auswirkungen auf den Median.

4.1 Mehrstufige Zufallsexperimente – Baumdiagramme

161 **Einstieg:**

Wir stellen die verschiedenen Möglichkeiten in einem Baumdiagramm dar.

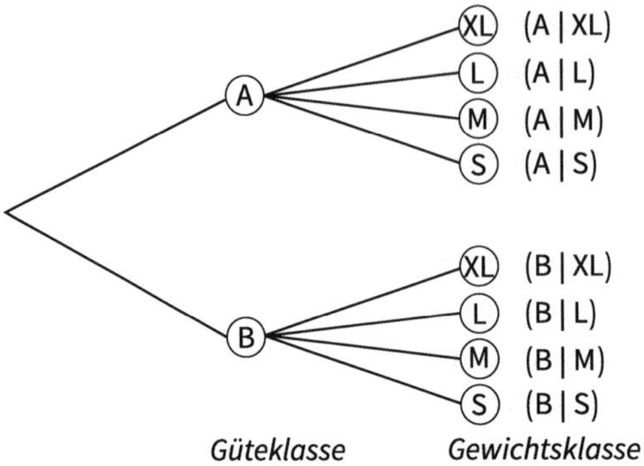

163 **2.**

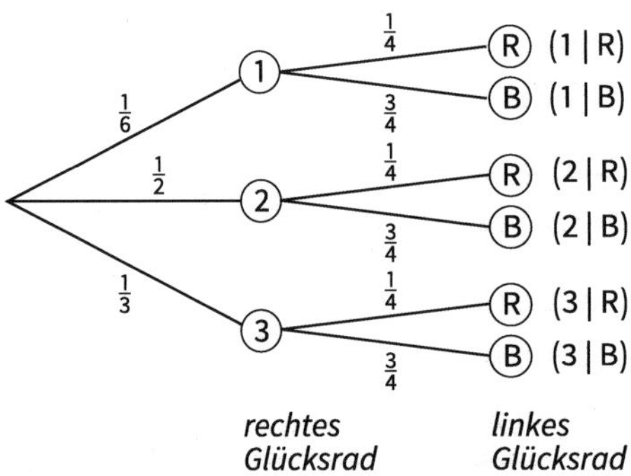

3. a)

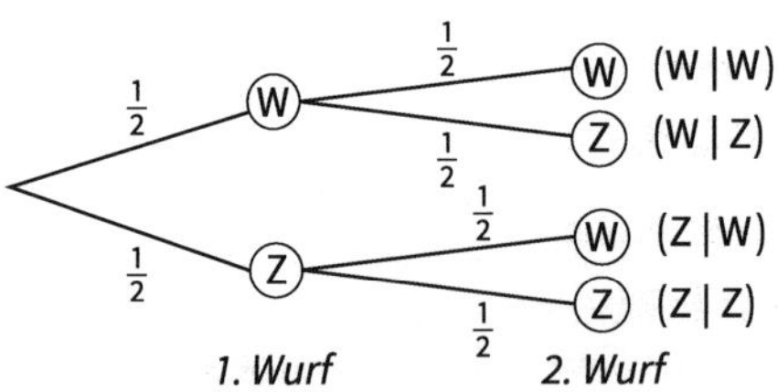

b) Hier spielt es keine Rolle, ob man das Werfen der 5-Cent-Münze als 1. Stufe und das Werfen der 10-Cent-Münze als 2. Stufe ansieht, oder umgekehrt.

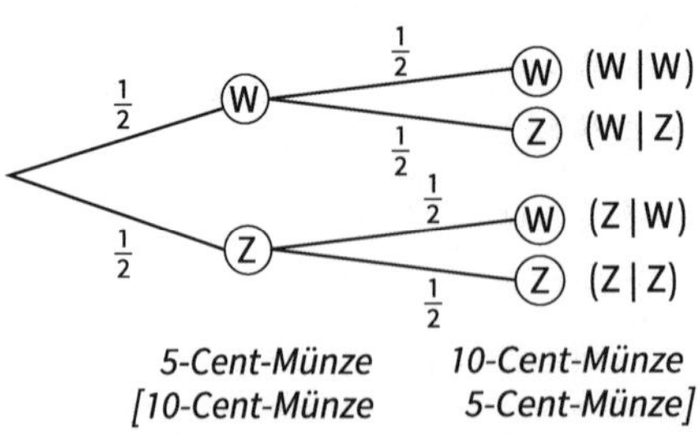

163

3. c) Die Baumdiagramme sehen immer gleich aus; nur die Beschriftung ist unterschiedlich.

(1) Auch wenn die Münzen gleichartig sind, kann man eine Münze (willkürlich) als die 1., die andere als die 2. bezeichnen und wie in Teilaufgabe b) beschriften.

(2) Hier ist die Reihenfolge vorgegeben, wenn auch nicht die Zuordnung, was 1. oder 2. Münze ist.

4. Ergebnis (R | R) ist nicht möglich, da nur eine rote Kugel im Gefäß ist.

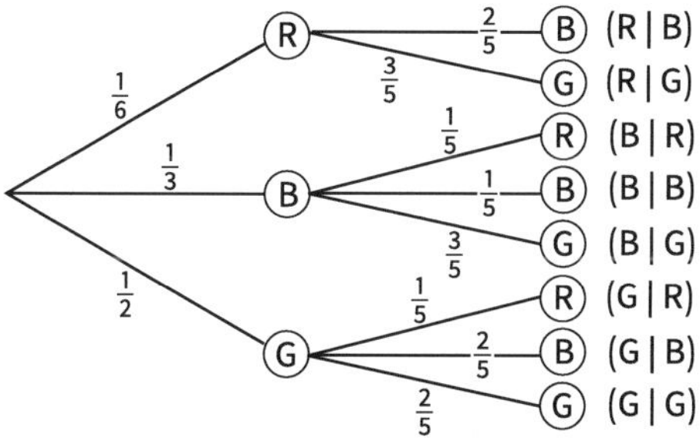

5. E_1: (1 | 1), (1 | 2), (1 | 3), (1 | 4), (2 | 1), (3 | 1), (4 | 1); $P(E_1) = \frac{7}{16}$

E_2: (1 | 1), (2 | 1), (3 | 1), (4 | 1); $P(E_2) = \frac{4}{16} = \frac{1}{4}$

E_3: (2 | 1), (3 | 1), (4 | 1); $P(E_3) = \frac{3}{16}$

E_4: (1 | 1), (1 | 3), (3 | 1), (3 | 3); $P(E_4) = \frac{4}{16} = \frac{1}{4}$

E_5: (1 | 2), (1 | 4), (2 | 1), (2 | 3), (3 | 2), (3 | 4), (4 | 1), (4 | 3); $P(E_5) = \frac{8}{16} = \frac{1}{2}$

E_6: (1 | 2), (2 | 1); $P(E_6) = \frac{2}{16} = \frac{1}{8}$

6. a)

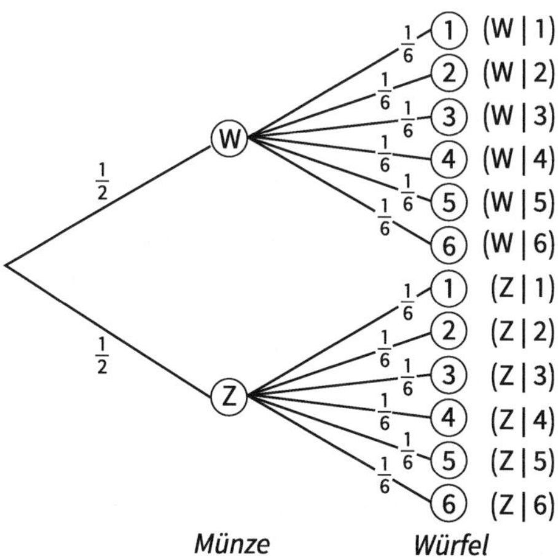

163 **6. b)** Man kann das Baumdiagramm wie in Teilaufgabe a), also Münze als 1. Stufe und Würfel als 2. Stufe, oder wie hier rechts zeichnen mit Würfel als 1. Stufe und Münze als 2. Stufe.

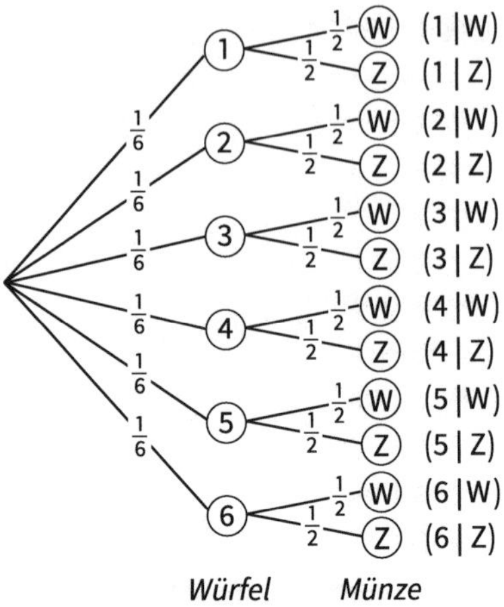

164 **7. a)** Glücksrad A wird zweimal gedreht.
Das Ergebnis (B | B) wird die größte Wahrscheinlichkeit haben.

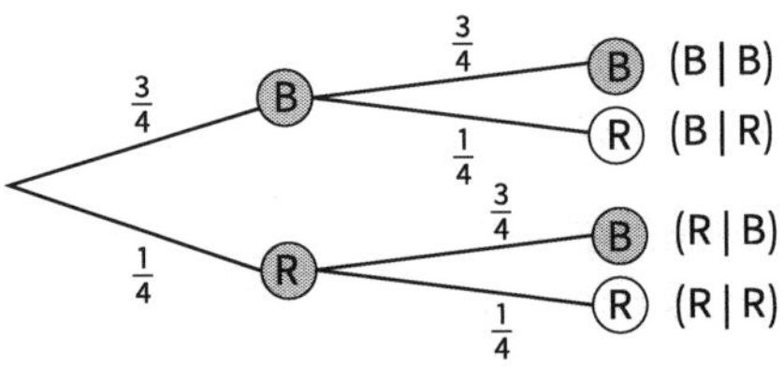

Glücksrad B wird zweimal gedreht.
Das Ergebnis (B | B) wird die größte Wahrscheinlichkeit haben.

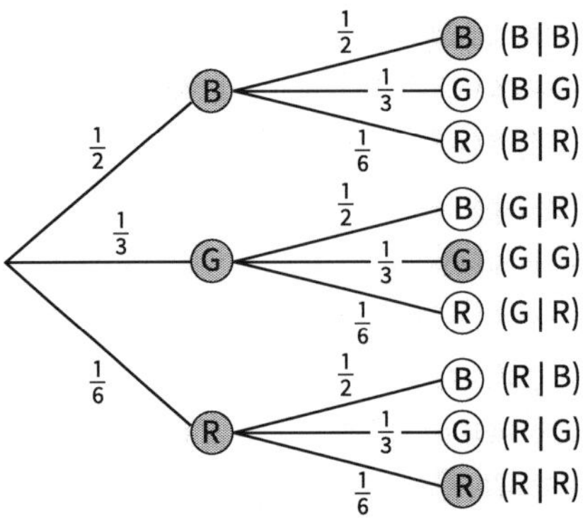

Zuerst wird Glücksrad A, dann Glücksrad B gedreht.
Das Ergebnis (B | B) wird die größte Wahrscheinlichkeit haben.

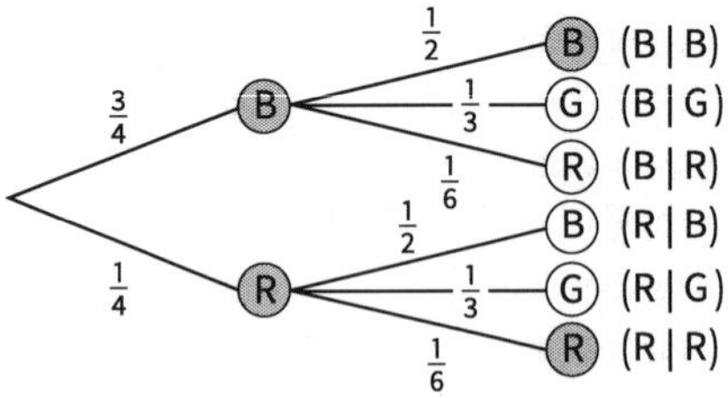

164

7. a) Fortsetzung
Zuerst wird Glücksrad B, dann Glücksrad A gedreht.
Das Ergebnis (B | B) wird die größte Wahrscheinlichkeit haben.

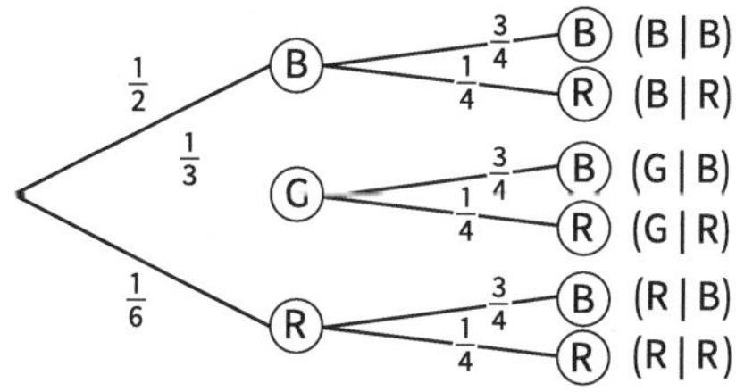

b) Beim 1. Glücksrad sind 60 % rot und 40 % blau gefärbt, beim 2. Glücksrad 25 % rot, 55 % grün und 20 % weiß.
Das Ergebnis (B | W) wird die kleinste Wahrscheinlichkeit haben.

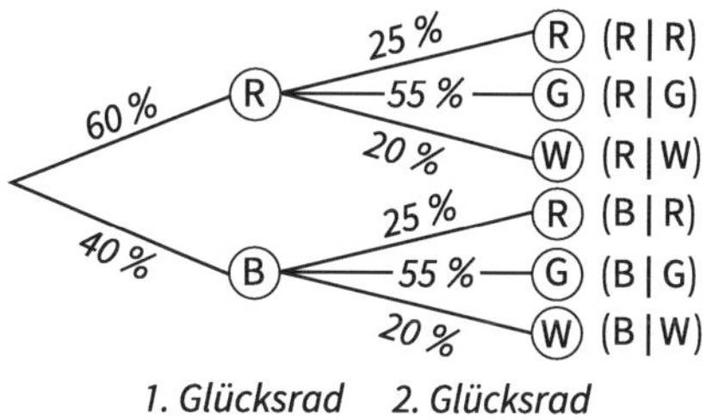

8. E_1: Mindestens einmal Wappen.
E_2: Bei jedem Wurf das gleiche Ergebnis.
E_3: Bei jedem Wurf unterschiedliche Ergebnisse.

9.

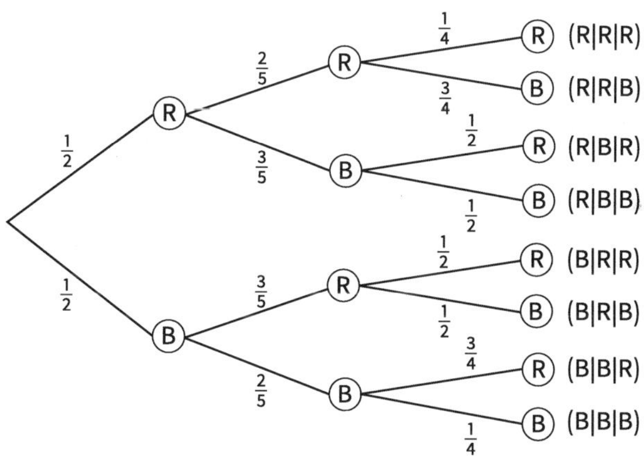

Mit Beachtung der Reihenfolge sind $2^3 = 8$ Ergebnisse möglich (siehe Baumdiagramm).

10. a) In einer Urne sind 5 Kugeln mit dem Buchstaben a und 3 Kugeln mit dem Buchstaben b. Es werden nacheinander 2 Kugeln ohne Zurücklegen gezogen.

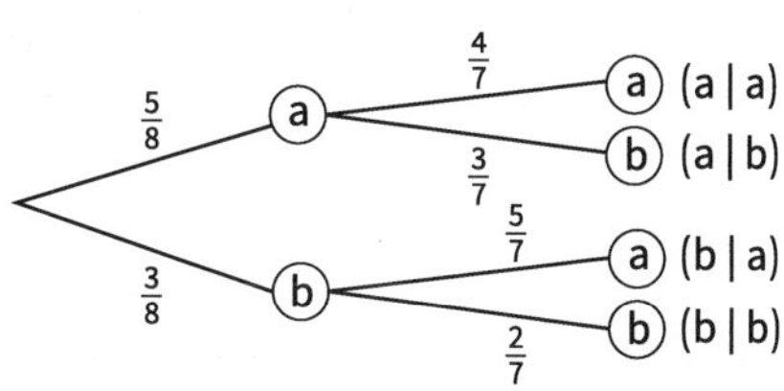

164 **10. b)** In einer Urne sind 4 Kugeln:
Eine Kugel mit dem Buchstaben a und drei Kugeln mit dem Buchstaben b.
In einer zweiten Urne sind 6 Kugeln; drei Kugeln mit dem Buchstaben c, zwei mit dem Buchstaben d und eine mit dem Buchstaben e.
Zuerst wird eine Kugel aus der ersten Urne, dann eine Kugel aus der zweiten Urne gezogen.

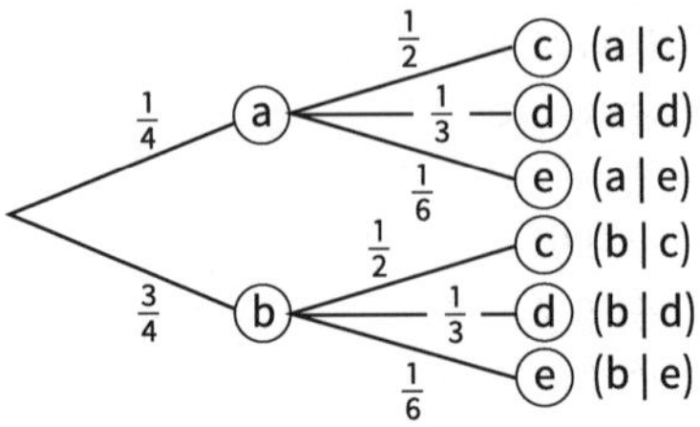

11. Von den 30 Schüler(innen) sind 16 Mädchen und 14 Jungen. Von den 16 Mädchen kommen 5 zu Fuß zur Schule, 8 kommen mit dem Fahrrad und 3 mit dem Bus. Von den 14 Jungen kommen 4 zu Fuß zur Schule, 7 kommen mit dem Fahrrad und 3 mit dem Bus.

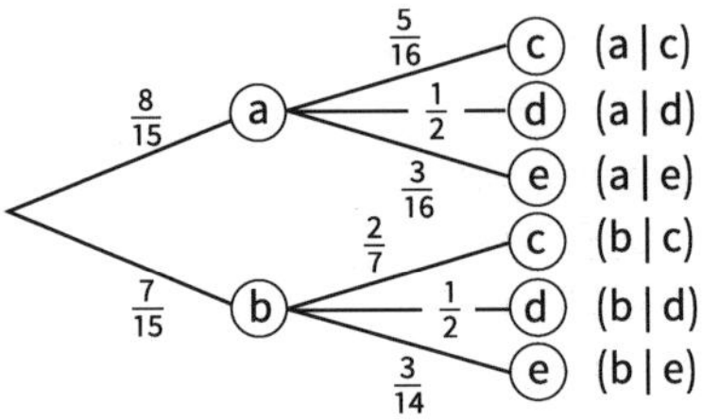

Das kann ich noch!

A) 900 € **B)** 1,5 %

4.2 Pfadregeln

165 **Einstieg:**

a)

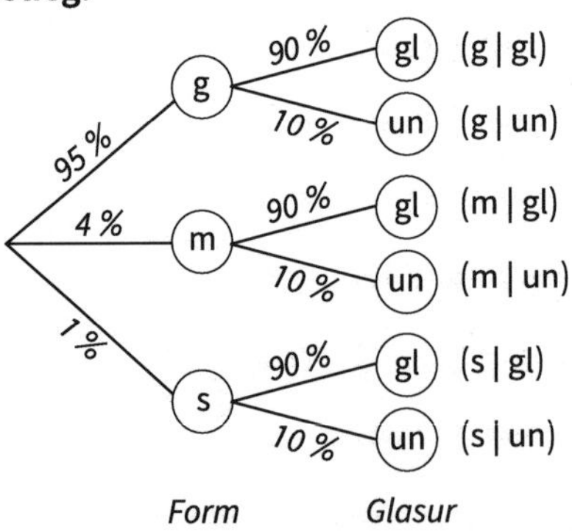

b) **(1)** P(gute Form und gleichmäßige Glasur)

$= \frac{95}{100} \cdot \frac{90}{100} = \frac{8\,550}{10\,000} = 0{,}855 = 85{,}5\,\%$

(2) P(mittelmäßige Form und gleichmäßige Glasur)

$= \frac{4}{100} \cdot \frac{90}{100} = \frac{360}{10\,000} = 0{,}036 = 3{,}6\,\%$

169 3. (1)

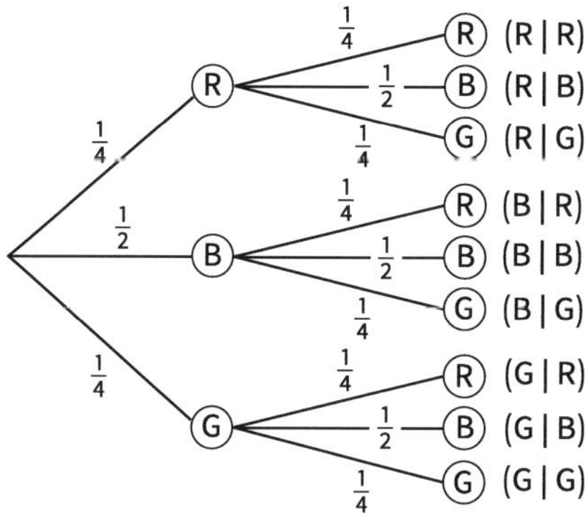
1/4
1/2
1/4
R
B
G
1/4
1/2
1/4
1/4
1/2
1/4
1/4
1/2
1/4
(R | R)
(R | B)
(R | G)
(B | R)
(B | B)
(B | G)
(G | R)
(G | B)
(G | G)

(2)

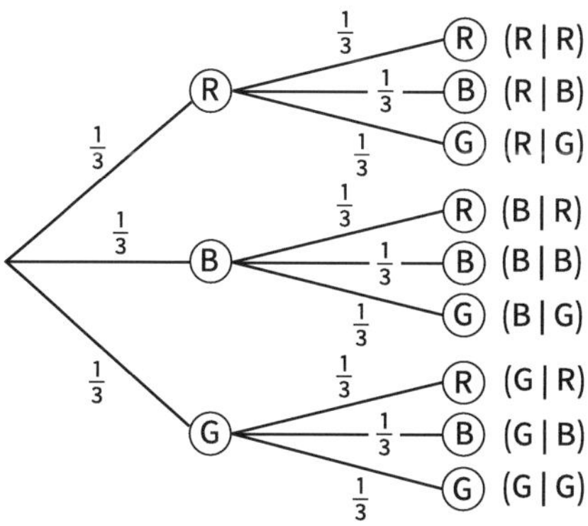
1/3
1/3
1/3
R
B
G
1/3
1/3
1/3
1/3
1/3
1/3
1/3
1/3
1/3
(R | R)
(R | B)
(R | G)
(B | R)
(B | B)
(B | G)
(G | R)
(G | B)
(G | G)

(3)

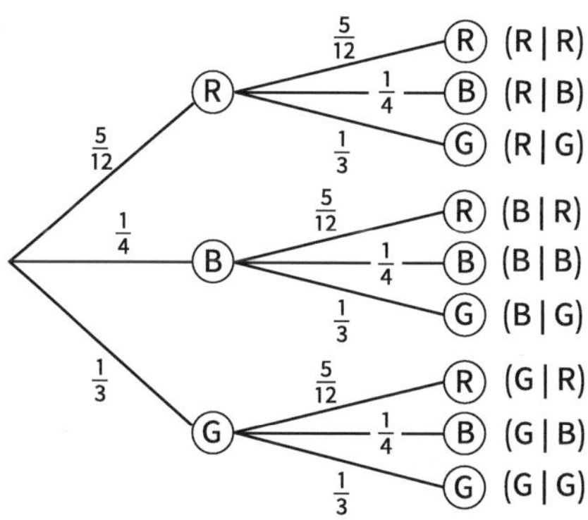
5/12
1/4
1/3
R
B
G
5/12
1/4
1/3
5/12
1/4
1/3
5/12
1/4
1/3
(R | R)
(R | B)
(R | G)
(B | R)
(B | B)
(B | G)
(G | R)
(G | B)
(G | G)

(4)

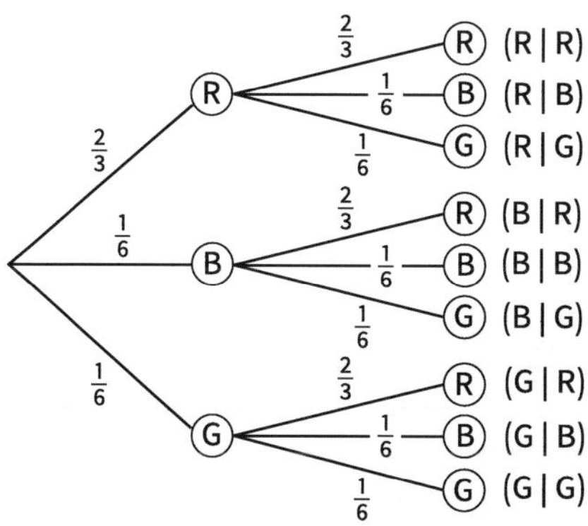
2/3
1/6
1/6
R
B
G
2/3
1/6
1/6
2/3
1/6
1/6
2/3
1/6
1/6
(R | R)
(R | B)
(R | G)
(B | R)
(B | B)
(B | G)
(G | R)
(G | B)
(G | G)

169

3. a) (1) $\frac{1}{4}\cdot\frac{1}{4}=\frac{1}{16}$ (2) $\frac{1}{3}\cdot\frac{1}{3}=\frac{1}{9}$ (3) $\frac{5}{12}\cdot\frac{1}{3}=\frac{5}{36}$ (4) $\frac{2}{3}\cdot\frac{1}{6}=\frac{1}{9}$

b) (1) $\frac{1}{4}\cdot\frac{1}{4}+\frac{1}{2}\cdot\frac{1}{2}+\frac{1}{4}\cdot\frac{1}{4}=\frac{3}{8}$ (2) $\frac{1}{3}\cdot\frac{1}{3}+\frac{1}{3}\cdot\frac{1}{3}+\frac{1}{3}\cdot\frac{1}{3}=\frac{1}{3}$

(3) $\frac{5}{12}\cdot\frac{5}{12}+\frac{1}{4}\cdot\frac{1}{4}+\frac{1}{3}\cdot\frac{1}{3}=\frac{25}{72}$ (4) $\frac{2}{3}\cdot\frac{2}{3}+\frac{1}{6}\cdot\frac{1}{6}+\frac{1}{6}\cdot\frac{1}{6}=\frac{1}{2}$

c) Glücksrad (4); da die Wahrscheinlichkeit mit $\frac{1}{2}$ am größten ist.

4. $P=(1-0{,}7)\cdot(1-0{,}5)=0{,}3\cdot 0{,}5=0{,}15$
Die Wahrscheinlichkeit, dass noch ein Fehler im Text ist, beträgt 15 %.

5. a) (1) $\frac{3}{7}\cdot\frac{2}{6}+\frac{4}{7}\cdot\frac{3}{6}=\frac{3}{7}$ (2) $\frac{3}{6}\cdot\frac{2}{5}+\frac{3}{6}\cdot\frac{2}{5}=\frac{2}{5}$ (3) $\frac{6}{9}\cdot\frac{5}{8}+\frac{3}{9}\cdot\frac{2}{8}=\frac{1}{2}$

$\frac{2}{5}<\frac{3}{7}<\frac{1}{2}$ Tim sollte sich auf Spielregel (3) einlassen, da hier ihre Gewinnchance mit 50 % am höchsten ist.

b) Die Gewinnchancen für Tim sind wie folgt:
(1) $\left(\frac{3}{7}\right)^2+\left(\frac{4}{7}\right)^2=\frac{25}{49}$; d. h. günstig für Tim.
(2) $\left(\frac{3}{6}\right)^2+\left(\frac{3}{6}\right)^2=\frac{1}{2}$; d. h. für beide die gleiche Gewinnchance.
(3) $\left(\frac{6}{9}\right)^2+\left(\frac{3}{9}\right)^2=\frac{5}{9}$; d. h. günstig für Tim.
Die Spielsituationen in (1) und in (3) sind für Tim günstiger. In (2) sind sie für beide gleich günstig $\left(\text{Wahrscheinlichkeit } \frac{1}{2}\right)$.

6. a)

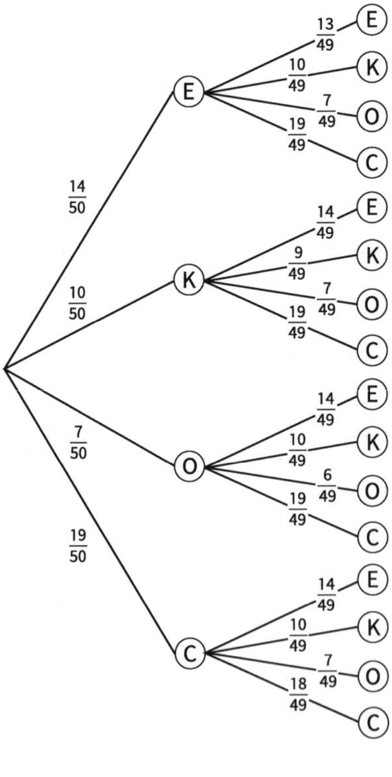

169 6. **b)** P(Kirsch | Cola) + P(Cola | Kirsch) = $\frac{10}{50} \cdot \frac{19}{49} + \frac{19}{50} \cdot \frac{10}{49} \approx 0{,}155$

c) $P = \frac{14}{50} \cdot \frac{13}{49} + \frac{10}{50} \cdot \frac{9}{49} + \frac{7}{50} \cdot \frac{6}{49} + \frac{19}{50} \cdot \frac{18}{49} \approx 0{,}268$

d) P(nicht Cola | nicht Cola) = $\frac{31}{50} \cdot \frac{30}{49} \approx 0{,}38$

e) P(Erdbeere | Orange) + P(Orange | Erdbeere) = $\frac{14}{48} \cdot \frac{6}{47} + \frac{6}{48} \cdot \frac{14}{47} \approx 0{,}0745$

170 7. **a)**

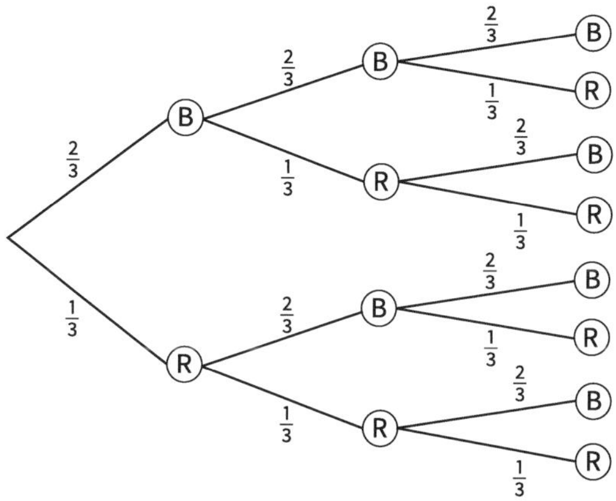

(1) P(dreimal Rot) = P(R | R | R) = $\left(\frac{1}{3}\right)^3 = \frac{1}{27}$

(2) P(dreimal dieselbe Farbe) = P(R | R | R) + P(B | B | B) = $\left(\frac{1}{3}\right)^3 + \left(\frac{2}{3}\right)^3 = \frac{1}{3}$

(3) P(zweimal Rot) = (R | R | B) + P(R | B | R) + P(B | R | R) = $3 \cdot \left(\frac{1}{3} \cdot \frac{1}{3} \cdot \frac{2}{3}\right) = \frac{6}{27}$

(4) P(öfter Rot als Blau) = P(zweimal Rot) + P(dreimal Rot) = $\frac{6}{27} + \frac{1}{27} = \frac{7}{27}$

b) –

8.

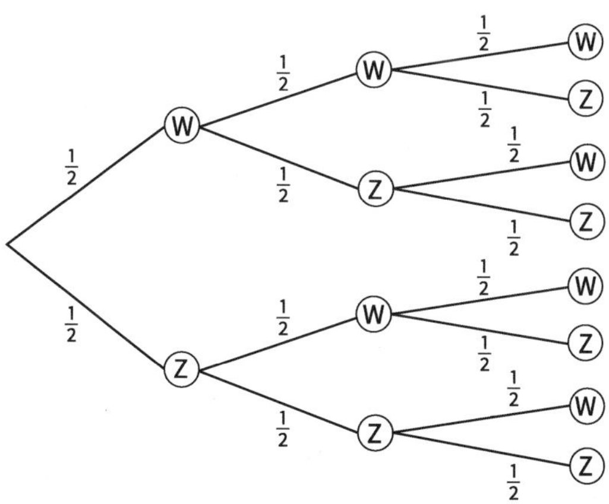

(1) P(zuerst Wappen, dann zweimal Zahl) = P(W | Z | Z) = $\frac{1}{8}$

(2) P(nicht dreimal Wappen) = 1 – P(W | W | W) = $\frac{7}{8}$

(3) P(der letzte Wurf ist Zahl) = $\frac{1}{2}$

170 8. (4) P(mindestens einmal Wappen) $= 1 - P(Z|Z|Z) = \frac{7}{8}$

(5) P(mehr Wappen als Zahl)

$= P(W|W|W) + P(W|W|Z) + P(W|Z|W) + P(Z|W|W) = \frac{1}{2}$

(6) P(gleich oft Wappen und Zahl) $= 0$

(7) P(Pasch) $= P(W|W|W) + P(Z|Z|Z) = \frac{1}{4}$

(8) P(höchstens zweimal Zahl) $= 1 - P(Z|Z|Z) = \frac{7}{8}$

(9) P(der erste Wurf ist Wappen) $= \frac{1}{2}$

(10) P(der zweite Wurf ist Zahl) $= \frac{1}{2}$

9. a) –

b)

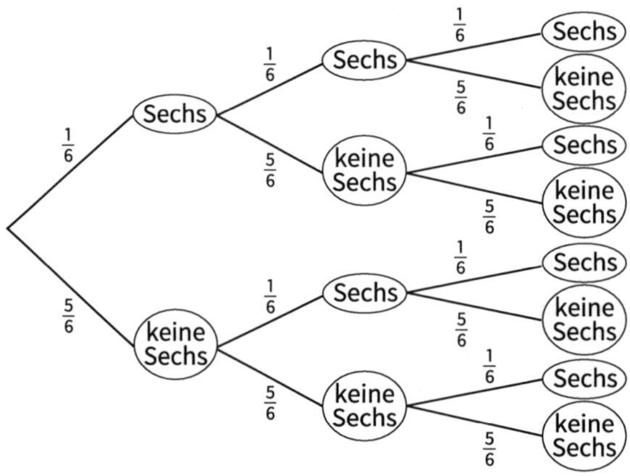

Die Wahrscheinlichkeit, nach drei Würfen noch keine Sechs gewürfelt zu haben, beträgt $P = \left(\frac{5}{6}\right)^3 \approx 0{,}579 = 57{,}9\,\%$.

Die Wahrscheinlichkeit, nach drei Würfen eine Sechs gewürfelt zu haben, beträgt $P \approx 1 - 0{,}579 = 0{,}421 = 42{,}1\,\%$).

Damit ist es wahrscheinlicher, nach drei Würfen noch keine Sechs gewürfelt zu haben.

10. a) P(höchstens zweimal 6) $= 1 -$ P(dreimal 6) $= 1 - \left(\frac{1}{6}\right)^3 \approx 99{,}54\,\%$

b) P(weniger als fünfmal Rot) $= 1 -$ P(fünfmal Rot) $= 1 - \left(\frac{1}{6}\right)^5 \approx 99{,}99\,\%$

c) P(mindestens einmal Zahl) $= 1 -$ P(viermal Wappen) $= 1 - \left(\frac{1}{2}\right)^4 = 93{,}75\,\%$

11. a) *Vermutung:* Da Peter jeweils beginnt und das Spiel beendet ist, wenn er eine 1 würfelt, hat er eine größere Gewinnchance.

b)

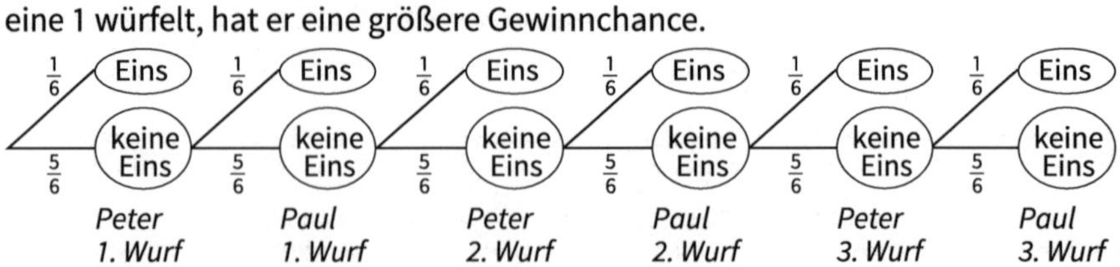

170 **11. b)** Fortsetzung

$P(\text{Peter gewinnt}) = \frac{1}{6} + \frac{5}{6} \cdot \frac{5}{6} \cdot \frac{1}{6} + \frac{5}{6} \cdot \frac{5}{6} \cdot \frac{5}{6} \cdot \frac{5}{6} \cdot \frac{1}{6} \approx 36{,}28\,\%.$

$P(\text{Paul gewinnt}) = \frac{5}{6} \cdot \frac{1}{6} + \frac{5}{6} \cdot \frac{5}{6} \cdot \frac{5}{6} \cdot \frac{1}{6} + \frac{5}{6} \cdot \frac{5}{6} \cdot \frac{5}{6} \cdot \frac{5}{6} \cdot \frac{5}{6} \cdot \frac{1}{6} \approx 33{,}23\,\%.$

c) $P(\text{keiner gewinnt}) = \left(\frac{5}{6}\right)^6 \approx 33{,}49\,\%$

Voraussichtlich müssten daher von 100 Spielen 33 bis 34 Spiele wiederholt werden, weil es keinen Sieger gibt.

12. Ja, wegen $P = \frac{1}{4} \cdot \frac{1}{3} \cdot \frac{1}{2} \cdot \frac{1}{1} = \frac{1}{24}$ hat der Moderator Recht.

171 **13. a)** $P(\text{zwei Herzkarten}) = \frac{8}{32} \cdot \frac{7}{31} = \frac{7}{124} \approx 5{,}6\,\%$

b) $P(\text{zwei gleiche Farben}) = 2 \cdot \left(\frac{16}{32} \cdot \frac{15}{31}\right) = \frac{15}{31} \approx 48{,}4\,\%$

c) $P(\text{Herz und Karo}) = \left(\frac{8}{32} \cdot \frac{8}{32}\right) \cdot 2 = \frac{2}{31} \cdot 2 = \frac{4}{31} \approx 12{,}9\,\%$

14. a) **(1)** $8 \cdot 8 = 64$. Es sind 64 Ergebnisse möglich.

(2) Es ist ein Laplace-Experiment, da jedes Kärtchen mit der gleichen Wahrscheinlichkeit gezogen wird.

(3) $P(\text{Zahl unter 20}) = \frac{8}{64} = \frac{1}{8} = 12{,}5\,\%$

b) **(1)** $8 \cdot 7 = 56$. Es sind 56 Ergebnisse möglich.

(2) Es ist immer noch ein Laplace-Experiment, da jedes Kärtchen mit der gleichen Wahrscheinlichkeit gezogen wird.

(3) $P(\text{Zahl unter 20}) = \frac{7}{56} = \frac{1}{8} = 12{,}5\,\%$

c) Man hat 28 Ergebnisse und nur ein Ereignis, eine Zahl unter 30 zu ziehen.

$P(\text{Zahl unter 30}) = 2 \cdot \left(\frac{1}{8} \cdot \frac{1}{7}\right) = \frac{1}{28} \approx 3{,}57\,\%$

15.

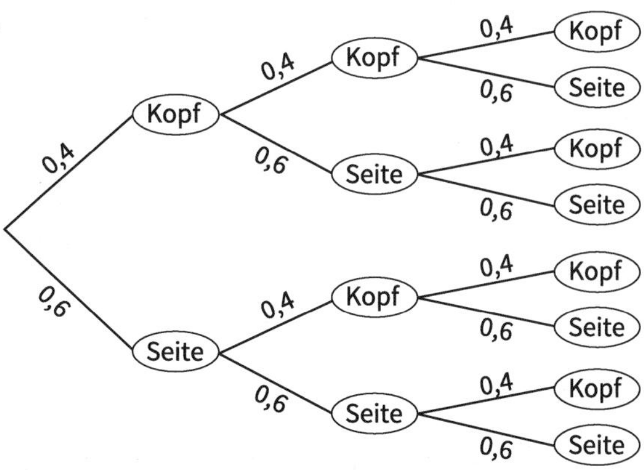

$P(\text{Kopf} \mid \text{Kopf} \mid \text{Kopf}) = 0{,}064 = 6{,}4\,\%$

$P(\text{Kopf} \mid \text{Kopf} \mid \text{Seite}) = 0{,}096 = 9{,}6\,\%$

$P(\text{Kopf} \mid \text{Seite} \mid \text{Kopf}) = 0{,}096 = 9{,}6\,\%$

$P(\text{Kopf} \mid \text{Seite} \mid \text{Seite}) = 0{,}144 = 14{,}4\,\%$

171 **15.** Fortsetzung

P (Seite | Kopf | Kopf) = 0,096 = 9,6 %
P (Seite | Kopf | Seite) = 0,144 = 14,4 %
P (Seite | Seite | Kopf) = 0,144 = 14,4 %
P (Seite | Seite | Seite) = 0,216 = 21,6 %

a) P (Kopf | Seite | Seite) = 0,4 · 0,6 · 0,6 = 14,4 %
b) P (Kopf öfter als Seite) = 6,4 % + 9,6 % + 9,6 % + 9,6 % = 35,2 %
c) P (nur Kopf) = 6,4 %
P (nur Seite) = 21,6 %
P (nur Kopf oder nur Seite) = 6,4 % + 21,6 % = 28 %

16. a) P (Heinrich-Heine-Gymnasium wird an die Stelle A2 gelost) = $\frac{1}{2} \cdot \frac{1}{2} = \frac{1}{4}$
b) P (Heinrich-Heine-Gymnasium wird an die Stelle B4 gelost) = $\frac{1}{2} \cdot \frac{1}{3} = \frac{1}{6}$

172 **17. a)** Die jeweiligen Wahrscheinlichkeiten zeigt die folgende Tabelle:

	Ampel 1	Ampel 2	Ampel 3
Rot	66,67 %	75 %	40 %
Grün	33,33 %	25 %	60 %

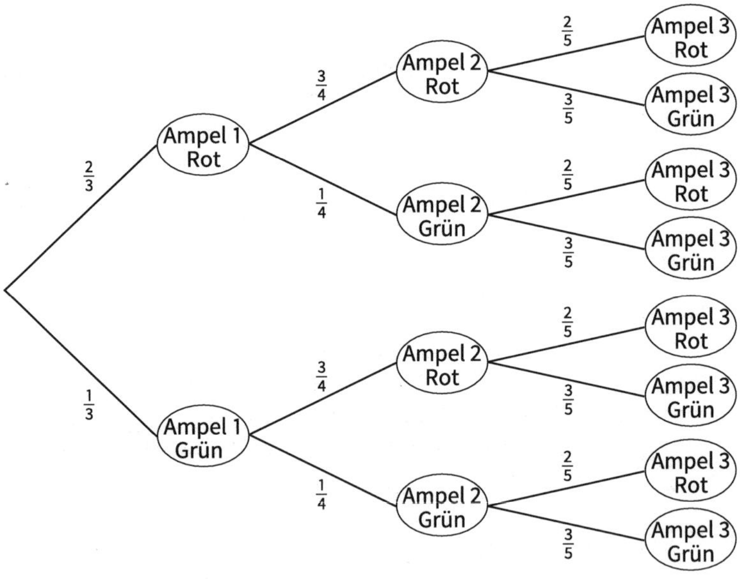

b) $P(R|R|R) = \frac{2}{3} \cdot \frac{3}{4} \cdot \frac{2}{5} = 0{,}2 = 20\,\%$
c) $P(G|G|G) = \frac{1}{3} \cdot \frac{1}{4} \cdot \frac{3}{5} = 0{,}05 = 5\,\%$
d) P (mindestens eine Ampel Rot) = 1 – P (G | G | G) = 1 – 0,05 = 0,95 = 95 %
e) P (eine Ampel Rot) = P (R | G | G) + P (G | R | G) + P (G | G | R)
$= \frac{2}{3} \cdot \frac{1}{4} \cdot \frac{3}{5} + \frac{1}{3} \cdot \frac{3}{4} \cdot \frac{3}{5} + \frac{1}{3} \cdot \frac{1}{4} \cdot \frac{2}{5} \approx 0{,}283 = 28{,}3\,\%$

172 **18. a)** Er kann keinen Chip besitzen, wenn er beide Spiele verliert. Wenn er ein Spiel gewinnt und eins verliert, kann er zwei Chips besitzen. Vier Chips kann er bei Gewinn beider Spiele besitzen.

b) $P(0\text{ Chips}) = \frac{19}{37} \cdot \frac{19}{37} = \frac{361}{1369} \approx 0{,}2637 = 26{,}37\,\%$

$P(2\text{ Chips}) = \frac{18}{37} \cdot \frac{19}{37} + \frac{19}{37} \cdot \frac{18}{37} = \frac{684}{1369} \approx 0{,}4996 = 49{,}96\,\%$

$P(4\text{ Chips}) = \frac{18}{37} \cdot \frac{18}{37} = \frac{324}{1369} \approx 0{,}2367 = 23{,}67\,\%$

c) Wirklich „gewonnen" hat Luiz nur, wenn er 4 Chips in der Hand hält, bei zwei Chips hat weder er noch die Bank gewonnen. Vergleicht man nun echten Gewinn $P = 0{,}2367$ mit echtem Verlust $P = 0{,}2637$, ist die Wahrscheinlichkeit des Verlustes, d. h. des Gewinns der Bank, höher. Der Grund hierfür ist die „Null"; das Feld ist grün. Bei „Null" gewinnt die Bank und kein Spieler. Daher gewinnt auf Dauer immer die Bank.

19. a) P(beide Pumpen fallen gleichzeitig aus)
$= 0{,}001 \cdot 0{,}001 = 0{,}000001 = 0{,}0001\,\%$

b) P(korrektes Abpumpen) $= 1 - 0{,}000001 = 0{,}999999 = 99{,}9999\,\%$

c) P(beide Pumpen fallen gleichzeitig aus)
$= 0{,}001 \cdot 0{,}0001 = 0{,}0000001 = 0{,}00001\,\%$
P(korrektes Abpumpen) $= 1 - 0{,}0000001 = 0{,}9999999 = 99{,}99999\,\%$
Der Wert für die einwandfreie Funktion steigt dann von 99,9999 % auf 99,99999 %.

Im Blickpunkt: Klassische Probleme aus der Geschichte der Wahrscheinlichkeitsrechnung

173 **1.** $P(E_1) = \left(\frac{5}{6}\right)^4 = 0{,}482 \quad P(\overline{E})_1 = 0{,}518$

$P(E_2) = \left(\frac{35}{36}\right)^{24} = 0{,}509 \quad P(\overline{E})_2 = 0{,}491$

P(mindestens eine Sechs in 4 Würfen) = 0,518
P(mindestens ein Sechser-Pasch in 24 Würfen) = 0,491
Wegen $0{,}518 > 0{,}491$ lohnt es sich eher, darauf zu wetten, dass beim 4-fachen Würfeln mindestens eine Sechs fällt.

2. Das Ereignis „eine Sechs in 3 Würfen" bedeutet:
E: „**mindestens** eine Sechs in 3 Würfen"
Gegenereignis: $\overline{E}$: „keine Sechs in 3 Würfen"
$P(\overline{E}) = \left(\frac{5}{6}\right)^3 = 0{,}579$, also $P(E) = 0{,}421$.
Es lohnt sich nicht, auf das Ereignis zu wetten, da die Wahrscheinlichkeit unter 50 % liegt.

173 **3.** **a)** Das Baumdiagramm beschreibt die möglichen Spielstände für die ausstehenden Runden.

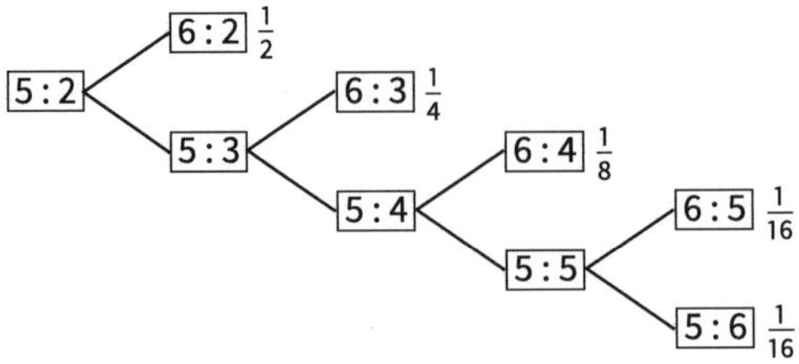

P (der führende Spieler gewinnt) $= \frac{15}{16}$

P (der zurückliegende Spieler gewinnt) $= \frac{1}{16}$

b) Dazu wird der Erwartungswert berechnet:

$E = \frac{1}{2} \cdot 1 + \frac{1}{4} \cdot 2 + \frac{1}{8} \cdot 3 + 2 \cdot \frac{1}{16} \cdot 4 = 1{,}875.$

Im Mittel muss man die gerundet noch zwei Mal (exakt 1,875 Mal) werfen, um das unterbrochene Spiel zu Ende zu bringen.

174 **4.** Zur Augensumme 7 gehören die Ergebnisse $E_7 = \{16, 25, 34, 43, 52, 61\}$, also $P(E_7) = \frac{6}{36}$ entsprechend.

$E_{11} = \{56, 65\}$, also $P(E_1)_1 = \frac{2}{36}$

$E_{12} = \{66\}$, also $P(E_{12}) = \frac{1}{36}$

Augensumme	2	3	4	5	6	7	8	9	10	11	12
Wahrscheinlichkeit	$\frac{1}{36}$	$\frac{2}{36}$	$\frac{3}{36}$	$\frac{4}{36}$	$\frac{5}{36}$	$\frac{6}{36}$	$\frac{5}{36}$	$\frac{4}{36}$	$\frac{3}{36}$	$\frac{2}{36}$	$\frac{1}{36}$

5. $E_9 = \{126, 135, 144, 153, 162, 216, 225, 234, 243, 252, 261, 315, 324, 333, 342, 351, 414, 423, 432, 441, 513, 522, 531, 612, 621\}$

$P(E_9) = \frac{25}{216}$

$E_{10} = \{136, 145, 154, 163, 226, 235, 244, 253, 262, 316, 325, 334, 343, 352, 361, 415, 424, 433, 442, 451, 514, 523, 532, 541, 613, 622, 631\}$

$P(E_{10}) = \frac{27}{216}$

Man erhält beim Werfen mit drei Würfeln häufiger die Augensumme 10 als die Augensumme 9.

6. 32 Karten: $\frac{8}{32} \cdot \frac{8}{31} \cdot \frac{8}{30} \cdot \frac{8}{29}$ ist die Wahrscheinlichkeit für eine bestimmte Reihenfolge, z. B. Kreuz – Pik – Herz – Karo

Es gibt 24 verschiedene Reihenfolgen, daher hat das gesuchte Ereignis die Wahrscheinlichkeit $24 \cdot \frac{8^4}{32 \cdot 31 \cdot 30 \cdot 29} = 0{,}114$

Damit die Wette fair ist, müssen die Gewinnerwartungswerte gleich sein. Wenn x_B der Einsatz von B ist, dann muss also für den Einsatz x_A von A gelten:

174 **6.** Fortsetzung

$0{,}114\,x_B = 0{,}886\,x_A$

$x_B = \frac{0{,}886}{0{,}114}\,x_A.$

Beispiel: Bei einem Einsatz von $x_A = 1$ € ergibt sich $x_B \approx 7{,}77$ €.

Da der Quotient $\frac{0{,}886}{0{,}114} \approx 7{,}77$ stets konstant ist, muss Spieler B stets etwa 7,77-mal so viel setzen wie Spieler A.

7. *3 Karten:*

Mögliche Reihenfolgen: 123, 132, 213, **231**, **312**, 321
(unterstrichene Zahlen: Nummer der Ziehung stimmt mit der Nummer auf der Karte überein.)
Fett gedruckte Zahlen: Es gibt keine Übereinstimmungen.)
In zwei von sechs Fällen gibt es keine Übereinstimmung, d. h. die Wahrscheinlichkeit beträgt $\frac{1}{3}$.
In drei von sechs Fällen gibt es bei einer Karte eine Übereinstimmung, d. h. die Wahrscheinlichkeit dafür beträgt $\frac{1}{2}$. Die Wahrscheinlichkeit, dass es bei genau zwei Karten eine Übereinstimmung gibt, beträgt 0 %. Für eine Übereinstimmung bei allen drei Karten beträgt die Wahrscheinlichkeit $\frac{1}{6}$, da es nur einen solchen Fall gibt.

4 Karten:

Mögliche Reihenfolgen: 1234, 1243, 1324, 1342, 1423, 1432, 2134, **2143**, 2314, **2341**, **2413**, 2431, 3124, **3142**, 3214, 3241, **3412**, **3421**, **4123**, 4132, 4213, 4231, **4312**, **4321**
In neun von 24 Fällen gibt es keine Übereinstimmung, d. h. die Wahrscheinlichkeit beträgt $\frac{9}{24} = \frac{3}{8}$.
In neun von 24 Fällen gibt es eine Übereinstimmung, d. h. die Wahrscheinlichkeit beträgt $\frac{9}{24} = \frac{3}{8}$.
In fünf von 24 Fällen gibt es zwei Übereinstimmungen, d. h. die Wahrscheinlichkeit beträgt $\frac{5}{24}$.
In keinem von 24 Fällen gibt es genau drei Übereinstimmungen, d. h. die Wahrscheinlichkeit hierfür beträgt 0 %.
In einem von 24 Fällen gibt es genau vier Übereinstimmungen, d. h. die Wahrscheinlichkeit beträgt $\frac{1}{24}$.

8. (1)

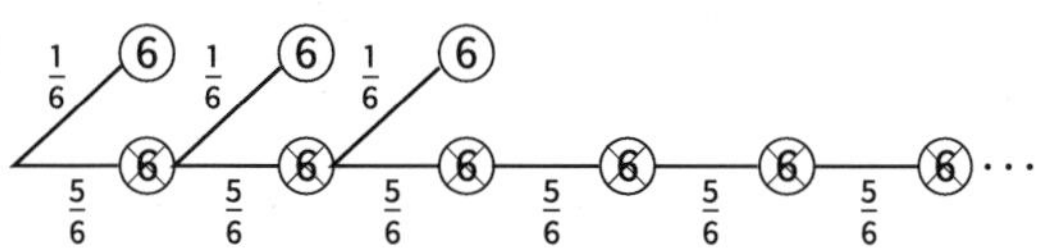

Bedeutet Augenzahl 6 im 9. Wurf

$$P(\text{A gewinnt}) = \underset{[1]}{\frac{1}{6}} + \underset{[3]}{\left(\frac{5}{6}\right)^2 \cdot \frac{1}{6}} + \underset{[5]}{\left(\frac{5}{6}\right)^4 \cdot \frac{1}{6}} + \underset{[7]}{\left(\frac{5}{6}\right)^6 \cdot \frac{1}{6}} + \underset{[9]}{\left(\frac{5}{6}\right)^8 \cdot \frac{1}{6}} \approx 0{,}457$$

$$P(\text{B gewinnt}) = \underset{[2]}{\left(\frac{5}{6}\right) \cdot \frac{1}{6}} + \underset{[4]}{\left(\frac{5}{6}\right)^3 \cdot \frac{1}{6}} + \underset{[6]}{\left(\frac{5}{6}\right)^5 \cdot \frac{1}{6}} + \underset{[8]}{\left(\frac{5}{6}\right)^7 \cdot \frac{1}{6}} + \underset{[10]}{\left(\frac{5}{6}\right)^9 \cdot \frac{1}{6}} \approx 0{,}381$$

$$P(\text{keiner gewinnt}) = 1 - P(\text{A gewinnt}) - P(\text{B gewinnt}) \approx 0{,}162$$

174 8. (2)

$$P(\text{A gewinnt}) = \overset{\boxed{1}}{\frac{1}{6}} + \overset{\boxed{3}}{\left(\frac{5}{6}\right)^2 \cdot \frac{1}{6}} + \overset{\boxed{4}}{\left(\frac{5}{6}\right)^3 \cdot \frac{1}{6}} + \overset{\boxed{7}}{\left(\frac{5}{6}\right)^6 \cdot \frac{1}{6}} + \overset{\boxed{8}}{\left(\frac{5}{6}\right)^7 \cdot \frac{1}{6}} + \overset{\boxed{9}}{\left(\frac{5}{6}\right)^8 \cdot \frac{1}{6}} \approx 0{,}520$$

$$P(\text{B gewinnt}) = \overset{\boxed{2}}{\left(\frac{5}{6}\right) \cdot \frac{1}{6}} + \overset{\boxed{5}}{\left(\frac{5}{6}\right)^4 \cdot \frac{1}{6}} + \overset{\boxed{6}}{\left(\frac{5}{6}\right)^5 \cdot \frac{1}{6}} + \overset{\boxed{10}}{\left(\frac{5}{6}\right)^9 \cdot \frac{1}{6}} \approx 0{,}318$$

$P(\text{keiner gewinnt}) \approx 0{,}162$

(3)

$$P(\text{A gewinnt}) = \overset{\boxed{1}}{\frac{1}{6}} + \overset{\boxed{4}}{\left(\frac{5}{6}\right)^3 \cdot \frac{1}{6}} + \overset{\boxed{5}}{\left(\frac{5}{6}\right)^4 \cdot \frac{1}{6}} + \overset{\boxed{6}}{\left(\frac{5}{6}\right)^5 \cdot \frac{1}{6}} \approx 0{,}410$$

$$P(\text{B gewinnt}) = \overset{\boxed{2}}{\left(\frac{5}{6}\right) \cdot \frac{1}{6}} + \overset{\boxed{3}}{\left(\frac{5}{6}\right)^2 \cdot \frac{1}{6}} + \overset{\boxed{7}}{\left(\frac{5}{6}\right)^6 \cdot \frac{1}{6}} + \overset{\boxed{8}}{\left(\frac{5}{6}\right)^7 \cdot \frac{1}{6}} \cdot \overset{\boxed{9}}{\left(\frac{5}{6}\right)^8 \cdot \frac{1}{6}} + \overset{\boxed{10}}{\left(\frac{5}{6}\right)^9 \cdot \frac{1}{6}} \approx 0{,}428$$

$P(\text{keiner gewinnt}) \approx 0{,}162$

4.3 Bestimmen von Wahrscheinlichkeiten durch Simulation

175 **Einstieg:**

Die Wahrscheinlichkeit für das Würfeln einer bestimmten Zahl beim Dodekaeder ist $P = \frac{1}{12}$.

Leo: Die Zahlen 1 bis 12 werden mit unterschiedlichen Wahrscheinlichkeiten gewürfelt:

$P(1) = 0$	$P(5) = \frac{4}{36} = \frac{1}{9} \approx 0{,}11$	$P(9) = \frac{4}{36} = \frac{1}{9} \approx 0{,}11$
$P(2) = \frac{1}{36} \approx 0{,}03$	$P(6) = \frac{5}{36} \approx 0{,}14$	$P(10) = \frac{3}{36} = \frac{1}{12} \approx 0{,}08$
$P(3) = \frac{2}{36} = \frac{1}{18} \approx 0{,}06$	$P(7) = \frac{6}{36} = \frac{1}{6} \approx 0{,}17$	$P(11) = \frac{2}{36} = \frac{1}{18} \approx 0{,}06$
$P(4) = \frac{3}{36} = \frac{1}{12} \approx 0{,}08$	$P(8) = \frac{5}{36} \approx 0{,}14$	$P(12) = \frac{1}{36} \approx 0{,}03$

Mara: Die Wahrscheinlichkeit für das Erscheinen einer bestimmten Zahl ist beim Glücksrad wie beim Dodekaeder $P = \frac{1}{12}$.

Lukas: Die Zahlen 1 bis 12 treten mit unterschiedlichen Wahrscheinlichkeiten auf.

$P(1) = \frac{1}{12} \approx 0{,}08$	$P(5) = \frac{1}{12} \approx 0{,}08$	$P(9) = 0$
$P(2) = \frac{2}{12} = \frac{1}{6} \approx 0{,}17$	$P(6) = \frac{2}{12} = \frac{1}{6} \approx 0{,}17$	$P(10) = \frac{1}{12} \approx 0{,}08$
$P(3) = \frac{1}{12} \approx 0{,}08$	$P(7) = 0$	$P(11) = 0$
$P(4) = \frac{2}{12} = \frac{1}{6} \approx 0{,}17$	$P(8) = \frac{1}{12} \approx 0{,}08$	$P(12) = \frac{1}{12} \approx 0{,}08$

176 1. –

177 2. Der Taschenrechner kann Zufallszahlen von 1 bis 4 erzeugen.

177 **3.** Man kann die Zufallszahlen selbst erzeugen, z. B. mit einem Oktaeder.

4. Das Glücksrad hat 8 gleich große Felder, von denen vier blau, drei rot und ein Feld gelb gefärbt sind.
Man kann z. B. einen Hexaeder nehmen. Die Augen 1, 2, 3, 4 bedeuten „blaues Feld“, die Augen 5, 6, 7 bedeuten „rotes Feld“ und 8 bedeutet „gelbes Feld“.
Man kann auch eine Münze und einen Tetraeder nehmen. Wappen bedeutet „blaues Feld“, Zahl bedeutet „kein blaues Feld“. Bei Zahl muss man noch mit dem Tetraeder würfeln. 1, 2, 3 bedeutet „rotes Feld“, 4 bedeutet „gelbes Feld“.

5. Nach dem Kauf von 12 Packungen erhält man folgende (theoretischen) Wahrscheinlichkeiten für die Anzahl der verschiedenen Bilder:

Anzahl der verschiedenen Bilder	1	2	3	4	5	6	7	8
Wahrscheinlichkeit	0,00	0,00	0,00	0,01	0,13	0,39	0,37	0,09

4.4 Simulation bei mehrstufigen Zufallsexperimenten

179 **1.** **a)** P (fünfmal Zahl) = 3,125 %
b) P (viermal Zahl) = 15,625 %
c) P (zweimal Zahl) = 31,25 %
d) P (dreimal Zahl) = 31,25 %
e) P (einmal Zahl) = 15,625 %
f) P (keinmal Zahl) = 3,125 %

2. **a)** P (einmal Sechs) ≈ 40,19 %
b) P (dreimal Sechs) ≈ 3,22 %
c) P (mehr als dreimal Sechs) ≈ 0,33 %
d) P (verschiedene Augenzahlen) $\approx \frac{6}{6} \cdot \frac{5}{6} \cdot \frac{4}{6} \cdot \frac{3}{6} \cdot \frac{2}{6} \approx 9{,}26\,\%$
e) P (mindestens einmal Sechs) ≈ 59,81 %
f) P (keine Drei) ≈ 40,19 %

3. **a)** *Vermutung:* Die Gewinnchance ist größer, wenn man die Tasse wechselt.
b) –
c) Das Auto kann hinter einem der drei Tore stehen. Der Kandidat hat also drei Möglichkeiten. Der Moderator weiß, hinter welchem Tor das Auto steht. Wählt der Kandidat das Tor mit dem Auto, so kann der Moderator eines der beiden anderen Tore wählen, hat also zwei Möglichkeiten, ein Tor zu öffnen. Wählt der Kandidat ein Tor ohne Auto, dann kann der Moderator nur das andere Tor ohne Auto öffnen, hat also nur eine Möglichkeit, ein Tor zu öffnen. Der Kandidat kann anschließend dann wieder zwischen den beiden noch verschlossenen Toren wählen.

179 **3. c)** Fortsetzung

Man erhält das folgende Baumdiagramm mit den angegebenen Wahrscheinlichkeiten. Die Wahrscheinlichkeiten sind angegeben und die Gewinnwahrscheinlichkeiten fetter gedruckt. Außerdem ist bei den Gewinnen angegeben, ob gewechselt wurde oder nicht.

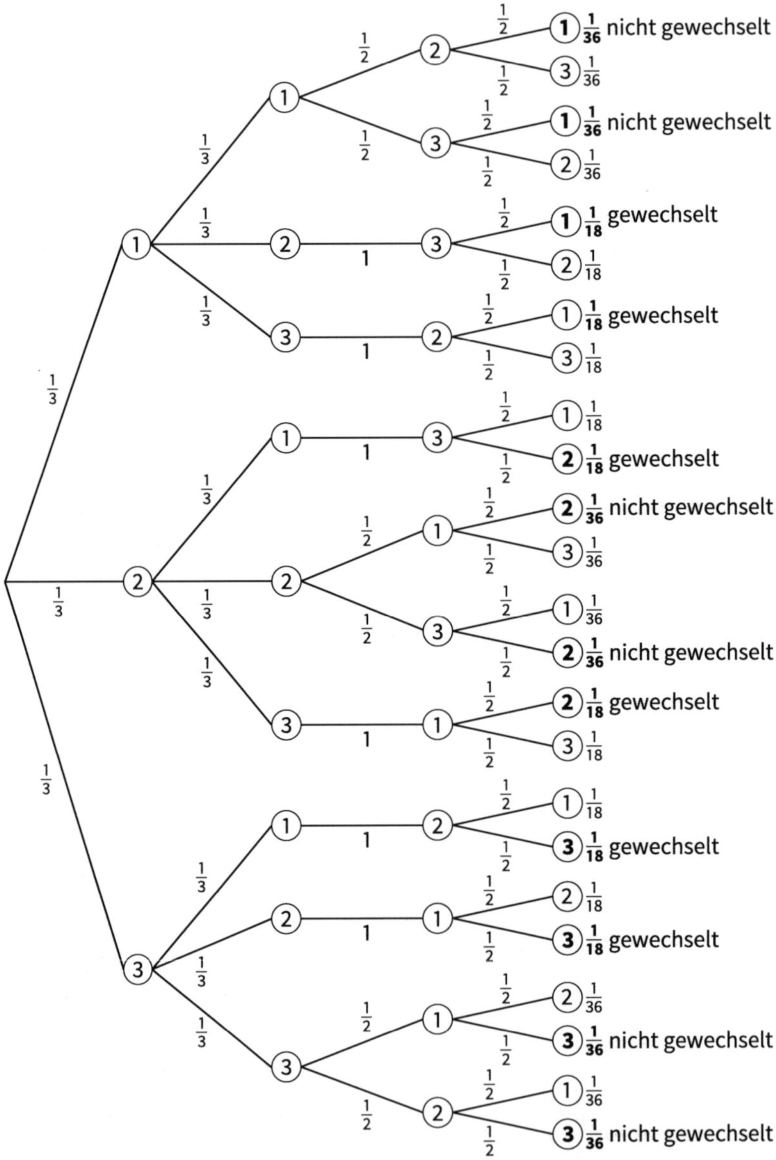

Die Gewinnchance von vorher $\frac{1}{3}$ wird durch den Wechsel auf $\frac{2}{3}$ verdoppelt. Nur der Zeitungsartikel mit der Überschrift „Der Kandidat sollte in jedem Fall wechseln" ist daher ein inhaltlich korrekter Artikel, der andere hingegen nicht.

4.5 Darstellung von Daten in Vierfeldertafeln

180 **Einstieg:**

Wir können die gegebenen Daten in eine Tabelle eintragen (hier fette Schrift). Die Daten in den anderen Feldern können wir nun berechnen.

101 – 14 = 87; 36 – 3 = 33; 87 + 33 = 120; 14 + 3 = 17; 101 + 36 = 120 + 17 = 137

	Männer	Frauen	gesamt
Geschwindigkeit eingehalten	87	33	120
Geschwindigkeit überschritten	**14**	**3**	17
gesamt	**101**	**36**	137

Man kann nun z. B. ablesen:

87 Männer und 33 Frauen haben die Geschwindigkeit eingehalten, insgesamt 120 Personen, 17 Personen von insgesamt 137 Personen haben die Geschwindigkeit überschritten.

Man könnte auch jeweils Prozentsätze angeben.

181 **2.**

Rheinland-Pfalz		Staatsbürgerschaft		gesamt
		deutsch	andere	
Schulform	Gymnasium	41,3 %	3,2 %	44,5 %
	andere	44 %	11,5 %	55,5 %
gesamt		85,5 %	14,7 %	100 %

3.

	Mädchen	Jungen	gesamt
Schulort	167	159	326
woanders	166	219	385
gesamt	333	378	711

Man kann z. B. folgende Angaben erschließen:

166 Mädchen und 219 Jungen wohnen woanders, insgesamt 385 Kinder.

Es sind insgesamt 711 Kinder, 326 davon wohnen im Schulort.

4.

		Beschichtung		gesamt
		Silber	Gold	
Qualität	fehlerhaft	15	9	24
	in Ordnung	217	158	375
gesamt		232	167	399

182 **5. a)**

Ernährungsverhalten in einer Schule		vegetarisch		gesund
		ja	nein	
Geschlecht	männlich	13	601	614
	weiblich	34	532	566
gesamt		47	1 133	1 180

182 5. b) –
c) –

6. (1)

Schwimmen	m	w	gesamt
J	17	12	29
E	0	34	34
gesamt	17	46	63

(2)

Rudern	m	w	gesamt
J	31	14	45
E	7	21	28
gesamt	38	35	73

(3)

Tennis	m	w	gesamt
J	0,26	0,12	0,38
E	−0,02	0,64	0,62
gesamt	0,24	0,76	1

Die Vervollständigung dieser Vierfeldertafel ist nicht möglich, da der Prozentsatz für männliche Erwachsene negativ wird.

(4) Die Vervollständigung der Vierfeldertafel ist nicht möglich, da man aus den gegebenen Prozentsätzen nur den Prozentsatz für die weiblichen Jugendlichen berechnen kann.

7. a) 3 Angaben
b) 3 Angaben, wenn sie nicht in einer Spalte oder Zeile liegen, sonst 4 Angaben.

8. a) Man kann zunächst nur einen Teil der Vierfeldertafel ausfüllen. Dafür bezeichnen wir den Anteil der männlichen Einwohner mit m und den Anteil der weiblichen Einwohner mit w.

	männlich	weiblich	gesamt
unter 16 Jahren	$14{,}6\,\% \cdot m$	$13{,}3\,\% \cdot w$	13,9 %
16 Jahre und älter			86,1 %
gesamt	$m = 1 - w$	w	100 %

Damit ergibt sich aus der ersten Zeile der Tabelle die Gleichung:
$14{,}6\,\% \cdot m + 13{,}3\,\% \cdot w = 13{,}9\,\%$
Wegen $m = 1 - w$ folgt daraus
$14{,}6\,\% \cdot (1 - w) + 13{,}3\,\% \cdot w = 13{,}9\,\%$, also $w \approx 53{,}8\,\%$
Damit kann man nun die gesamte Tabelle ausfüllen.

	männlich	weiblich	gesamt
unter 16 Jahren	6,7 %	7,2 %	13,9 %
16 Jahre und älter	39,5 %	46,6 %	86,1 %
gesamt	46,2 %	53,8 %	100 %

182 **8.** **a)** Fortsetzung

Hier nun die absoluten Zahlen.

	männlich	weiblich	gesamt
unter 16 Jahren	268 670	288 720	557 390
16 Jahre und älter	1 583 950	1 868 660	3 452 610
gesamt	1 852620	2 157 300	4 010 000

Da die prozentualen Häufigkeiten gerundet wurden, erhält man bei einer Rechnung (Gleichung) mit den absoluten Anzahlen geringfügige Abweichungen.

b)

	männlich	weiblich	gesamt
deutsche Staatsangehörigkeit	45,4 %	47,8 %	93,2 %
ausländische Staatsangehörigkeit	3,5 %	3,3 %	6,8 %
gesamt	48,9 %	51,1 %	100 %

	männlich	weiblich	gesamt
deutsche Staatsangehörigkeit	1 811 460	1 907 220	3 718 680
ausländische Staatsangehörigkeit	139 650	131 670	271 320
gesamt	1 951 110	2 038 890	3 990 000

4.6 Vierfeldertafeln und Zufallsexperimente

183 **Einstieg:**

Von den bis 24-jährigen Personen mit Punkten in Flensburg, sind 74,5 % männlich und 25,5 % weiblich.

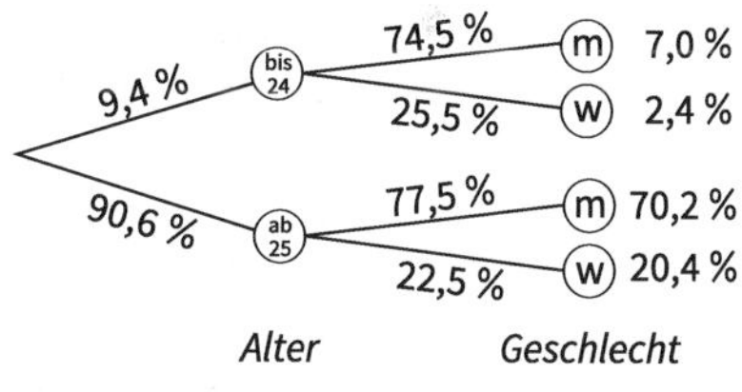

Von allen männlichen Personen mit Punkten in Flensburg sind 90,9 % ältere Personen ab 25.

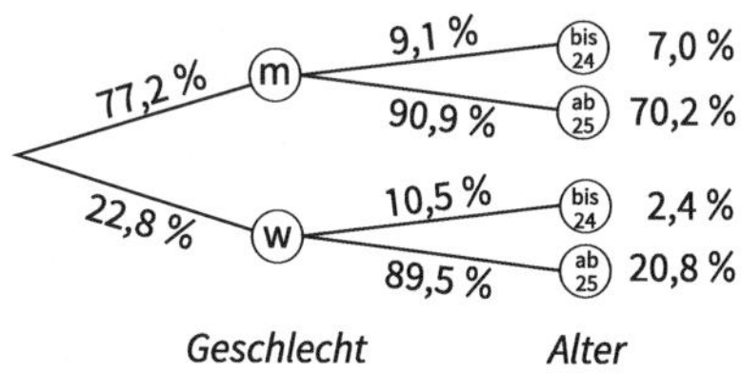

185 **2.** **a)**

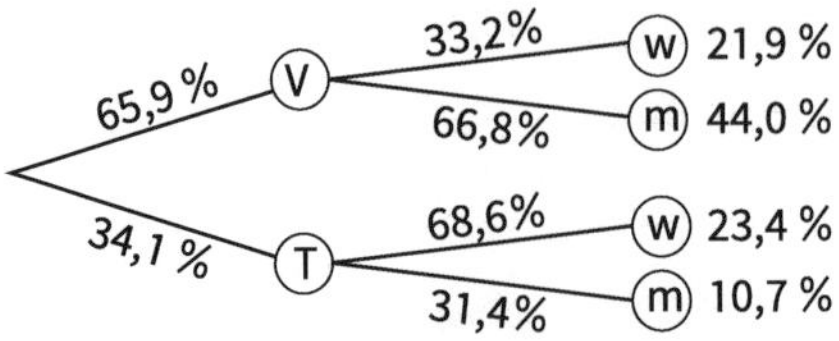

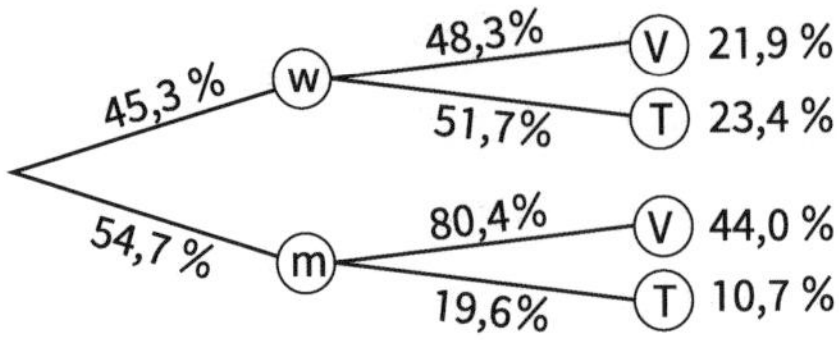

b) Zeitungsartikel, zum Beispiel:
Schon 24,3 % der Berufstätigen haben einen Teilzeitjob. Mit 68,6 % bleibt der Frauenanteil nach wie vor hoch. Nur 32,2 % der Berufstätigen mit Vollzeitjob sind weiblich.

3.

	unter 55 Jahre	mindestens 55 Jahre	gesamt
weiblich	26,7 %	24,3 %	51,0 %
männlich	18,4 %	30,6 %	49,0 %
gesamt	45,1 %	54,9 %	100 %

186 **4.** Baumdiagramm zum ersten Zeitungsartikel:

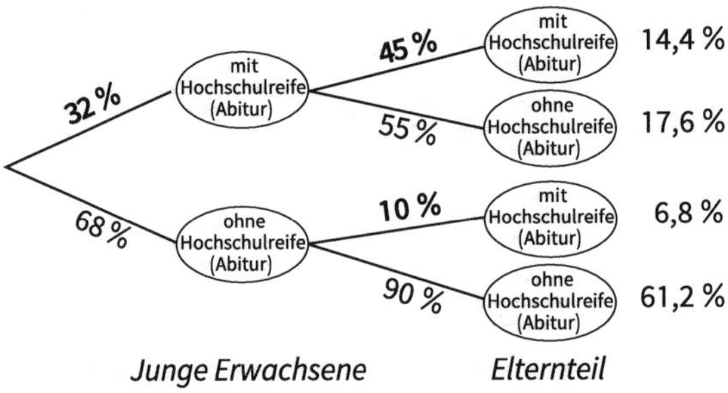

Baumdiagramm zum zweiten Zeitungsartikel:

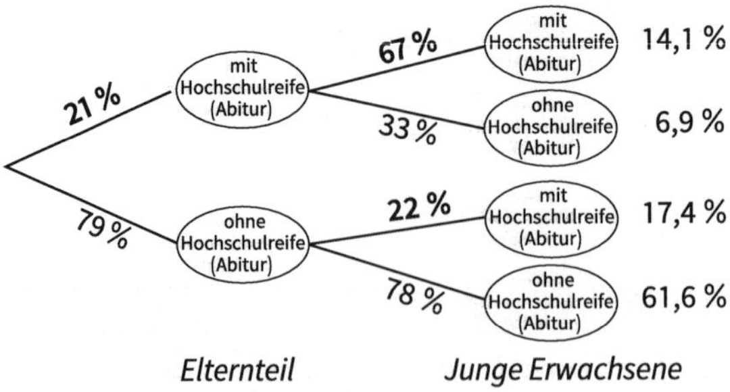

Die Werte stimmen ungefähr überein. Die Abweichungen können durch Rundungsfehler entstanden sein. Der Artikel der Absolventen mit Hochschulreife ist größer geworden.

186 **5.** Baumdiagramm zum ersten Zeitungsartikel:

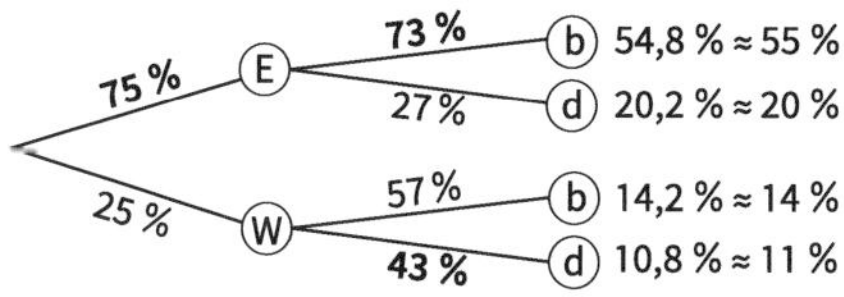

Baumdiagramm zum zweiten Zeitungsartikel:

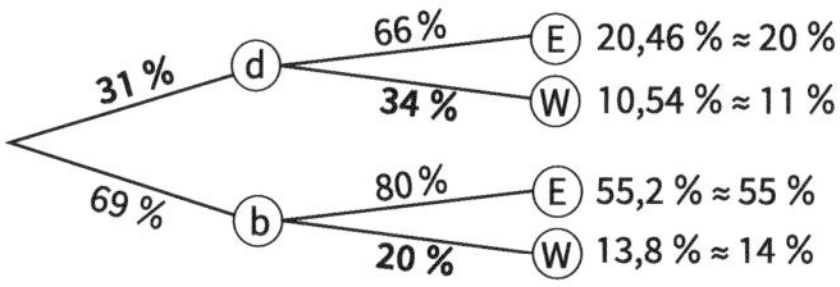

Zu beiden Baumdiagrammen gehört folgende Vierfeldertafel:

theoretische Führerscheinprüfung	bestanden	durchgefallen	gesamt
Erstmeldung	54,8 %	20,2 %	75 %
Wiederholungsprüfung	14,2 %	10,8 %	25 %
gesamt	69 %	31 %	100 %

6. Wir erhalten zunächst die Vierfeldertafel mit relativen Häufigkeiten.

Kfz-Neuzulassungen 2015	Euro 5	Euro 6	gesamt
Benzin-Motor	12,2 %	38,9 %	51,1 %
Diesel-Motor	14,2 %	34,7 %	48,9 %
gesamt	26,4 %	73,6 %	100 %

a) 38,9 %

b) 51,1 %

c) $\frac{38{,}9\,\%}{51{,}1\,\%} \approx 76{,}1\,\%$

d) $\frac{38{,}9\,\%}{73{,}6\,\%} \approx 52{,}9\,\%$

4.7 Umkehren von Baumdiagrammen

187 **Einstieg:**

a)

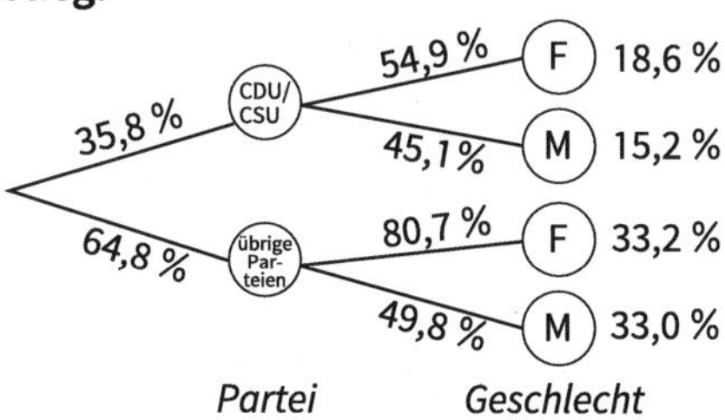

b)

	Frauen	Männer	gesamt
CDU/CSU	18,6 %	15,2 %	33,8 %
übrige Parteien	33,2 %	33,0 %	66,2 %
gesamt	51,8 %	48,2 %	100 %

187 **Einstieg:** Fortsetzung

c)

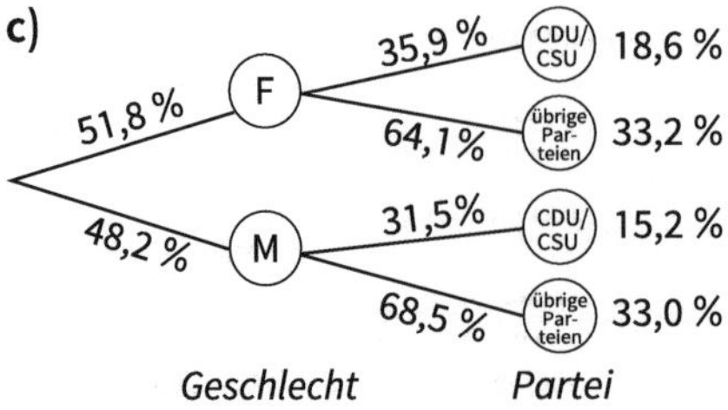

Zum Beispiel: 33,9 % der Frauen wählten die CDU/CSU, während es bei den Männern nur 31,5 % waren.

189 **2.** Anteil der unter 30-jährigen, die Partei A gewählt haben: $\frac{0{,}045}{0{,}18} = 0{,}25 = 25\,\%$

Anteil der Wähler von Partei A, die unter 30 sind: $\frac{0{,}045}{0{,}12}$

Die zweite Schlagzeile stimmt.

190 **3. a)**

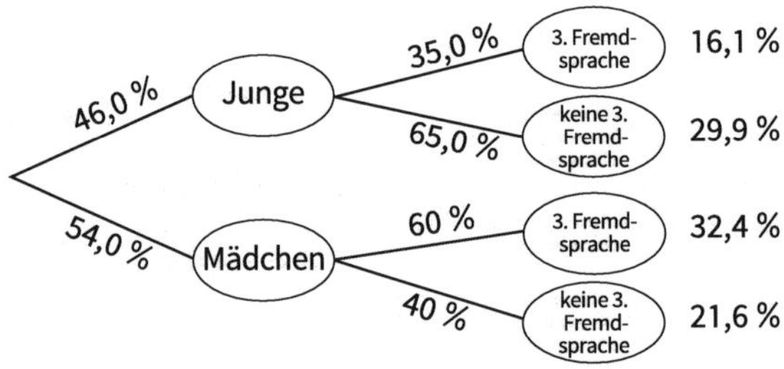

		Fremdsprache ja	Fremdsprache nein	gesamt
Geschlecht	Junge	16,1 %	29,9 %	46,0 %
	Mädchen	32,4 %	21,6 %	54,0 %
gesamt		48,5 %	51,5 %	100 %

b) Wir zeichnen zunächst das zweite Baumdiagramm:

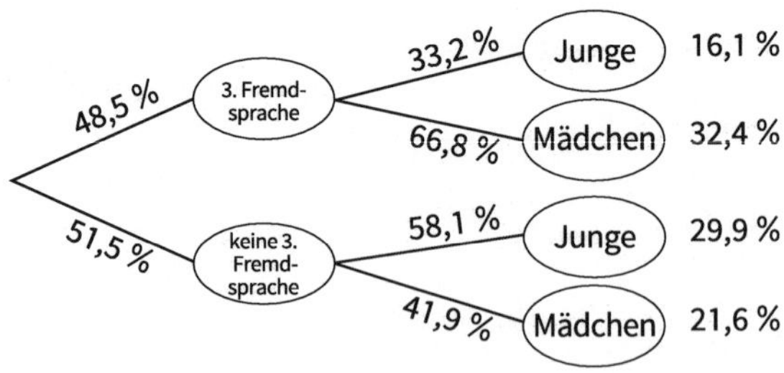

(1) P (Teilnehmer am Unterricht in einer 3. Fremdsprache ist ein Junge) = 33,2 %

P (Teilnehmer am Unterricht in einer 3. Fremdsprache ist ein Mädchen) = 33,2 %

(2) P (lernt keine 3. Fremdsprache und ist Junge) = 58,1 %

P (lernt keine 3. Fremdsprache und ist Mädchen) = 41,9 %

190 **4. a)** 30 % falsch-negative Befunde bedeutet, dass von den Tuberkulose-Kranken 30 % bei der Reihenuntersuchung einen negativen Befund erhalten, d. h. ihre Krankheit wird nicht entdeckt.
2 % falsch-positive Befunde bedeutet, dass 2 % der Untersuchten trotz eines positiven Befundes gesund sind.

b)

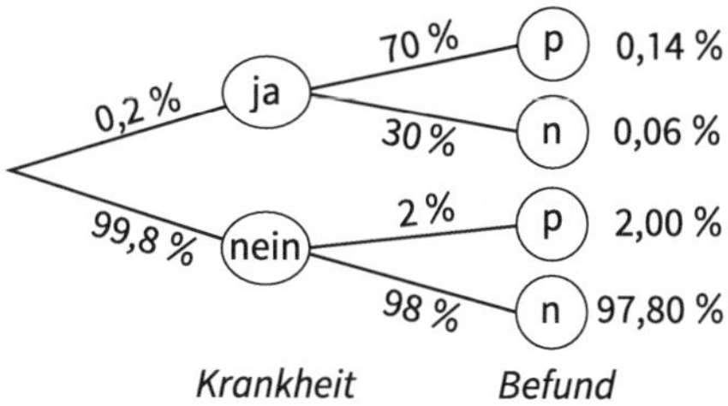

c)

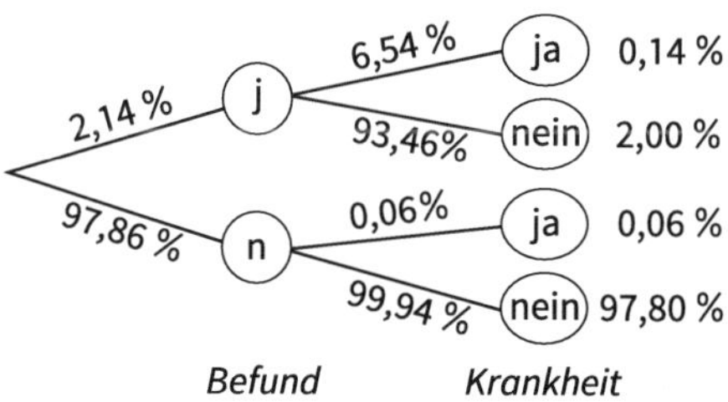

Zum Beispiel: Nur 6,5 % aller positiven Befunde bedeutet, dass der Untersuchte wirklich krank ist. Von den negativen Befunden sind nur 0,06 % falsch.

5. Aus dem umgekehrten Baumdiagramm lässt sich ablesen:
Eine positive Testreaktion bedeutet für 22,9 % der Patienten, dass sie tatsächlich krank sind. Negative Befunde sind zu 4,1 % falsch.

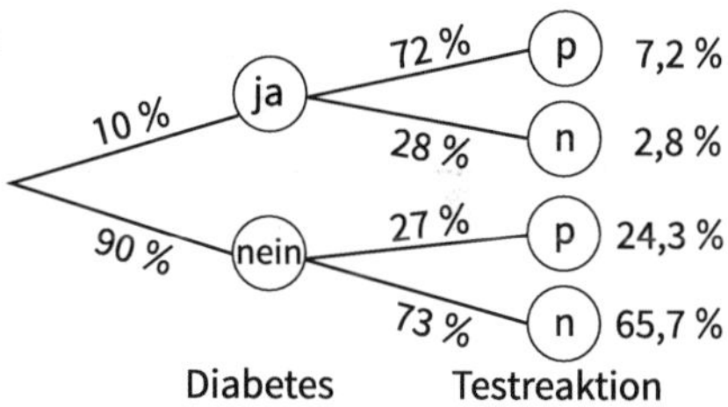

191 **6. a)** Aus dem umgekehrten Baumdiagramm ist zu entnehmen: 33,3 % der getesteten Personen mit positivem Befund haben eine HIV-Infektion. Personen mit einem negativen Testergebnis haben eine Sicherheit von fast 100 %, dass sie gesund sind.

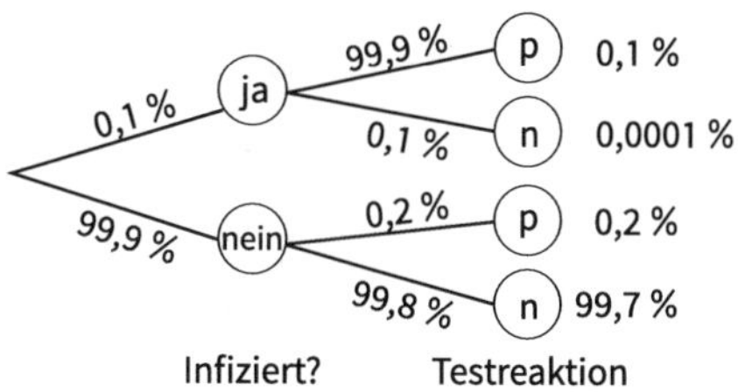

b) 33,3 % der positiv getesteten Personen sind infiziert. Dem umgekehrten Baumdiagramm entnimmt man, dass 99,6 % der zweimal positiv getesteten Personen HIV-infiziert sind.

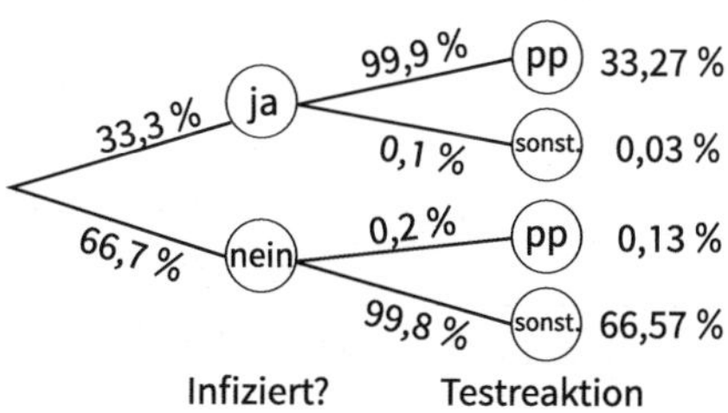

191 7. a) (1) 48,5 % (2) 15,6 % (3) 57,5 % (4) 32,2 % (5) 27,1 %

b) (1) 58 % der Männer mit Übergewicht sind Nichtraucher. Das könnte aber auch heißen, dass Übergewichtige eher nicht so gerne rauchen.

(2) 27,2 %

c)

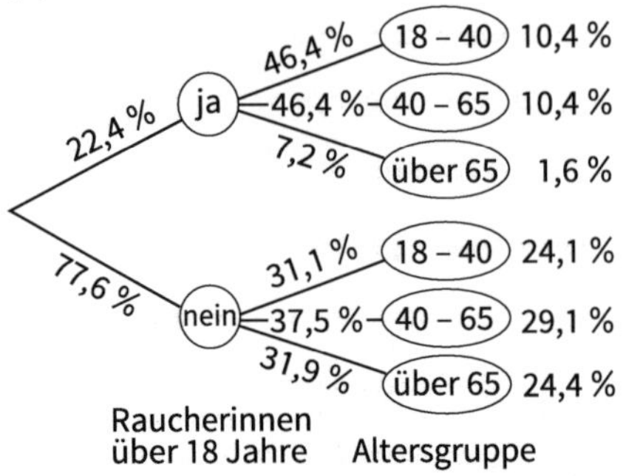

30,1 % aller 18 – 40-jährigen Frauen rauchen. Bei den 40 – 65-jährigen sind es noch 26,3 % und bei den über 65-jährigen 6,2 %.

4.8 Aufgaben zur Vertiefung

192 1. a) Die Pfadlänge des zugehörigen Baumdiagramms beträgt 6, da nacheinander 6 Kugeln gezogen werden. Im Baumdiagramm ist nach der Wahrscheinlichkeit des Pfades (R | R | R | R | R | R) gefragt.
(R bedeutet das Ziehen einer der richtigen Kugeln.)
Bei der ersten Ziehung sind 6 von 49 Kugeln richtig. Die Wahrscheinlichkeit eine richtige Kugel zu ziehen, beträgt demnach $\frac{6}{49}$.
Bei der zweiten Ziehung gibt es nur noch 5 richtige Kugeln von den verbleibenden 48 Kugeln, wenn bei der 1. Ziehung eine richtige Kugel gezogen wurde usw.

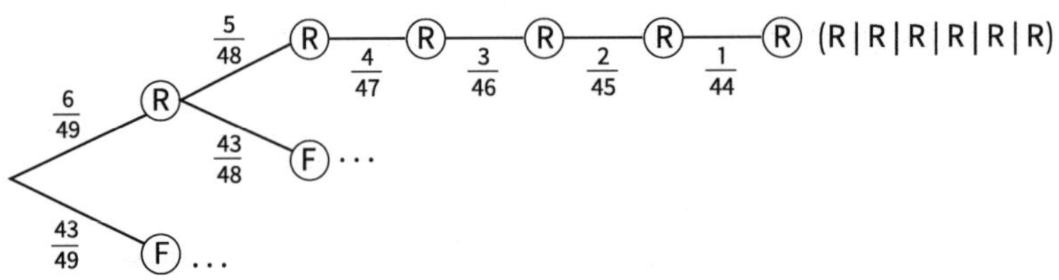

$$P(R|R|R|R|R|R) = \frac{6}{49} \cdot \frac{5}{48} \cdot \frac{4}{47} \cdot \frac{3}{46} \cdot \frac{2}{45} \cdot \frac{1}{44} = \frac{1}{139\,838\,163}$$

192

1. **b)** Jetzt wird die Wahrscheinlichkeit des Pfades (F | F | F | F | F | F) gesucht.
(F bedeutet das Ziehen einer der falschen Kugeln.)
In der ersten Ziehung gibt es 43 von 49 falschen Kugeln.
In der zweiten Ziehung sind nur noch 42 von 48 Kugeln falsch, usw.

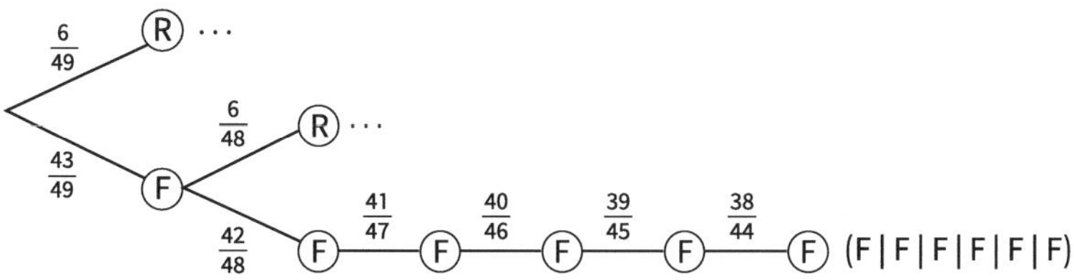

$P(F|F|F|F|F|F) = \frac{43}{49} \cdot \frac{42}{48} \cdot \frac{41}{47} \cdot \frac{40}{46} \cdot \frac{39}{45} \cdot \frac{38}{44} = \frac{435461}{998844}$

c) $P(\text{Gewinnklasse I}) = \frac{1}{13983816} \cdot \frac{1}{10} = \frac{1}{139838160}$

$P(\text{Gewinnklasse I}) = \frac{1}{13983816} \cdot \frac{9}{10} = \frac{9}{139838160} = \frac{3}{46612720}$

d) Dazu wird der Erwartungswert berechnet

(1) $E = 100\,000\,000 \cdot \frac{1}{139838160} \approx 0{,}7$

(2) $E = 100\,000\,000 \cdot \frac{3}{46612720} \approx 6{,}4$

(3) $E \approx 100\,000\,000 \cdot \frac{435461}{998844} \approx 43\,596\,497{,}6$

Es ist zu erwarten, dass entweder keine oder eine Person einen Tipp mit 6 Richtigen und die Superzahl abgeben werden, sechs bis sieben Personen werden einen Tipp mit 6 Richtigen abgeben und fast 43 600 000 Menschen werden einen Tipp mit 0 Richtigen abgeben.

e) –

2. **a)** **(1)** –

(2) Begründung mithilfe des Baumdiagramms:

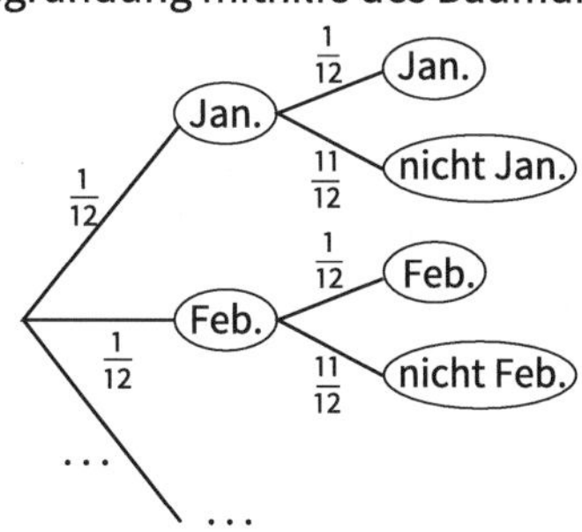

Im ersten Schritt ist die Wahrscheinlichkeit eine Person zu ziehen, die in den Monaten Januar bis Dezember Geburtstag hat, gleich $1 = \frac{12}{12}$.
Im Baumdiagramm sind es zwölf mögliche Pfade. Im zweiten Schritt gibt es dann nur noch elf mögliche Pfade, da der im ersten Schritt gezogene Monat nicht noch einmal vorkommen soll. Die Wahrscheinlichkeit einen der anderen elf Monate zu ziehen, beträgt demnach $11 \cdot \frac{1}{12} = \frac{11}{12}$.

192 **2.** **a)** Fortsetzung

(2) Mit jedem weiteren Schritt verringert sich die Zahl der möglichen Monate um eins. Jeder Pfad hat die Länge sechs. Damit ergibt sich:

$P(E) = \frac{12}{12} \cdot \frac{11}{12} \cdot \frac{10}{12} \cdot \frac{9}{12} \cdot \frac{8}{12} \cdot \frac{7}{12} = \frac{385}{1728} \approx 22{,}28\,\%$

(3) $P(\overline{E}) = 1 - P(E) \approx 77{,}72\,\%$

b) **(1)** $P(\overline{E}) = \frac{365}{365} \cdot \frac{364}{365} \cdot \frac{363}{365} \cdot \frac{362}{365} \cdot \frac{361}{365} \cdot \frac{360}{365} \cdot \frac{359}{365} \cdot \frac{358}{365} \cdot \frac{357}{365} \cdot \frac{356}{365} \approx 88{,}31\,\%$

$P(E) = 1 - P(\overline{E}) \approx 11{,}69\,\%$

(2) Entsprechend erhält man:

15 Personen: $P(E) \approx 25{,}29\,\%$

20 Personen: $P(E) \approx 41{,}14\,\%$

25 Personen: $P(E) \approx 56{,}87\,\%$

5. Trigonometrie

195 **Einstiegsseite:**

→ Dreiecke lassen sich eindeutiger festlegen als Vierecke (Kongruenzsätze).

→ Trigonometrie kommt aus dem Griechischen: Dreieck bzw. Dreiecksberechnung.

Lernfeld: Alles über Dreiecke

196 **1. Auftrag: Behindertengerechte Planung**

→ Höhe der Stufen: je ca. 17 cm

Länge der Stufen: je ca. 30 cm

Steigung: $\frac{3 \cdot 17}{3 \cdot 30} = 56{,}67\,\%$

→

Steigung (in %)	Winkel (in Grad)
6	3,43
10	5,71
12	6,84
20	11,31

→

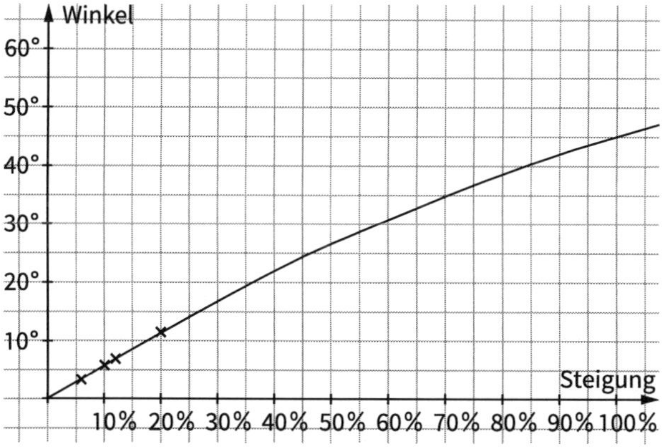

→ Keine Lösungen

5.1 Sinus, Kosinus und Tangens

197 **Einstieg:**

(1) 0,294 m

(2) 0,588 m

Der Gleitwinkel ist jeweils 1,68°. Der Gleitwinkel ist in beiden Fällen gleich, da die prozentuale Steigung in beiden Fällen gleich ist.

199

2. (1) $\sin(\alpha) = 0{,}5$ $\cos(\alpha) = 0{,}866$ $\tan(\alpha) = 0{,}577$
(2) $\sin(\alpha) = 0{,}695$ $\cos(\alpha) = 0{,}719$ $\tan(\alpha) = 0{,}966$

3. a) $\tan(\beta) = \frac{b}{c}$ $\cos(\beta) = \frac{c}{a}$ $\sin(\beta) = \frac{b}{a}$
$\tan(\gamma) = \frac{c}{b}$ $\cos(\gamma) = \frac{b}{a}$ $\sin(\gamma) = \frac{c}{a}$

3. b) $\tan(\alpha) = \frac{a}{c}$ $\cos(\alpha) = \frac{c}{b}$ $\sin(\alpha) = \frac{a}{b}$
$\tan(\gamma) = \frac{c}{a}$ $\cos(\gamma) = \frac{a}{b}$ $\sin(\gamma) = \frac{c}{b}$
c) $\tan(\alpha) = \frac{r}{s}$ $\cos(\alpha) = \frac{s}{t}$ $\sin(\alpha) = \frac{r}{t}$
$\tan(\beta) = \frac{s}{r}$ $\cos(\beta) = \frac{r}{t}$ $\sin(\beta) = \frac{s}{t}$

4. a) $\sin(36°) = \frac{7{,}4}{12{,}6} \approx 0{,}587$, $\cos(36°) = \frac{10{,}2}{12{,}6} \approx 0{,}810$; $\tan(36°) \approx \frac{7{,}4}{10{,}2} \approx 0{,}725$
b) $\sin(53{,}1°) = \frac{8}{10} = 0{,}8$, $\cos(53{,}1°) = \frac{6}{10} \approx 0{,}6$; $\tan(53{,}1°) \approx \frac{8}{6} \approx 1{,}333$
c) Mit dem Satz des Pythagoras erhält man für die Länge der Hypotenuse c:
$c = \sqrt{(6{,}6\,\text{cm})^2 + (11{,}2\,\text{cm})^2} = 13{,}0\,\text{cm}$
$\sin(30{,}5°) = \frac{6{,}6}{13} \approx 0{,}508$, $\cos(30{,}5°) = \frac{11{,}2}{13} \approx 0{,}862$; $\tan(30{,}5°) \approx \frac{6{,}6}{11{,}2} \approx 0{,}589$

5 a) $\sin(26°) = \frac{3{,}9}{8{,}9} \approx 0{,}438$; $\cos(26°) = \frac{8}{8{,}9} \approx 0{,}899$; $\tan(26°) \approx \frac{3{,}9}{8} \approx 0{,}488$
$\sin(64°) = \frac{8}{8{,}9} \approx 0{,}899$; $\cos(64°) = \frac{3{,}9}{8{,}9} \approx 0{,}438$; $\tan(64°) \approx \frac{8}{3{,}9} \approx 2{,}051$
b) $\sin(32°) = \frac{3{,}5}{6{,}6} \approx 0{,}530$; $\cos(32°) = \frac{5{,}6}{6{,}6} \approx 0{,}848$; $\tan(32°) \approx \frac{3{,}5}{5{,}6} = 0{,}625$
$\sin(58°) = \frac{5{,}6}{6{,}6} \approx 0{,}848$; $\cos(58°) = \frac{3{,}5}{6{,}6} \approx 0{,}530$; $\tan(58°) \approx \frac{5{,}6}{3{,}5} = 1{,}6$
c) Mit dem Satz des Pythagoras erhält man für die Länge der Kathete b:
$b = \sqrt{(5{,}5\,\text{cm})^2 - (4{,}5\,\text{cm})^2} = \sqrt{10}\,\text{cm} \approx 3{,}16\,\text{cm}$
$\sin(54{,}9°) = \frac{4{,}5}{5{,}5} \approx 0{,}818$; $\cos(54{,}9°) = \frac{3{,}16}{5{,}5} \approx 0{,}575$; $\tan(54{,}9°) \approx \frac{4{,}5}{3{,}16} \approx 1{,}424$
$\sin(35{,}1°) = \frac{3{,}16}{5{,}5} \approx 0{,}575$; $\cos(35{,}1°) = \frac{4{,}5}{5{,}5} \approx 0{,}818$; $\tan(35{,}1°) \approx \frac{3{,}16}{4{,}5} \approx 0{,}702$

200

6. a) Vanessa hat die Winkel- und Seitenbezeichnungen vertauscht.
α ist der rechte Winkel bei A. a und c sind die beiden Katheten.
Richtig wäre z. B. $\sin(\beta) = \frac{a}{c}$.
b) Vanessa hat die Längen der Strecken nicht richtig bezeichnet.
Richtig ist $\cos(\varphi) = \frac{|PQ|}{|RQ|}$.
c) Vanessa hat die Seitenbezeichnungen vertauscht. d und e sind die Katheten, f ist die Hypotenuse. Richtig ist $\tan(\delta) = \frac{d}{e}$.

200

7. a) β: 0,62; 0,79; 0,78
α: 0,79; 0,62; 1,28
b) γ: 0,74; 0,67; 1,11
β: 0,67; 0,74; 0,90
c) γ: 0,85; 0,53; 1,60
α: 0,53; 0,85; 0,62
d) α: 0,47; 0,88; 0,53
γ: 0,88; 0,47; 1,88

8. a) 41,8° b) 36,9° c) 38,7° d) 51,3° e) 44,4° f) 30,0° g) 53,1° h) 72,5° i) 36,9° j) 76,0°

9. $\sin(\alpha) = \cos(\beta) = 0{,}82$
$\cos(\alpha) = \sin(\beta) = 0{,}57$

10. a) Der Sinus ist nicht proportional zum Winkel.
b) Kosinus und Tangens sind ebenfalls nicht proportional zum Winkel.

11. a) (1) $\sqrt{(4\,628\text{ m})^2 - (1\,635\text{ m})^2} \approx 4\,329{,}6\text{ m}$
(2) $\sin(\alpha) = \frac{1\,635}{4\,329{,}6} \approx 0{,}378$, also $\alpha \approx 22{,}2°$
b) Der Sinus des Steigungswinkels ist der Quotient aus der Höhendifferenz und der Länge der Bahn. Der Kosinus des Steigungswinkels ist der Quotient aus der Luftlinienentfernung und der Länge der Bahn. Der Tangens des Steigungswinkels ist der Quotient aus der Höhendifferenz und der Luftlinienentfernung.

5.2 Bestimmen von Werten für Sinus, Kosinus und Tangens – Zusammenhänge

201

Einstieg:
Eine Wertetabelle befindet sich auf Seite 201 im Schülerband.

202

3. a) Sei ABC ein standardmäßig bezeichnetes Dreieck. Der 90° Winkel sei bei C. Da die Summe der Innenwinkel im Dreieck 180° ergibt, gilt $\beta = 90° - \alpha$.
Es gilt weiter $\sin(\alpha) = \frac{a}{c} = \cos(\beta)$.
Mit $\beta = 90° - \alpha$ folgt schon $\sin(\alpha) = \cos(90° - \alpha)$.
b) Sei ABC ein standardmäßig bezeichnetes Dreieck. Der 90° Winkel sei bei C.
Dann gilt: $(\sin(\alpha))^2 + (\cos(\alpha))^2 = \frac{(a)^2}{c^2} + \frac{(b)^2}{c^2} = \frac{(a)^2 + (b)^2}{c^2}$.
Da wegen des Satz des Pythagoras $(a)^2 + (b)^2 = c^2$ gilt, ist $\frac{(a)^2 + (b)^2}{c^2} = \frac{c^2}{c^2} = 1$.
c) Sei ABC ein standardmäßig bezeichnetes Dreieck. Der 90° Winkel sei bei C.
Dann gilt $\tan(\alpha) = \frac{a}{b} = \frac{a}{c} \cdot \frac{c}{b} = \frac{a}{c} \cdot \frac{1}{\frac{b}{c}} = \sin(\alpha) \cdot \frac{1}{\cos(\alpha)} = \frac{\sin(\alpha)}{\cos(\alpha)}$.

203

4. a) $\cos(\alpha) = \frac{|OA|}{1} = |OA|$

$\sin(\alpha) = \frac{|AP|}{1} = |AP|$

$\tan(\alpha) = \frac{|AP|}{|OA|} = \frac{|TQ|}{1} = |TQ|$, das gilt, weil zwei ähnliche Dreiecke vorliegen und somit die Strahlensätze gelten.

b) Die Bezeichnung Tangens kommt daher, dass Strecke |TQ| den Kreis im Punkt (0 | 1) tangiert.

5.

a)	b)	c)	d)	e)	f)
0,276	0,914	0,781	0,763	0,779	2,539
0,961	0,407	0,616	0,647	0,627	0,930
0,287	0,445	0,788	1,179	1,244	0,367

6. a) $\tan(89°) = 57{,}29$
$\tan(89{,}9°) = 572{,}9$
...
$\tan(89{,}999999°) = 57\,295\,780$

$\sin(89°) = 0{,}999...$ $\quad$ $\cos(89°) = 0{,}01745$
$\sin(89{,}9°) = 0{,}999...$ $\quad$ $\cos(89{,}9°) = 0{,}001745$
... $\quad$ ...
$\sin(89{,}999999°) = 0{,}999...$ $\quad$ $\cos(89{,}999999°) = 1{,}745 \cdot 10^{-8}$

Der Tangens bzw. der Kosinus werden je Stufe um eine Zehnerpotenz größer bzw. kleiner.

b)

α	1°	0,1°	...	0,0001°
tan (α)	$1{,}745 \cdot 10^{-2}$	$1{,}745 \cdot 10^{-3}$	...	$1{,}745 \cdot 10^{-6}$
sin (α)	$1{,}745 \cdot 10^{-2}$	$1{,}745 \cdot 10^{-3}$	...	$1{,}745 \cdot 10^{-6}$
cos (α)	0,999 ...	0,999 ...	...	0,999 ...

Der Tangens und der Sinus werden je Stufe um eine Zehnerpotenz kleiner.

c)

α	1°	0,9°	0,8°	0,7°
sin (α)	$1{,}74 \cdot 10^{-2}$	$1{,}57 \cdot 10^{-2}$	$1{,}39 \cdot 10^{-2}$	$1{,}22 \cdot 10^{-2}$
tan (α)	$1{,}74 \cdot 10^{-2}$	$1{,}57 \cdot 10^{-2}$	$1{,}39 \cdot 10^{-2}$	$1{,}22 \cdot 10^{-2}$

Sinus und Tangens sind für die kleinen Winkel fast gleich groß.
Begründung: Da bei kleinem Winkel $\overline{OQ}$ und $\overline{OT}$ fast parallel verlaufen, sind $\overline{AP}$ und $\overline{TQ}$ fast gleich groß. (Siehe Abbildung des Einheitskreises in Aufgabe 4, Seite 203 des Schülerbandes.)

7. (1) $\sin(30° + 40°) = 0{,}94 < \sin(30°) + \sin(40°) = 1{,}14$
(2) $\cos(30° + 40°) = 0{,}34 < \cos(30°) + \cos(40°) = 1{,}63$
(3) $\tan(30° + 40°) = 2{,}75 > \tan(30°) + \tan(40°) = 1{,}42$

5.3 Berechnungen in rechtwinkligen Dreiecken

204 **Einstieg:**

$h = \sin(55°) \cdot 40\,m \approx 32{,}8\,m$ (Befestigungshöhe)
$s = \cos(55°) \cdot 40\,m \approx 22{,}9\,m$ (Entfernung vom Mast)

205 **2. a)** $h = \tan(\alpha) \cdot 75\,m + 1 = 59{,}6\,m$ **b)** $\alpha = 26{,}0°$

3. a) 5,7 cm **b)** 7,0 cm **c)** 48,6° **d)** 48,9°

4.

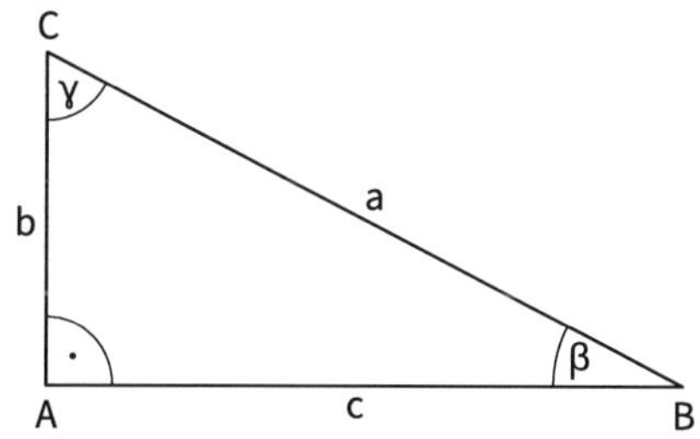

a) $b \approx 11{,}2\,cm$
$\gamma \approx 27{,}7°$
$\beta \approx 62{,}3°$

b) $c \approx 11{,}7\,cm$
$\beta \approx 33{,}6°$
$\gamma \approx 56{,}4°$

c) $a \approx 27{,}0\,cm$
$\gamma \approx 39{,}0°$
$\beta \approx 51{,}0°$

Das kann ich noch!

A) 1) 7 **2)** 6 **3)** 1 **4)** 3

206 **5. a)** 8,0° **b)** 98 m **c)** 45° **d) (1)** 173 % **(2)** 1 143 %

6. a) 0,27 m
b) Neigung ist mit 5,9 % im vorgeschriebenen Rahmen.
c) 0,36 m

7. a) Dominik hat falsch umgeformt: $c = \frac{7\,cm}{\sin(27°)} \approx 15{,}4\,cm$
b) Dominik hat Sinus und Kosinus verwechselt. Richtig ist:
$\sin(\beta) = \frac{b}{c} = \frac{3\,cm}{5\,cm} = 0{,}6$, also $\beta \approx 36{,}9°$
c) Dominik hat die Größe des Winkels falsch berechnet:
$\tan(\delta) = 2{,}5$, also $\delta \approx 68{,}2°$.

8. a) 5,9 cm **b)** 33,7° **c)** 4,5 cm **d)** 31,4°

9. a) 6,8°; 5,7°; 7,4°; 6,3° **b)** 144 m; 120 m; 156 m; 132 m

207

10. a) $b \approx 15{,}5\,\text{cm}$; $\alpha \approx 52{,}6°$; $\beta \approx 37{,}4°$
b) $a \approx 28{,}0\,\text{cm}$; $\beta \approx 55{,}2°$; $\gamma \approx 34{,}8°$
c) $c \approx 7{,}1\,\text{cm}$; $\alpha \approx 37°$; $\beta \approx 53°$
d) $\alpha = 23°$; $b \approx 13{,}0\,\text{cm}$; $c \approx 14{,}1\,\text{cm}$
e) $\beta = 39°$; $b \approx 22{,}2\,\text{cm}$; $c \approx 35{,}3\,\text{cm}$

11. $\alpha \approx 36{,}9°$

12. a) 1,2 % **b)** 2,4 % **c)** 3,7 %

13. 4°; 105 m 15,6°; 420 m 36,9°; 1125 m 42,0°; 1350 m

14. (1) Gib den Neigungswinkel der Flugbahn an.
Antwort: $\alpha \approx 0{,}82°$
(2) Gib das Gefälle der Flugbahn in Prozent an.
Antwort: $p\,\% \approx 1{,}4\,\%$
(3) Wie weit fliegt das Segelflugzeug, wenn es mit der Seilwinde [im Schleppflug] auf die maximal mögliche Höhe gebracht wird?
Antwort: 35 km [84 km]

15. a) Wie viel Sprossen muss die Leiter haben, wenn die Arbeitshöhe 4,50 m beträgt? *Antwort:* Mindestens 12 Sprossen.

b)

Anzahl der Sprossen	9	12	15		18	–
Länge der Leiter (l)	2,65	3,50	4,35		5,20	5,30
(1) erreichte Höhe (h)	2,49	3,29	4,09		4,89	4,98
(2) erreichbare Arbeitshöhe	3,84	4,64	5,44	6,24	6,33	

(1) Die Länge der Leiter ist proportional zur erreichten Höhe $\left(\frac{h}{l} = \sin(70°)\right)$

(2) Die Länge der Leiter ist nicht proportional zur erreichbaren Höhe, denn z. B. ist $\frac{3{,}84}{2{,}65} \neq \frac{6{,}33}{5{,}30}$.

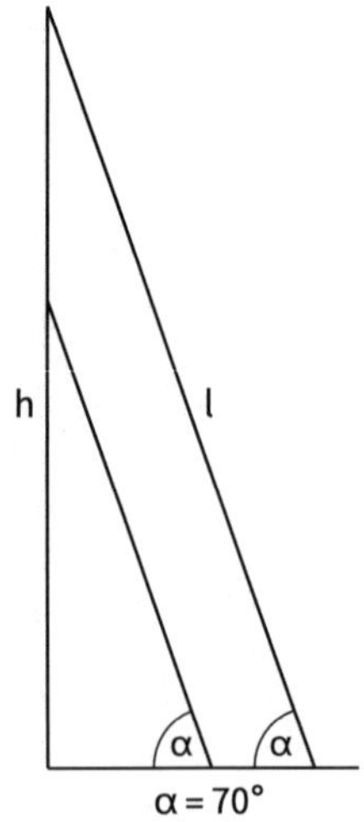

16. $|BC| = |AB| \cdot \tan(52{,}3°) \approx 15{,}5\,\text{m}$

208

17. $\alpha \approx 5{,}2°$

18. Entfernung: 111,7 m

19. a) (1) 35,3° **(2)** 54,7°
b) 109,5 °

208

20. a) 26,3°; 63,7° (für a, b) 35,4°; 54,6° (für b, c) 55,2°; 34,8° (für c, a)
b) 58,1° (für d, c) 40,4° (für d, a) 67,9° (für d, b)
c) 31,9° 49,6° 22,1°
d) 135,8°

21. Der Sinkflug beginnt (1) normalerweise 114 km bis 190 km und
(2) spätestens 57 km vor dem Landeplatz.

22. Berechne die durchschnittliche Steigung im 1. Abschnitt [2. Abschnitt; insgesamt] der Niesenbahn. Antwort: 52,1 % [54,8 %; 53,2 %]

5.4 Berechnungen in gleichschenkligen Dreiecken

209

1. $\alpha = \beta \approx 69{,}6°$ $\gamma \approx 40{,}9°$

210

2. a) $a = b \approx 21{,}3\,\text{m}$, $\alpha = \beta \approx 54°$, $h_c \approx 17{,}2\,\text{m}$, $A \approx 215{,}1\,\text{m}^2$
b) $a = b \approx 36{,}2\,\text{cm}$, $\alpha = 62°$, $\gamma = 56°$, $h \approx 32{,}0\,\text{cm}$, $A \approx 543{,}5\,\text{cm}^2$
c) $a = 112{,}4\,\text{cm}$, $c \approx 186{,}4\,\text{cm}$, $\alpha = 34°$, $\gamma = 112°$, $h \approx 62{,}9\,\text{cm}$, $A \approx 5\,856{,}9\,\text{cm}^2$

3. a) $a \approx 4{,}3\,\text{cm}$, $A = 17{,}5\,\text{cm}^2$, $u \approx 17{,}2\,\text{cm}$, $\alpha \approx 108{,}9°$, $\beta \approx 71{,}1°$
b) $f \approx 7{,}9\,\text{mm}$, $A \approx 35{,}7\,\text{mm}^2$, $u = 24\,\text{mm}$, $\alpha \approx 82{,}8°$, $\beta \approx 97{,}2°$
c) $e \approx 9{,}1\,\text{km}$, $A \approx 14{,}1\,\text{km}^2$, $u = 19{,}2\,\text{km}$, $\alpha \approx 37{,}7°$, $\beta \approx 142{,}3°$
d) $a = 2{,}9\,\text{m}$, $A = 7{,}76\,\text{m}^2$, $u \approx 11{,}5\,\text{m}$, $\alpha \approx 70{,}1°$, $\beta \approx 109{,}9°$

4. $|AD| = 5\,\text{cm}$; $|BC| = |CD| \approx 7{,}2\,\text{cm}$

5. $|AB| = \sqrt{\frac{4 \cdot A}{\tan\alpha}} \approx 4{,}6\,\text{cm}$

6. (1) Wie groß ist die Dachneigung? *Antwort:* 29,9°
(2) Wie hoch ist der Dachboden an der höchsten Stelle? *Antwort:* 3,0 m

7. $\cos\left(\frac{\varepsilon}{2}\right) = \frac{d}{r}$; $\sin\left(\frac{\varepsilon}{2}\right) = \frac{s}{2r}$

a) $d = \cos\left(\frac{\varepsilon}{2}\right) \cdot r \approx 5{,}5\,\text{cm}$
$s = 2 \cdot \sin\left(\frac{\varepsilon}{2}\right) \cdot r \approx 7{,}0\,\text{cm}$

b) $d = \sqrt{r^2 - \frac{1}{4}s^2} \approx 6{,}7\,\text{cm}$
$\varepsilon = 2 \cdot \sin^{-1}\left(\frac{s}{2r}\right) \approx 83{,}6°$

c) $r = \sqrt{\frac{1}{4}s^2 + d^2} \approx 1{,}9\,\text{cm}$
$\varepsilon = 2 \cdot \tan^{-1}\left(\frac{s}{2d}\right) \approx 83{,}5°$

d) $s = 2 \cdot \sqrt{r^2 - d^2} \approx 7{,}3\,\text{cm}$
$\varepsilon = 2 \cdot \cos^{-1}\left(\frac{d}{r}\right) \approx 94{,}3°$

e) $r = \frac{s}{2 \cdot \sin\left(\frac{\varepsilon}{2}\right)} \approx 4{,}0\,\text{cm}$
$d = \frac{s}{2 \cdot \sin\left(\frac{\varepsilon}{2}\right)} \approx 2{,}1\,\text{cm}$

210 8. a) ABM ist ein gleichseitiges Dreieck; $\varepsilon = 60°$

b) $r_a = a = 3\,cm$

c) $\rho = \frac{3}{2}\sqrt{3}\,cm$

d) $A = \frac{3\sqrt{3}}{2}(a)^2 = \frac{27}{2}\sqrt{3}\,cm^2$

5.5 Berechnungen in beliebigen Dreiecken

5.5.1 Sinussatz

211 **Einstieg:**

a) $c = \frac{8\,sm}{\sin(180° - 41° - 57°)} \cdot \sin(41°) = 5{,}3\,sm$

Das Schiff hat einen Abstand von 5,3 sm zum Leuchtturm.

b) $b = \frac{5\,sm}{\sin(180° - (180° - 72°) - 47°)} \cdot \sin(180° - 72°) = 11{,}25\,sm$

Anfangs war der Abstand 11,25 sm.

215 3. Damit der Sinussatz im rechtwinkligen Dreieck gilt, muss gelten $\sin(90°) = 1$.

4. a) $|FD| \approx 31{,}6\,km$; $|FE| \approx 27{,}3\,km$ b) $a \approx 11{,}1\,cm$; $b \approx 6{,}1\,cm$

5. a) (1) 0,891 (3) 0,996 (5) 0,218
(2) 0,087 (4) 0,602 (6) 0,986

b) (1) 84,0° (2) 36,7° (3) 47,6° (4) 13,6°

6. a) $\gamma = 75°$; $b \approx 3{,}9\,cm$; $c \approx 7{,}3\,cm$

b) $\gamma = 67°$; $a \approx 7{,}2\,cm$; $b \approx 8{,}0\,cm$

c) $\gamma = 54°$; $a \approx 99{,}9\,cm$; $c \approx 84{,}5\,cm$

d) $\alpha = 118°$; $b \approx 19{,}6\,m$; $c \approx 44{,}1\,m$

e) $c \approx 46{,}5\,m$; $\beta = 60°$; $\gamma \approx 39°$

f) $a \approx 13{,}0\,m$; $\alpha \approx 78{,}5°$; $\beta \approx 64{,}5°$

g) $b \approx 2{,}8\,m$; $\alpha \approx 20{,}4°$; $\beta \approx 61{,}6°$

h) $c \approx 11{,}2\,cm$; $\alpha \approx 36{,}7°$; $\gamma \approx 20{,}3°$

7. Falsch umgestellt, richtig ist:

$\frac{7\,cm}{\sin(\varepsilon)} = \frac{5\,cm}{\sin(23°)}$

$\sin(\varepsilon) = \frac{7\,cm \cdot \sin(23°)}{5\,cm} = 0{,}5470$

$\varepsilon = 33{,}2°$

5.5.2 Kosinussatz

216 **Einstieg:**

a) $|EF| \approx 366{,}1\,m$

b) $\alpha \approx 76{,}8°$; $\beta \approx 46{,}2°$

219 **3.** $\alpha \approx 102{,}0°$; $\beta \approx 33{,}3°$; $\gamma \approx 44{,}7°$

4. $|AB| \approx 711{,}6\,m$

5. a) (1) $-0{,}454$ (3) $-0{,}087$ (5) $-0{,}976$

(2) $-0{,}996$ (4) $-0{,}799$ (6) $-0{,}165$

b) (1) $105{,}0°$ (2) $160°$ (3) $123{,}1°$ (4) $96{,}96°$

220 **6.** a) $a \approx 11{,}4\,m$; $\beta \approx 70{,}9°$; $\gamma \approx 45{,}1°$; $A \approx 48{,}5\,m^2$

b) $c \approx 8{,}1\,cm$; $\alpha \approx 77{,}3°$; $\beta \approx 45{,}7°$; $A \approx 27{,}2\,cm^2$

c) $b \approx 7{,}5\,m$; $\beta \approx 27{,}7°$; $\gamma \approx 44{,}3°$; $A \approx 40{,}5\,m^2$

d) $b \approx 12{,}5\,cm$; $\alpha \approx 20{,}6°$; $\gamma \approx 35{,}4°$; $A \approx 19{,}1\,cm^2$

7 Die Aufgabe ist falsch gelöst. Richtig ist:

$a^2 = \left(3^2 + 4^2 - 2 \cdot 3 \cdot 4 \cdot \cos(31°)\right) cm^2$

$a \approx 2{,}1\,cm$

8. a) $\alpha \approx 46{,}4°$; $\beta \approx 76{,}5°$; $\gamma \approx 57{,}0°$; $A \approx 8{,}1\,cm^2$

b) $\alpha \approx 41{,}4°$; $\beta \approx 55{,}8°$; $\gamma \approx 82{,}8°$; $A \approx 89{,}3\,m^2$

c) $\alpha \approx 31{,}4°$; $\beta \approx 24{,}4°$; $\gamma \approx 124{,}2°$; $A \approx 17{,}5\,m^2$

d) $\alpha \approx 122{,}7°$; $\beta \approx 34{,}3°$; $\gamma \approx 23{,}0°$; $A \approx 1640{,}8\,km^2$

e) $\alpha \approx 57{,}5°$; $\beta \approx 47{,}5°$; $\gamma \approx 75{,}0°$; $A \approx 9{,}7\,cm^2$

9. Im Dreieck ABC gilt:

$\gamma = 180° - \beta - (180 - \alpha') = \alpha' - \beta$

$\alpha = 180° - \alpha'$

$|CB| = \frac{|AB|}{\sin(\gamma)} \cdot \sin(\alpha)$

$|CD| = |CB| \cdot \sin(\beta)$

$|CD| = \frac{|AB|}{\sin(\alpha' - \beta)} \cdot \sin(180 - \alpha') \cdot \sin(\beta)$

$|CD| \approx 113{,}0\,m$

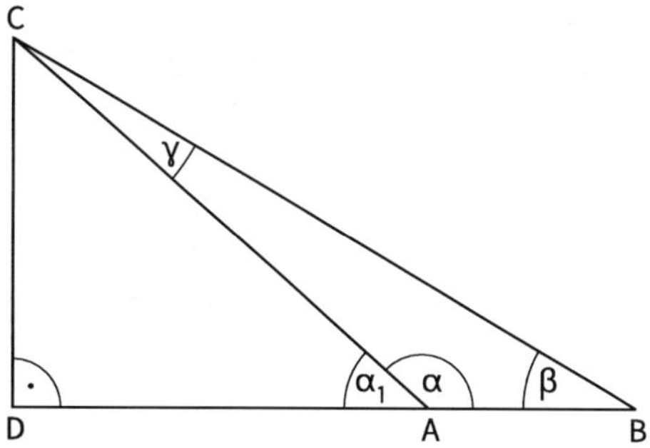

220

10. Mit α, β und s erhält man:
$a \approx 1\,027{,}5\,m$; $b \approx 1\,279{,}1\,m$ und weiter:
(1) über A mit γ, 90° und b: $h = 496{,}1\,m$
(2) über B mit δ, 90° und a: $h = 494{,}5\,m$
Die Höhe h beträgt ungefähr 495 m.

11. $|BP| \approx 4{,}166\,km$; $|BQ| \approx 4{,}191\,km$; Winkel bei B: $\beta_2 - \beta_1 = 62{,}1°$
$|PQ| \approx 4{,}31\,km$

5.6 Vermischte Übungen

221

1. a) $A = 13{,}4\,cm^2$

b) Beispielhaft für a, b und γ. Da $\sin(\gamma) = \frac{b}{h_a}$ gilt, kommt man durch Einsetzen auf die uns bekannte Formel:

$$A = \frac{1}{2} a b \cdot \sin(\gamma) = \frac{1}{2} a b \cdot \frac{h_a}{b} = \frac{1}{2} a \cdot h_a$$

2. a) $17{,}2\,cm^2$ **b)** $11{,}1\,cm^2$ **c)** $17{,}9\,cm^2$ **d)** $22{,}1\,cm^2$

3. Wir halten die uns bekannte Form des Kosinussatzes so:

$$\frac{1}{2} a b \cdot \sin(\gamma) = \frac{1}{2} b c \cdot \sin(\alpha) = \frac{1}{2} a c \cdot \sin(\beta) \quad \Big| \cdot \left(\frac{2}{a b c}\right)$$

$$\frac{\sin(\gamma)}{c} = \frac{\sin(\alpha)}{a} = \frac{\sin(\beta)}{b}$$

$$\frac{c}{\sin(\gamma)} = \frac{a}{\sin(\alpha)} = \frac{b}{\sin(\beta)}$$

4.

a) $\beta = 36°$; $a \approx 9{,}0\,cm$; $b \approx 5{,}8\,cm$; $A \approx 12{,}7\,cm^2$

b) $c \approx 4{,}8\,cm$; $\alpha \approx 33{,}0°$; $\beta \approx 45{,}0°$; $A \approx 4{,}6\,cm^2$

c) $\beta = 48°$; $a \approx 2{,}2\,cm$; $c \approx 3{,}9\,cm$; $A \approx 3{,}2\,cm^2$

d) $a \approx 5{,}5\,cm$; $\beta \approx 99{,}0°$; $\gamma \approx 44{,}0°$; $A \approx 17{,}5\,cm^2$

e) $\gamma = 99{,}9°$; $b \approx 5{,}4\,cm$; $c \approx 14{,}0\,cm$; $A \approx 31{,}8\,cm^2$

f) $\alpha \approx 81{,}2°$; $\beta \approx 35{,}3°$; $\gamma \approx 63{,}5°$; $A \approx 7{,}4\,cm^2$

g) $a \approx 6{,}9\,cm$; $\alpha \approx 49{,}1°$; $\gamma \approx 19{,}9°$; $A \approx 10{,}0\,cm^2$

h) $\gamma = 67°$; $a \approx 7{,}2\,cm$; $b \approx 8{,}0\,cm$; $A \approx 26{,}4\,cm^2$

i) $b \approx 2{,}5\,cm$; $\alpha \approx 58{,}9°$; $\beta \approx 26{,}1°$; $A \approx 6{,}1\,cm^2$

j) $a \approx 7{,}2\,cm$; $\alpha \approx 91{,}8°$; $\gamma \approx 45{,}2°$; $A \approx 12{,}5\,cm^2$

221

5. a) $b = d = 3{,}1\,\text{cm}$; $\alpha = \beta = 64{,}5°$; $\gamma = \delta = 180° - \beta = 115{,}5°$; $c \approx 2{,}7\,\text{cm}$; $e = f \approx 4{,}9\,\text{cm}$
   b) $b = d = 2{,}8\,\text{m}$; $\gamma = \delta = 125{,}7°$; $\alpha = \beta = 180° - \gamma = 54{,}3°$; $a \approx 6{,}8\,\text{m}$; $e \approx 5{,}6\,\text{m}$
   c) Es ist $\delta = 180° - \beta = 111{,}2°$.
   Mit dem Kosinussatz folgt für die Dreiecke ABC und ACD (Längen in km):
   $e^2 = a^2 + b^2 - 2 \cdot a \cdot b \cdot \cos(\beta) = 6{,}1^2 + b^2 - 2 \cdot 6{,}1 \cdot b \cdot \cos(68{,}8°)$
   $f^2 = c^2 + d^2 - 2 \cdot c \cdot d \cdot \cos(\delta) = 2{,}9^2 + d^2 - 2 \cdot 2{,}9 \cdot d \cdot \cos(111{,}2°)$
   Wegen $e = f$ und $b = d$ kann man die 2. Gleichung umformen:
   $e^2 = c^2 + b^2 - 2 \cdot c \cdot b \cdot \cos(\delta) = 2{,}9^2 + b^2 - 2 \cdot 2{,}9 \cdot b \cdot \cos(111{,}2°)$
   Durch Gleichsetzen der beiden Gleichungen mit e^2 erhält man die Gleichung:
   $6{,}1^2 + b^2 - 2 \cdot 6{,}1 \cdot b \cdot \cos(68{,}8°) = 2{,}9^2 + b^2 - 2 \cdot 2{,}9 \cdot b \cdot \cos(111{,}2°)$
   Durch Umformen der Gleichung erhält man:
   $$b = \frac{6{,}1^2 - 2{,}9^2}{2 \cdot 6{,}1 \cdot \cos(68{,}8°) - 2 \cdot 2{,}9 \cdot \cos(111{,}2°)} \approx 4{,}4$$
   $b = d \approx 4{,}4\,\text{km}$; $\alpha = \beta = 68{,}8°$; $\gamma = \delta = 180° - \beta = 111{,}2°$; $e = f \approx 6{,}1\,\text{km}$
   d) $b = d = 2{,}4\,\text{cm}$; $e = f = 5{,}6\,\text{cm}$; $a \approx 5{,}3\,\text{cm}$; $\alpha = \beta \approx 83{,}6°$; $\gamma = \delta = 180° - \alpha \approx 96{,}4$

6. a) Länge der Leiter l:
   $l^2 = (l - 20\,\text{cm})^2 + (120\,\text{cm})^2$ (Satz des Pythagoras)
   $l = 370\,\text{cm}$
   b) $|TB|^2 = (1\,200\,\text{m})^2 + (1\,300\,\text{m} - 800\,\text{m})^2$ (Satz des Pythagoras)
   $|TB| = 1\,300\,\text{m}$

Im Blickpunkt: Wie hoch ist eigentlich ... euer Schulgebäude

222

1. Der beweglich eingesetzte Zollstock wird so in Position gebracht, dass A, B und H auf einer Geraden liegen. Beim Anpeilen muss darauf geachtet werden, dass das Försterdreieck waagerecht gehalten wird (mittels Lot). Anschließend kann der am Zollstock abgelesene Wert $\overline{BC}$ mittels zueinandern ähnlicher Dreiecke umgerechnet werden, um die gesuchte Höhe $\overline{HD}$ zu erhalten.
   Für die Berechnung muss auch $\overline{AD}$ gemessen werden (Maßband). $\frac{|HD|}{|AD|} = \frac{|BC|}{|AC|}$

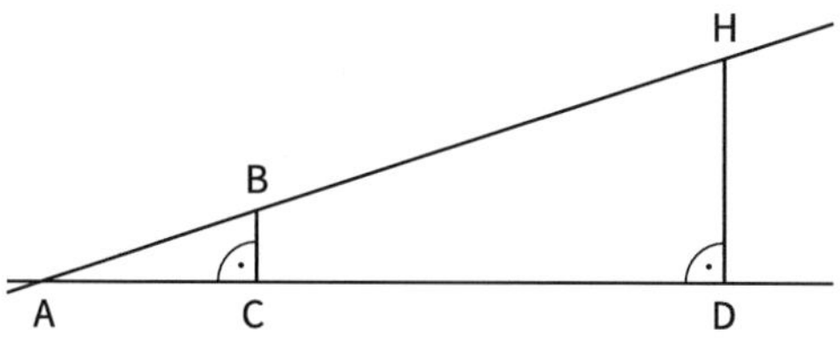

$$\frac{|HD|}{|AD|} = \frac{|BC|}{|AC|}$$

2. Berechnung wie in Aufgabe 1 erläutert.

3. Berechnung wie in Aufgabe 1 erläutert.

223

4. Der Zeiger $\overline{AB}$ wird mit $\overline{AH}$ in Übereinstimmung gebracht (angepeilt). Mit dem Winkel α bei A und der Strecke $\overline{AD}$ lässt sich jetzt die Strecke $\overline{HD}$ berechnen.

$\tan(\alpha) = \frac{|HD|}{|AD|}$

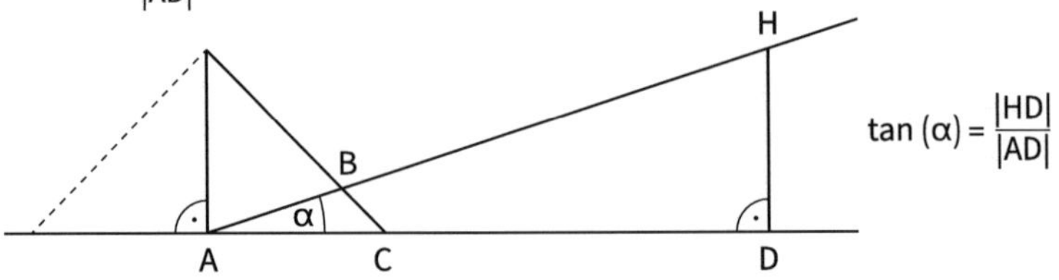

5. Berechnung der Höhe wie in Aufgabe 4 erläutert.

6. Mit den beiden gemessenen Winkeln α und β erhält man zueinander ähnliche Dreiecke. Für die Entfernung |C′B′| der Peilstellen erhält man:

$\frac{|C'B|}{CB} = \frac{|AH'|}{AH}$

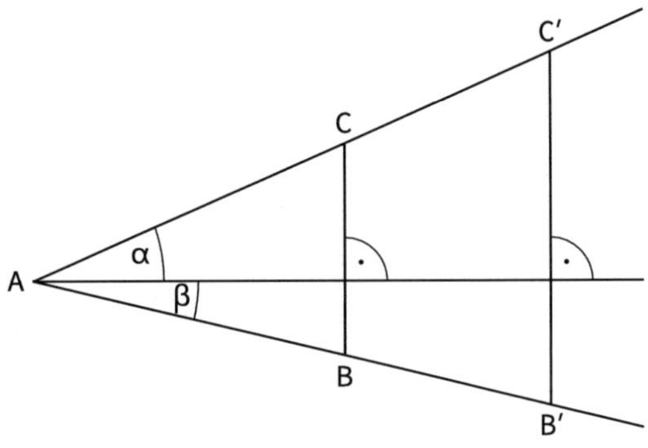

5.7 Aufgaben zur Vertiefung

224

1. a) Es gilt $\frac{h}{\alpha} = \sin(\alpha)$. Folglich gilt: $A = a^2 \cdot \sin(\alpha)$

   b) $A(\alpha) = (3{,}5\,\text{cm})^2 \cdot \sin(\alpha)$
   α kann zwischen 0° und 180° liegen.

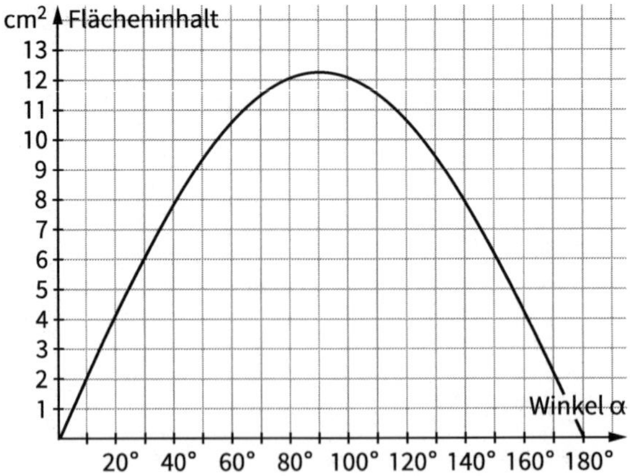

224

2. **(1)** $u = 58{,}8\,cm$ $A = 237{,}8\,cm^2$ **(2)** $u = 61{,}6\,cm$ $A = 289{,}3\,cm^2$ **(3)** $u = 62{,}1\,cm$ $A = 300\,cm^2$ **(4)** $u = 62{,}8$ $A = 313{,}7\,cm^2$

3. **a)** **(1)** 14,9° **(2)** 23,4° **(3)** 35,1° **(4)** 43,9°
b) **(1)** 13,2° **(2)** 20,7° **(3)** 30,7° **(4)** 38,0°
c) $n = 0{,}75$ $[n = 0{,}667]$
d) $\alpha = 48{,}6°$ $[\alpha = 41{,}8°]$

4. **a)** $\tan(0°) = 0 = \frac{\sin(0°)}{\cos(0°)}$
tan (90°) ist nicht definiert, da $\cos(90°) = 0$ und teilen durch 0 nicht erlaubt ist.

b)

α	$\tan(\alpha)$
100°	−5,67
110°	−2,75
120°	−1,73
170°	−0,18

5. **a)** $\tan(\alpha) = \frac{y_2 - y_1}{x_2 - x_1} = m$
b) Das Minuszeichen steht dafür, dass der Graph fällt.
(1) 63,4° **(2)** −71,6° **(3)** −38,7° **(4)** 26,6°
c) 60,3°

6. Modellieren periodischer Vorgänge

227 **Einstiegsseite:**

- Am Tag davor bzw. am Tag danach kann man ziemlich genau diesen Sonnenstand wieder beobachten
- Die Sonne verändert ihre Bahn im Laufe des Jahres, d. h. sie wird dann immer tiefer am Horizont stehen bzw. gar nicht zu sehen sein.
- Zwischenwerte sind sinnvoll. Die Kurve fällt zunächst bis zum tiefsten Punkt der Sonne, steigt dann bis zum höchsten Punkt an und fällt dann wieder. Dieser Vorgang wiederholt sich dann.

Lernfeld: Hin und her – rauf und runter

228 **1. Auftrag: Schwingen einer Spiralfeder**

Anhand der Spiralfeder sieht man, dass es Vorgänge gibt, die sich in einem gewissen Zeitabstand wiederholen. Der Vorgang hier ist das Auf- und Abschwingen der Feder. Solche Vorgänge können sich im Wesentlichen durch die maximale Auslenkung, die Länge der Schwingungsdauer und die Verschiebung parallel zur zu den Achsen unterscheiden.

2. Auftrag: Sinuskurven mit verschiedenen Formen

- 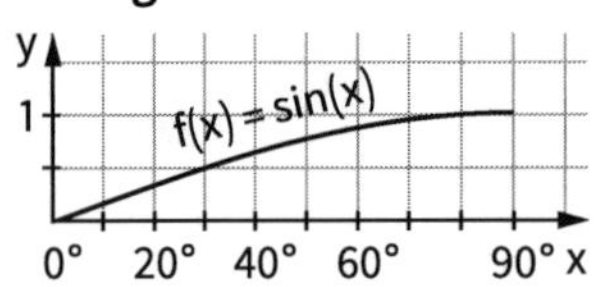

  Der Graph geht durch die Punkte O (0° | 0) und H (90° | 1). Von O bis H steigt er an.

- 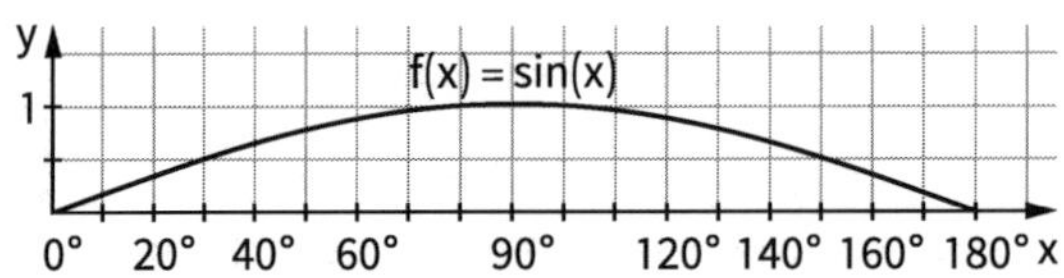

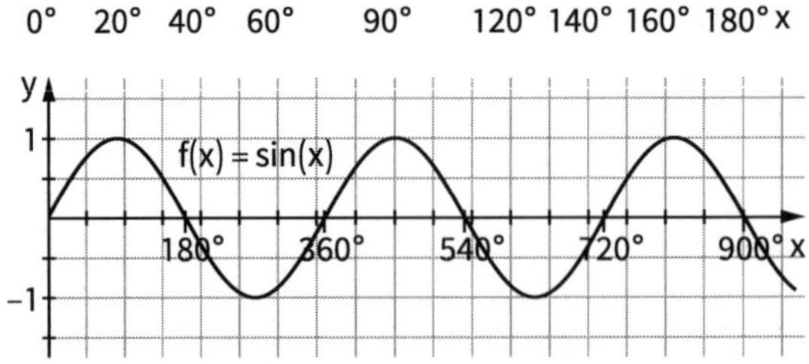

Die Nullstellen des Graphen sind bei 0°, 180°, 360°, 540°, 720°, 900°, …. Die höchsten Punkte liegen bei 90°, 450°, 810°, … Der Funktionswert liegt bei 1.Die tiefsten Punkte liegen bei 270°, 630°, 990°, … Der Funktionswert liegt bei – 1. Vom tiefsten Punkt steigt der Graph jeweils bis zum höchsten Punkt und fällt dann wieder bis zum tiefsten Punkt

228 **2. Auftrag:** Fortsetzung

→ (1) Streckung bzw. Stauchung entlang der y-Achse
(2) Streckung bzw. Stauchung entlang der x-Achse
(3) Verschiebung entlang der x-Achse
(4) Verschiebung entlang der y-Achse

6.1 Periodische Vorgänge

229 **Einstieg:**

Sägezahn:

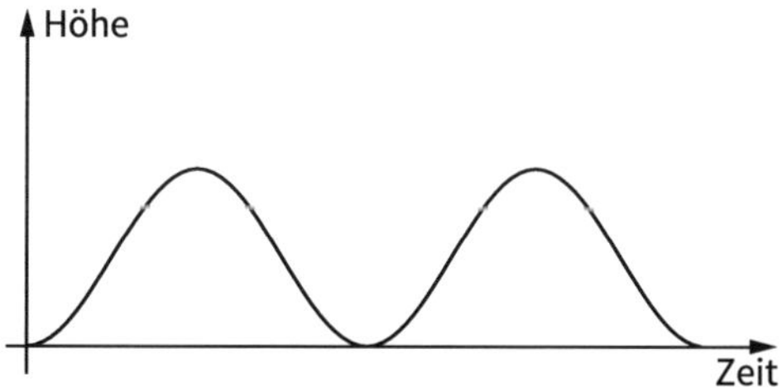

Kettenglied (Vereinfachung: Die Umlenkrolle wird nicht berücksichtigt):

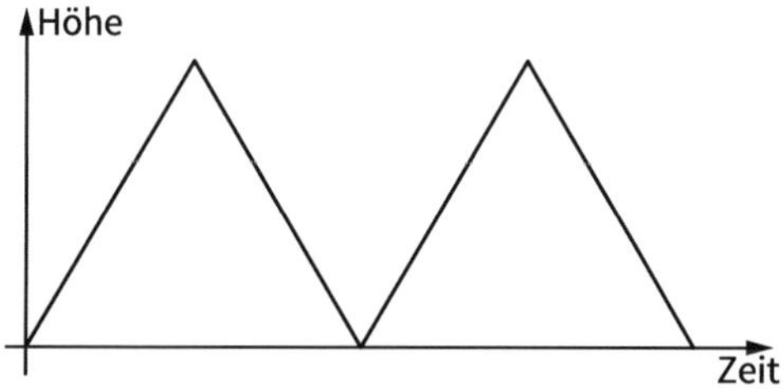

231 2. a) (1)

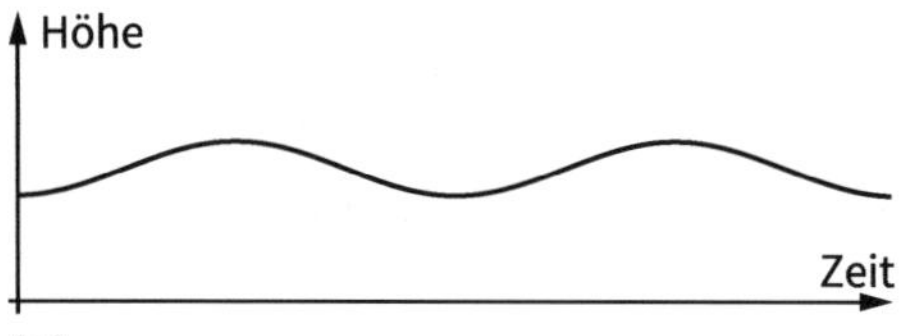

(2)

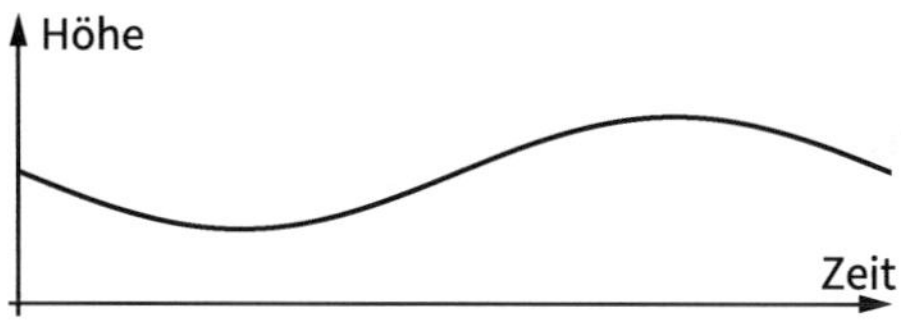

231 **2. a)** Fortsetzung

(3)

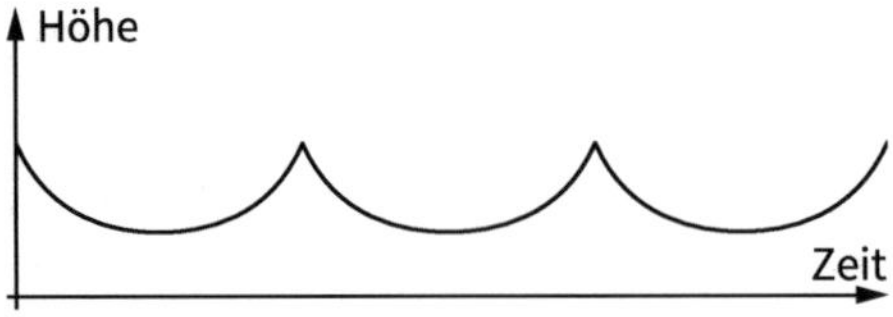

(4)

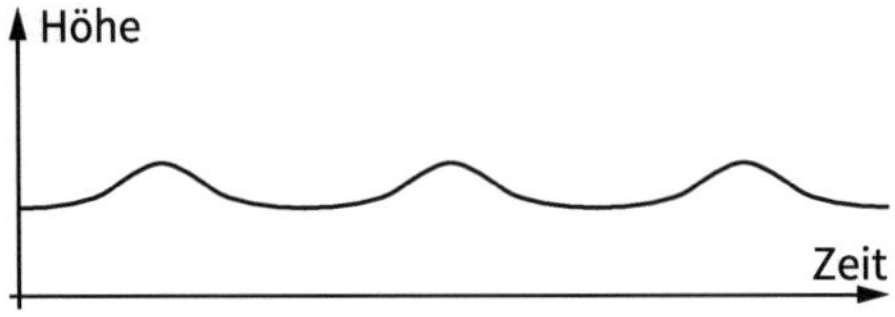

b) –

3. a) Die Höhe ändert sich im Verlauf der Zeit, also: *Zeit* → *Höhe*
Eine andere Möglichkeit wäre u. a.: *Zeit* → *Geschwindigkeit*

b)

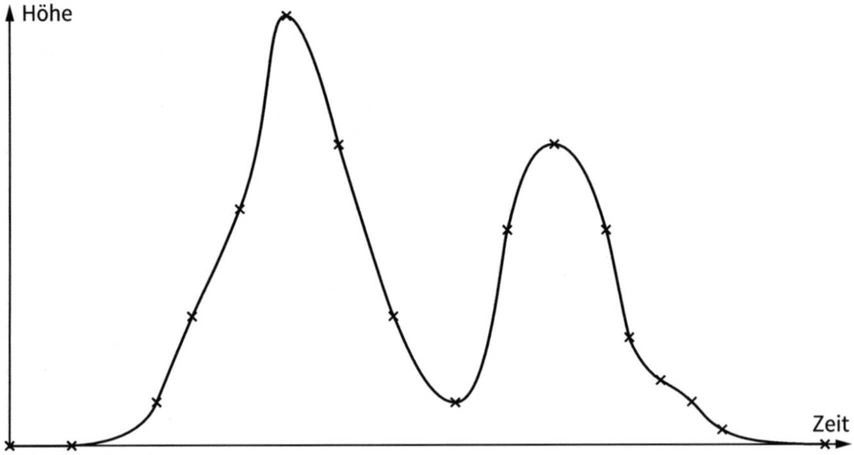

4. –

232

5. *Rundkurs A (Fahrtrichtung gegen den Uhrzeigersinn):*

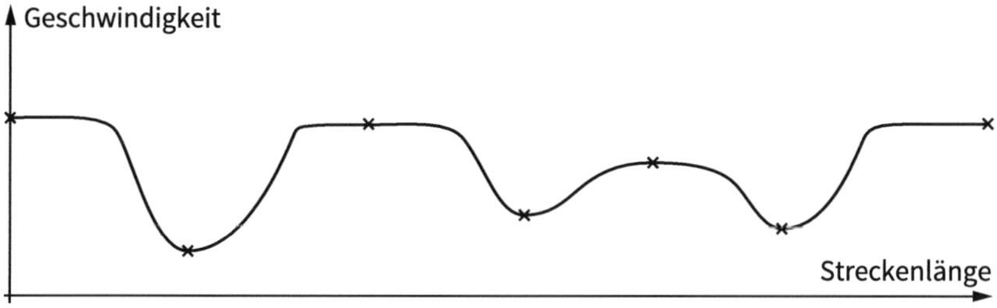

Rundkurs B: Start: mittig auf der langen Geraden unten, Fahrtrichtung gegen den Uhrzeigersinn

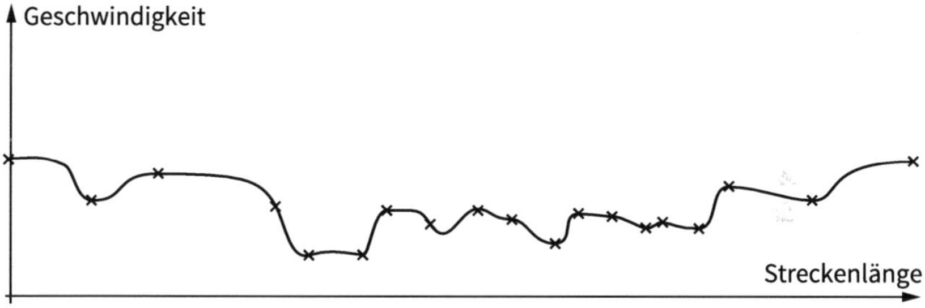

6. a)

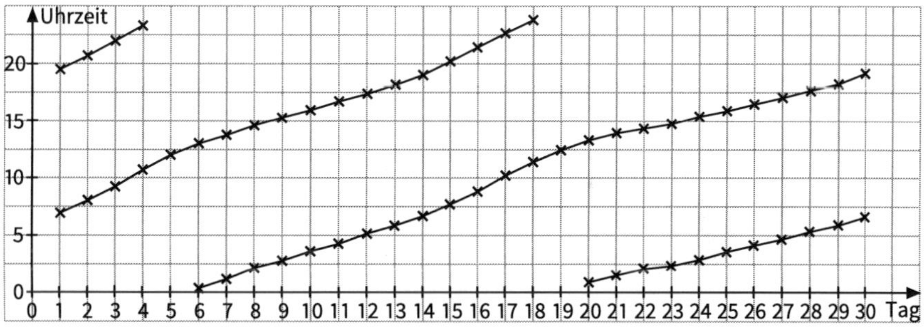

b) Etwa um 05:09 Uhr und etwa um 17:25 Uhr

c) Vereinfachung: keine äußeren Einflüsse wie Wetterlage, Planetenkonstellationen, Mondphase und weiteres beachtet.

232 7.

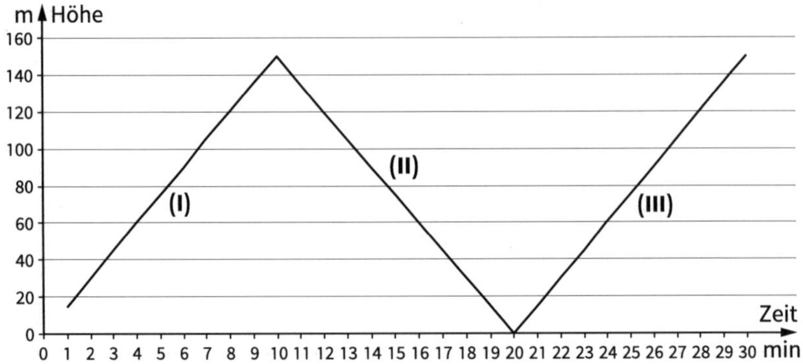

(I): $h = 15 \cdot t$ für $0 \le t \le 10$

(II): $h = -15 \cdot t + 300$ für $10 \le t \le 20$

(III): $h = 15 \cdot t - 300$ für $20 \le t \le 30$

8. –

6.2 Sinus und Kosinus am Einheitskreis

233 **Einstieg**

a) Siehe Bild rechts.

b) $y = r \cdot \sin(\alpha)$; $0° \le \alpha \le 90°$

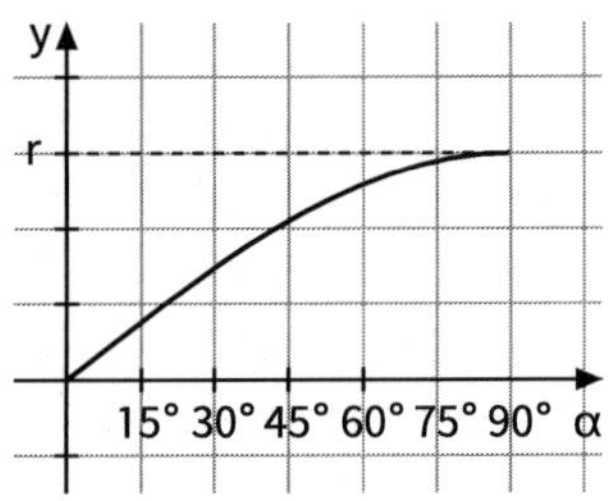

c) $y = r \cdot \cos(\alpha)$ für $0° \le x \le 90°$

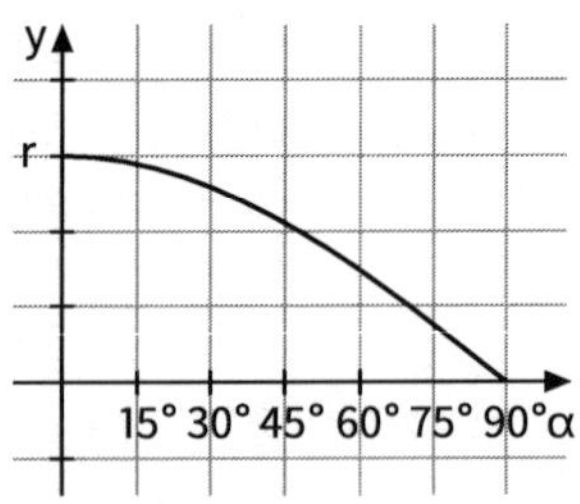

236 2. a) 0,97; 0,41 b) −0,56; −0,98 c) −0,19; 0,82 d) 0,26; −0,91 e) −0,83; 0,19 f) 0,98; 0,57

3. a) 13,9°; 166,1°
214,1°; 325,9°

b) $20{,}5° \le \alpha \le 159{,}5°$
$206{,}7° \le \alpha \le 333{,}3°$

c) 41,4°; 318,6°
108,7°; 251,3°

d) $0° \le \alpha \le 49{,}5°$; $310{,}5° \le \alpha \le 360°$
$116{,}7° \le \alpha \le 243{,}3°$

236 **4.** **a)** 0°; 180°; 360° **b)** 90° **c)** 270° **d)** 180° **e)** 0°; 360°

5. **a)** 0,8704
0,3875
b) 0,8231
−0,0332
c) −0,2672
−0,8918
d) −0,9033
0,1478

6. **a)** 48°
72°
b) 200°
140°
c) 253°
137°
d) 278°
296°
e) 222°
142°
f) 27°
106°

7.

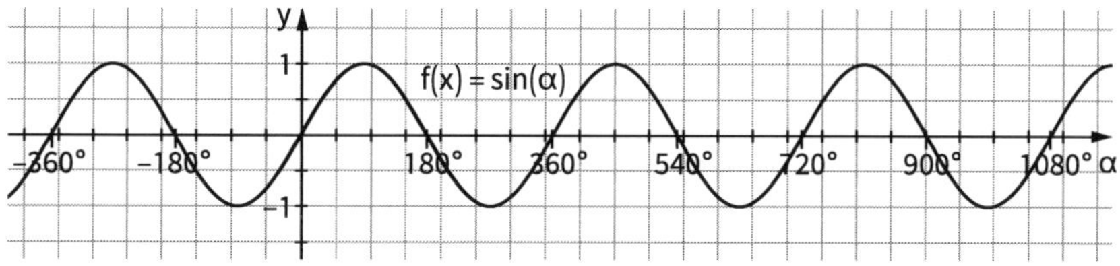

8. **a)** 0° < α < 180° **b)** 90° < α < 270° **c)** 0° < α < 90° **d)** 90° < α < 180°

6.3 Sinus- und Kosinusfunktion mit ℝ als Definitionsmenge

6.3.1 Bogenmaß eines Winkels

237 **Einstieg:**
Längen sind leichter messbar als Winkel.
0,87 m auf einem Kreis mit Radius 1,25 m liefert α ≈ 39,9°.
28,50 m auf einem Kreis mit Radius 50 m liefert α ≈ 32,7°.
Der Wurfsektor ist also nicht richtig angelegt.

239 **3.** **a)** 0,646; 1,902; 6,074; 4,503; 0,305; 5,931; 2,218
b) −0,96; 7,959; −2,182; −9,041; −4,482

4. **a)** 152,98°; 294,5°; 28,65°; −186,21°; 1 352,18°; −74,48°; 1 168,83°
b) 270°; 45°; 225°; −315°; −67,5°; −112,5°; 157,5°; −30°

5. **a)** 0,3
194,8°
154,7°
1,6
−5 328,5°
0,0

b) 0,0
57,3°
−57,3°
0,0
180°
0,1

6. –

6.3.2 Definition der Sinus- und Kosinusfunktion

239 **Einstieg:**
Keine Lösungen

240 **2.** Der Taschenrechner ist noch auf DEGREE eingestellt und zeichnet die Sinusfunktion deshalb für Winkelmaße im Gradmaß. Entweder er ändert die Einstellungen unter Window, z. B. in $-360° \le x \le 360°$ oder er stellt das Winkelmaß auf Bogenmaß (RADIAN) um.

241 **3.** **(1)** $\sin(\pi) = 0$ **(3)** $\sin(15) = 0{,}65$ **(5)** $\sin(-1) = -0{,}84$
(2) $\sin(\pi°) = 0{,}055$ **(4)** $\sin(15°) = 0{,}26$ **(6)** $\sin(-1°) = -0{,}02$
Von links nach rechts: $\sin(-1)$, $\sin(-1°)$, $\sin(\pi°)$, $\sin(15°)$, $\sin(\pi)$, $\sin(15)$.

4. –

5. **a)**

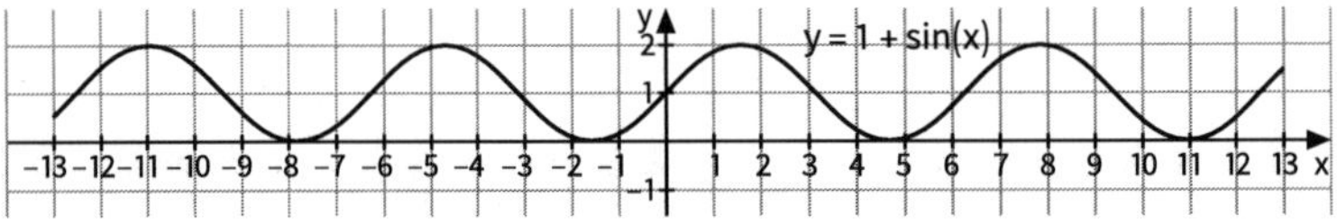

b)

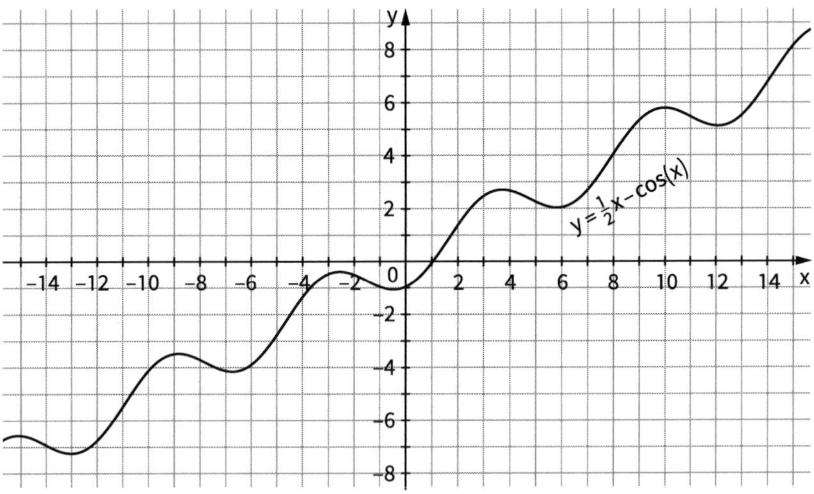

241 5. c)

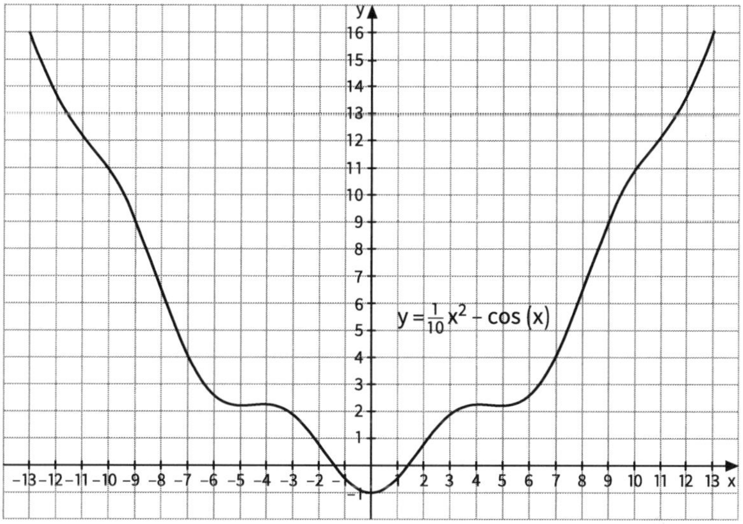

6.3.3 Eigenschaften der Sinus- und Kosinusfunktion

Einstieg:

a) Es gilt $\sin(1{,}241\ldots) = 0{,}9463\ldots = \sin(1{,}9)$.
Der Rechner gibt den kleinsten Wert an.

b) Zum Beispiel für $x = 4 - 2\pi \approx -2{,}283$ und $x = 4 + 2\pi \approx 10{,}283$ aufgrund der Periode und für $x \approx -0{,}858$ und $x \approx 5{,}425$, weil der Wert innerhalb einer Periode zweimal angenommen wird.

243 3. a) $0;\ \pi;\ 2\pi$

b) $\frac{\pi}{4} \approx 0{,}79;\ \frac{3}{4}\pi \approx 2{,}35$

c) $\frac{\pi}{3} \approx 1{,}047;\ \frac{5}{3}\pi \approx 5{,}24$

d) π

e) $\sin(x)$ ist immer kleiner gleich 1.

4. –

5. a) $-0{,}22 + k \cdot 2\pi;\ 3{,}36 + k \cdot 2\pi;\ k \in \mathbb{Z}$

b) $0{,}8 + k \cdot 2\pi;\ 2{,}34 + k \cdot 2\pi;\ k \in \mathbb{Z}$

c) $1{,}69 + k \cdot 2\pi;\ -1{,}69 + k \cdot 2\pi;\ k \in \mathbb{Z}$

6. $k \in \mathbb{Z}$

a) $\frac{\pi}{2} + k \cdot 2\pi$

b) $k \cdot \pi$

c) $\frac{\pi}{2} + k \cdot \pi$

d) $\pi + k \cdot 2\pi$

e) $\frac{\pi}{3} + k \cdot 2\pi;\ -\frac{\pi}{3} + k \cdot 2\pi$

f) $\frac{\pi}{6} + k \cdot 2\pi;\ \frac{5\pi}{6} + k \cdot 2\pi$

g) $\frac{5\pi}{4} + k \cdot 2\pi;\ -\frac{5\pi}{4} + k \cdot 2\pi$

h) $-\frac{5}{6}\pi + k \cdot 2\pi;\ \frac{5}{6}\pi + k \cdot 2\pi$

243

7. a) Größtmögliche Funktionswerte bei $\frac{\pi}{2} + k \cdot 2\pi$ für $k \in \mathbb{Z}$
Kleinstmögliche Funktionswerte bei $-\frac{\pi}{2} + k \cdot 2\pi$ für $k \in \mathbb{Z}$
b) Größtmögliche Funktionswerte bei $k \cdot 2\pi$ für $k \in \mathbb{Z}$
Kleinstmögliche Funktionswerte bei $\pi + k \cdot 2\pi$ für $k \in \mathbb{Z}$

6.4 Strecken des Graphen der Sinusfunktion

244

Einstieg:
a) Die Graphen entstehen durch Strecken parallel zur y-Achse.
b) Die Funktionsvorschrift ist $a \cdot \sin(x)$. a ist die Auslenkung parallel zur y-Achse.
c) Die Funktionsvorschrift ist $a \cdot \sin(x) + d$. a ist die Auslenkung parallel zur y-Achse, d die Verschiebung parallel zur y-Achse.
d) Ja, siehe zum Beispiel Teilaufgabe c).

248

3. $y = a \cdot \sin(x)$ mit $a < 0$: Spiegelung an der x-Achse, und Strecken mit Faktor $|a|$ parallel zur y-Achse.
[$y = \sin(b \cdot x)$ mit $b < 0$: Spiegelung an der y-Achse und Streckung parallel zur x-Achse mit dem Faktor $\frac{1}{|b|}$.]

4. Streckung der Funktionswerte um den Faktor a parallel zur y-Achse. Streckung parallel zur x-Achse mit dem Faktor $\frac{1}{b}$. Wenn $b > 1$ ist, liegt also eine Stauchung vor.
Funktionsgleichung: $y = a \cdot \sin(bx)$

5. a) $y = 1{,}5 \cdot \sin(x)$
b) $y = 1{,}8 \cdot \sin(x)$
c) $y = 0{,}75 \cdot \sin(x)$
d) $y = 0{,}5 \cdot \sin(x)$

6. –

7. a) $y_1 \approx 1{,}77$ b) $x_2 \approx -0{,}52$

249

8. a) $a = 1{,}3$ b) $a = 6$

9. a) $y = 1{,}62 \cdot \sin(x)$
b) $y = 2{,}19 \cdot \sin(x)$
c) $y = 0{,}57 \cdot \sin(x)$
d) $y = 2{,}12 \cdot \sin(x)$

249 **10. a)** Nullstellen: $k \cdot 2\pi$ mit $k \in \mathbb{Z}$

Periode: 4π

Wertebereich: $-3 \le y \le 3$ mit $y \in \mathbb{R}$

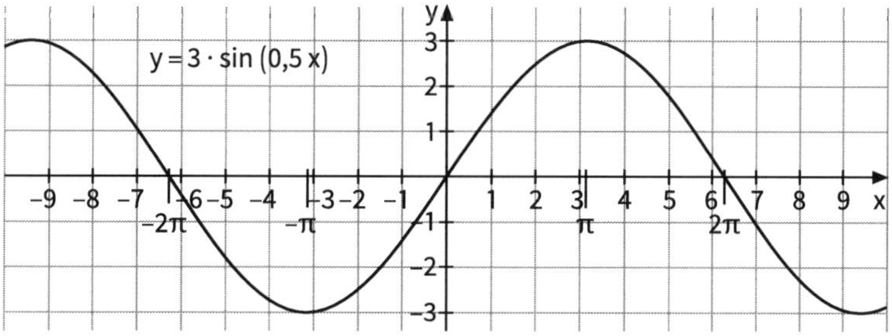

b) Nullstellen: $k \cdot \frac{\pi}{2}$ mit $k \in \mathbb{Z}$

Periode: π

Wertebereich: $-3 \le y \le 3$ mit $y \in \mathbb{R}$

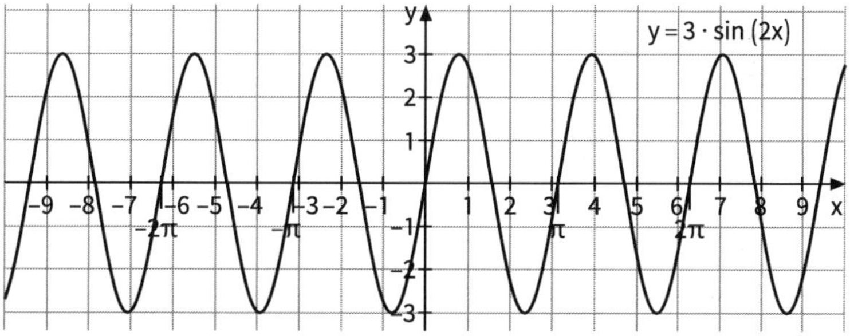

c) Nullstellen: $k \cdot \frac{\pi}{3}$ mit $k \in \mathbb{Z}$

Periode: $\frac{2\pi}{3}$

Wertebereich: $-2 \le y \le 2$ mit $y \in \mathbb{R}$

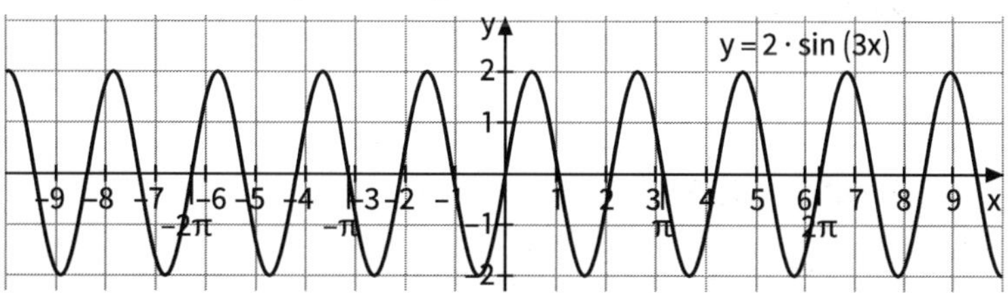

d) Druckfehler in der 1. Auflage: $y = 2 \cdot \sin\left(\frac{1}{4}x\right)$

Nullstellen: $k \cdot 4\pi$ mit $k \in \mathbb{Z}$

Periode: 8π

Wertebereich: $-2 \le y \le 2$ mit $y \in \mathbb{R}$

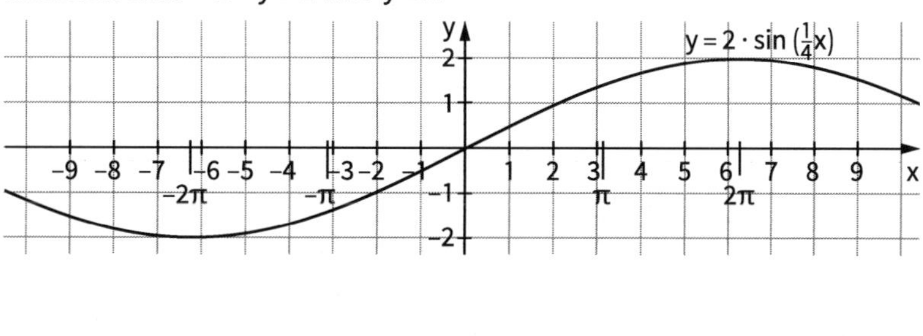

249 **11.** (1) Richtiger Graph wäre:

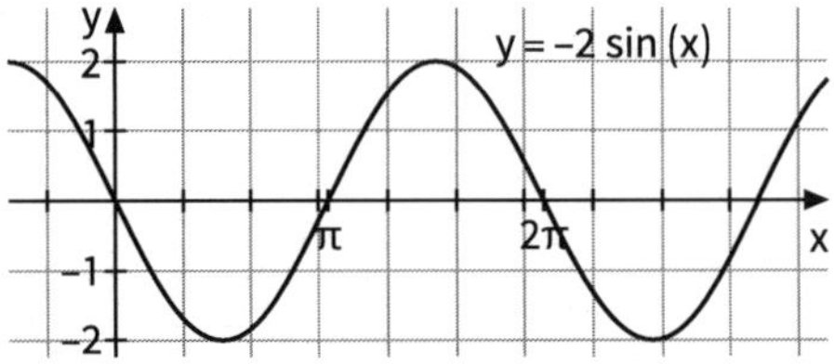

Richtige Gleichung zum Graphen im Buch wäre: $y = 2 \cdot \sin(x)$

(2) Richtiger Graph wäre:

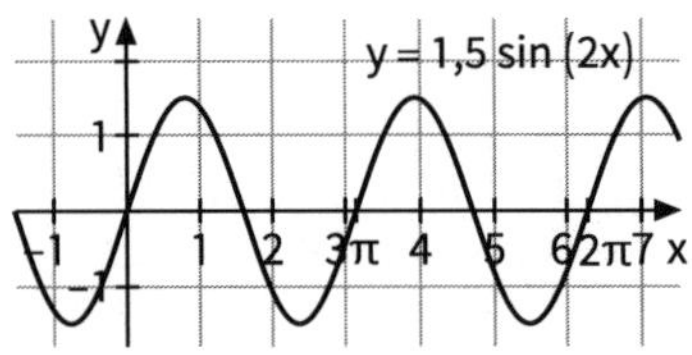

Richtige Gleichung zum Graphen im Buch wäre: $y = 2 \cdot \sin\left(\frac{1}{2}x\right)$

(3) Richtiger Graph wäre:

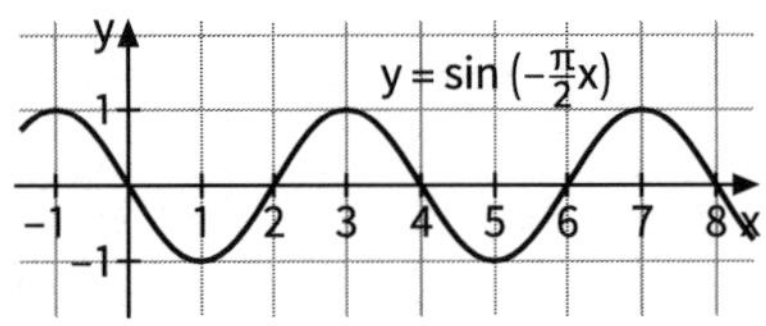

Richtige Gleichung zum Graphen im Buch wäre: $y = \sin\left(\frac{\pi}{2}x\right)$

12. **a)** $y = \sin(4x)$ **b)** $y = 2 \cdot \sin(2x)$ **c)** $y = \sin\left(\frac{3}{4}x\right)$ **d)** $y = 0{,}5 \cdot \sin\left(\frac{4}{3}x\right)$

13. (1) $y_1 = 0{,}5$ (2) $x_1 = -\frac{\pi}{2}$ sowie $x_2 = -\frac{5}{2}\pi$

Im Gegensatz zu (1) ist (2) nicht eindeutig lösbar.

14. **a)** $b = 4$; $b = -4$

b) $b = 3 + 24 \cdot k$; $b = 9 + 24 \cdot k$ mit $k \in \mathbb{Z}$

Es gilt $\sin\left(\frac{\pi}{4} + 2k\pi\right) = \frac{\sqrt{2}}{2}$ und $\sin\left(\frac{9\pi}{4} + 2k\pi\right) = \frac{\sqrt{2}}{2}$ mit $k \in \mathbb{Z}$

Daher ergeben sich die zwei Gleichungen $\frac{\pi}{4} + 2k\pi = b \cdot \frac{\pi}{12}$ und $\frac{9\pi}{4} + 2k\pi = b \cdot \frac{\pi}{12}$.

Deshalb ist $b = 3 + 24k$ und $b = 9 + 24k$ mit $k \in \mathbb{Z}$

249 15. Streckung parallel zur x-Achse mit dem Faktor $\frac{1}{2}$.
Streckung parallel zur y-Achse mit dem Faktor 1,5.
Nullstellen: $k \cdot \frac{\pi}{2}$ mit $k \in \mathbb{Z}$
Periode: π
Wertemenge: $-1{,}5 \le y \le 1{,}5$ mit $y \in \mathbb{R}$

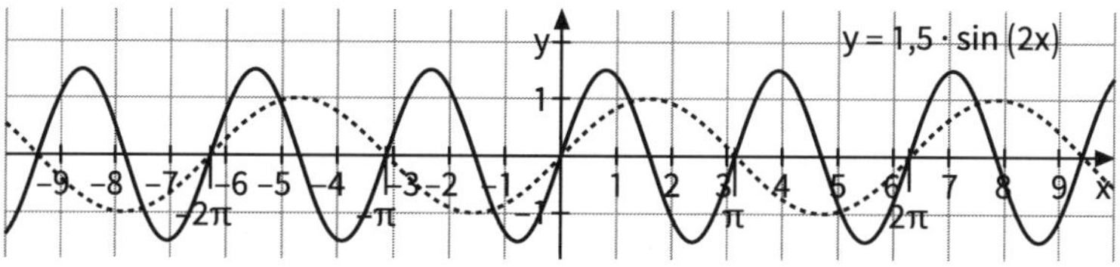

6.5 Verschieben des Graphen der Sinusfunktion

252 1. (1) Um 2 nach oben verschoben.
(2) Um 3 nach unten verschoben.
(3) Um π nach unten verschoben.
(4) Um π nach oben verschoben.

2. a) $\sin(x) + 1{,}5$
b) $\sin(x) - 1{,}75$

3. (1) Um $\frac{\pi}{2}$ nach links verschoben.
(2) Um $\frac{\pi}{4}$ nach links verschoben.
(3) Um $\frac{\pi}{2}$ nach rechts verschoben.
(4) Um $\frac{\pi}{4}$ nach rechts verschoben.

4. a) $\sin\left(x + \frac{\pi}{4}\right)$
b) $\sin\left(x - \frac{\pi}{4}\right)$
c) $\sin(x + 1)$
d) $\sin(x - 2)$

5. –

6. Den Graphen der Funktion f mit $f(x) = \cos(x + c)$ erhält man durch Verschieben des Graphen der Kosinusfunktion mit $y = \cos(x)$ parallel zur x-Achse.
Wenn $c < 0$ wird nach rechts verschoben.
Wenn $c > 0$ wird nach links verschoben.

6.6 Allgemeine Sinusfunktion

253 **Einstieg:**
Siehe Merksatz auf Seite 254 des Schülerbandes.

255 3. a) $-0{,}5 \sin(2x) + 1$
b) $3 \cdot \sin\left(\frac{\pi}{6} - 2{,}9\right)$

256 **4.** **a)** $3 \cdot \sin\left(\frac{1}{2}(x - \pi)\right) + 4$

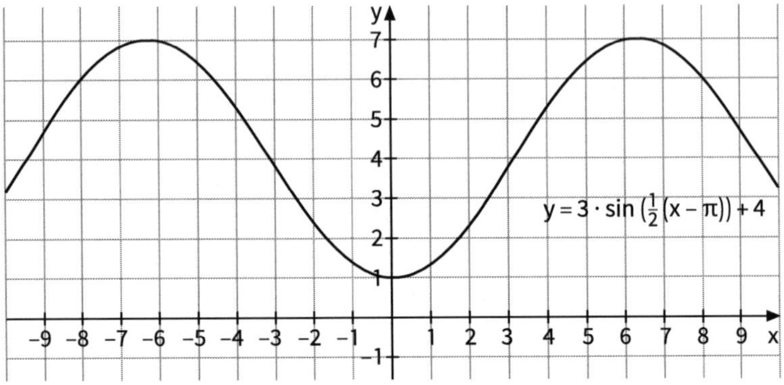

b) $-2 \cdot \sin\left(3\left(x + \frac{\pi}{2}\right)\right) - 1{,}5$

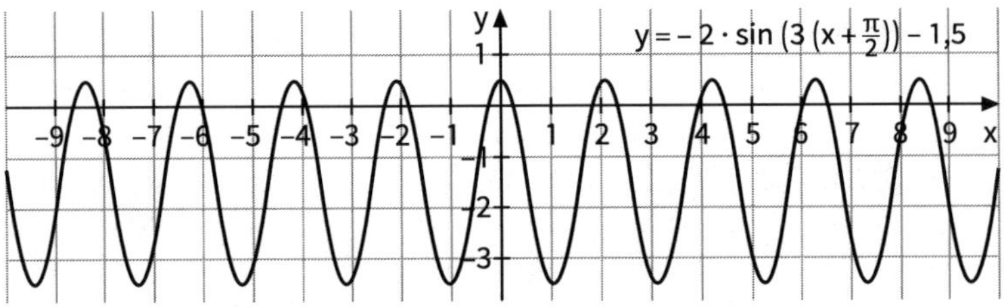

c) $-2 \cdot \sin\left(-1\,(x - 2)\right) + 1$

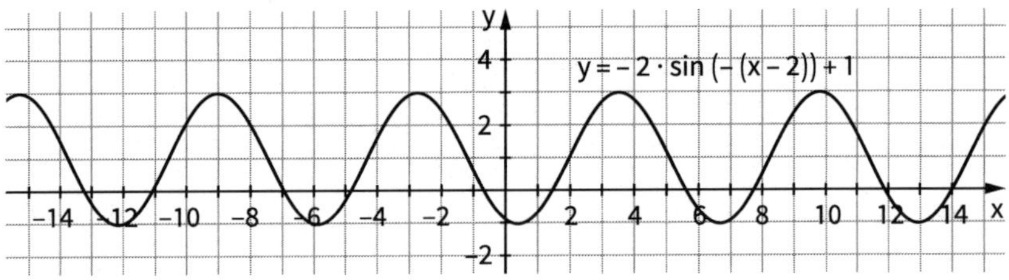

d) $-\frac{1}{2} \cdot \sin\left(\frac{1}{\pi}(x + 1)\right) - 3$

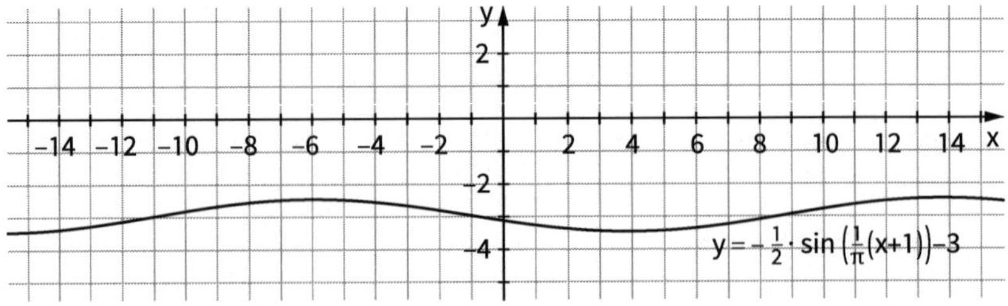

256

5. **a)** Strecken mit dem Faktor 2 parallel zur y-Achse; Strecken mit dem Faktor $\frac{1}{2}$ parallel zur x-Achse; Verschieben parallel zur x-Achse um $\frac{\pi}{4}$ nach links parallel zur x-Achse.

b) Strecken mit dem Faktor 3 parallel zur y-Achse; Strecken mit dem Faktor 2 parallel zur x-Achse; Verschieben parallel zur x-Achse um π nach rechts; Verschieben parallel zur y-Achse um 1 nach oben.

c) Strecken mit dem Faktor $\frac{1}{2}$ parallel zur y-Achse; Strecken mit dem Faktor $\frac{1}{3}$ parallel zur x-Achse, Verschieben parallel zur x-Achse um 1 nach rechts.

d) Strecken mit dem Faktor −2 parallel zur y-Achse; Strecken mit $\frac{2}{\pi}$ parallel zur x-Achse; Verschieben parallel zur x-Achse um 2 nach links; Verschieben parallel zur y-Achse um 2 nach unten.

6. $\sin(2x-2) \neq \sin(2x-4) = \sin(2(x-2))$

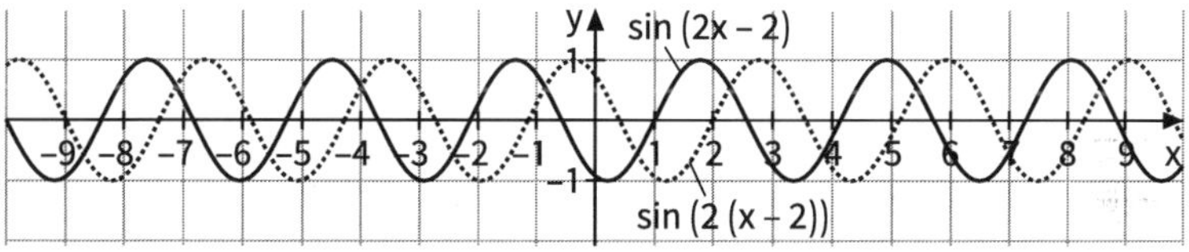

7. f: Verschieben parallel zur x-Achse um $\frac{\pi}{4}$ nach links, dann Strecken mit dem Faktor $\frac{1}{2}$ parallel zur x-Achse.

g: Strecken mit dem Faktor $\frac{1}{2}$ parallel zur x-Achse, dann Verschieben parallel zur x-Achse um $\frac{\pi}{8}$ nach links.

8. Beide Graphen sind falsch, denn für $x = 0$ gilt:

$2 \cdot \sin\left(2\left(0 + \frac{\pi}{2}\right)\right) = 2 \cdot \sin \pi = 0 \neq 2$ und $\sin(\pi(0-1)) \cdot 2 = \sin(-\pi) \cdot 2 = 0 \neq 2$

Richtig wären:

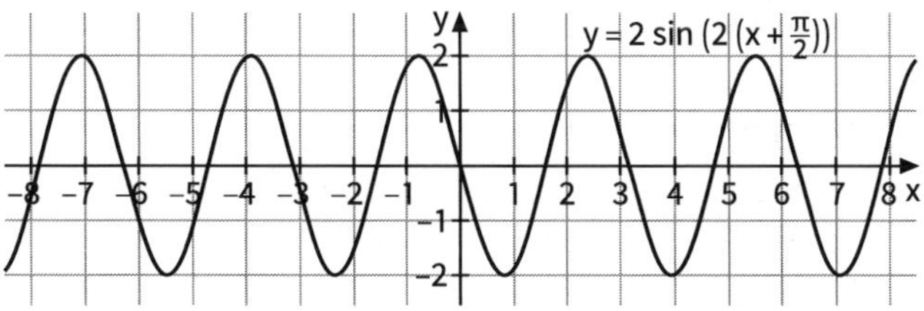

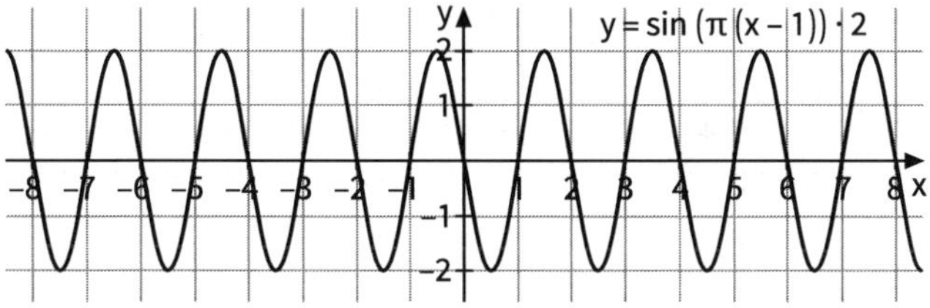

9. –

257 10. a) z. B.: $y = 2 \cdot \sin\left(\frac{2}{5}x - \frac{9}{10}\pi\right) + 2$ b) z. B.: $y = 3 \cdot \sin\left(\frac{1}{4}x + \frac{\pi}{2}\right)$

11. a) $y = -2\sin(2x) + 1$ c) $y = \frac{3}{2}\sin\left(\frac{\pi}{6}\left(x - \frac{\pi}{4}\right)\right)$ e) $y = -\sin\left(\frac{\pi}{5}x - 2\pi\right) - 1$
b) $y = 0{,}5 \cdot \sin\left(\frac{3}{8}x + \frac{\pi}{2}\right) - 1$ d) $y = -\sin(\pi x)$ f) $y = \frac{1}{2} \cdot \sin\left(\frac{\pi}{2}x + \frac{\pi}{2}\right) - 1$

12. a) (1) $y = 2 \cdot \sin(x)$ (3) $y = \sin(3x)$
(2) $y = 1{,}5 \cdot \sin(2x)$ (4) $y = 1{,}5\sin\left(x - \frac{3}{4}\pi\right)$
b) Die Gondelbewegungen unterscheiden sich in der erreichten Maximalhöhe, in der Starthöhe und der Geschwindigkeit.

6.7 Modellieren mit allgemeinen Sinusfunktionen

258 **Einstieg:**

a) $y = 4{,}2 \cdot \sin\left(\frac{2\pi}{365}(x + 265)\right) + 12$

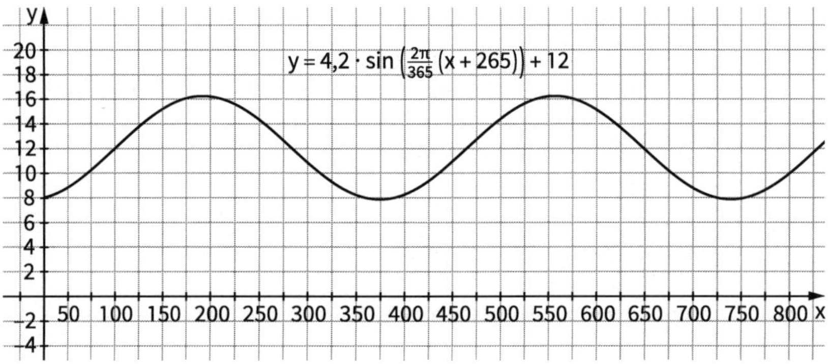

b) $x = 191$; Sonnenscheindauer etwa 16 h.

260 2. $h_{max} = 230\,h$ $y = 90 \cdot \sin\left(\frac{2\pi}{12}(x - 3)\right) + 140$

260

3. a) 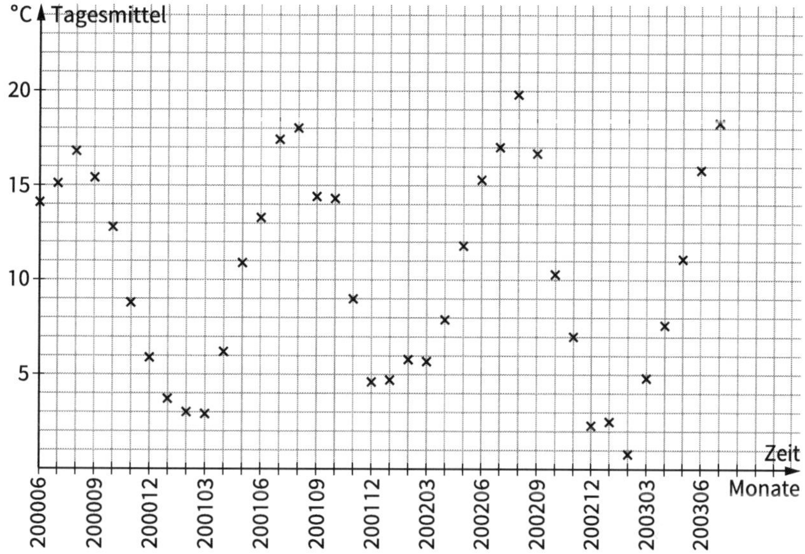

b) GTR-Regression: $7{,}44 \cdot \sin(0{,}52x + 1{,}38) + 10$

261

4. Sie hat beim ersten Versuch die Periode 20 nicht eingegeben.

5. Athen: $y = 9 \cdot \sin\left(\frac{2\pi}{12}(x-5)\right) + 19$

Moskau: $y = 14 \cdot \sin\left(\frac{2\pi}{12}(x-5)\right) + 4$

Jakutsk: $y = 32 \cdot \sin\left(\frac{2\pi}{12}(x-4)\right) - 12$

6. $y = 4 \cdot \cos(\pi t)$ $y = 4 \cdot \sin\left(\pi t + \frac{\pi}{2}\right)$

7.

Datum	Mondschein in min	Datum	Mondschein in min	Datum	Mondschein in min
01.04.16	562	11.04.16	868	21.04.16	632
02.04.16	583	12.04.16	882	22.04.16	596
03.04.16	614	13.04.16	880	23.04.16	564
04.04.16	653	14.04.16	867	24.04.16	583
05.04.16	699	15.04.16	844	25.04.16	536
06.04.16	748	16.04.16	814	26.04.16	540
07.04.16	796	17.04.16	779	27.04.16	550
08.04.16	843	18.04.16	745	28.04.16	555
09.04.16	885	19.04.16	707	29.04.16	572
10.04.16	907	20.04.16	669	30.04.16	599

Grundlagen des Modells: Minimum 536 min (25.4.) und Maximum 907 min (10.4.)

$a = \frac{907 - 536}{2} = 185{,}5$. Die Periodendauer beträgt 28 Tage.

$y = 185{,}5 \cdot \sin\left(\frac{\pi}{14}(x-19)\right) + 707$

261 8. –

Auf den Punkt gebracht: Parametervariation – Abbilden von Funktionsgraphen

262 1. a) $(x-3)^2-1$
b) Verschieben um 3 nach rechts, Verschieben um 1 nach unten.

2. $y = a\,x^3 + b$
b Verschieben in Richtung der y-Achse mit dem Faktor b.
a Strecken mit dem Faktor a in Richtung der y-Achse.

3. a) Periode: 365
Maximum: 16; Minimum: 8
Um 90 nach rechts verschoben. $h(t) = 4 \cdot \sin\left(\frac{2\pi}{365} \cdot t - 90\right) + 12$
b) Der Graph für Madrid hat eine geringere Spannweite zwischen 9,6 und 14,4 statt zwischen 8 und 16, ist also flacher. Der längste Tag ist schon der 80. Tag und nicht wie in Frankfurt der 90. Tag.
Anhand des Graphen kann man vermuten, dass Madrid näher am Äquator liegt.

6.8 Aufgaben zur Vertiefung

264 1. a) Symmetrieachsen bei $k \cdot \frac{\pi}{2}$ mit $k \in \mathbb{Z}$
Symmetriepunkte: –
kleinste Periodenlänge: π
b) Symmetrieachsen: –
Symmetriepunkte: –
kleinste Periodenlänge: –
c) Symmetrieachsen: –
Symmetriepunkte: $k \cdot \pi$ mit $k \in \mathbb{Z}$
kleinste Periodenlänge: π
d) Symmetrieachsen: –
Symmetriepunkte: –
kleinste Periodenlänge: π

2. –

3. –

264

4. Definitionslücken bei: $k \cdot \pi + \frac{\pi}{2}$ mit $k \in \mathbb{Z}$ bei den Nullstellen der Cosinusfunktion
Nullstellen bei: $k \cdot \pi$ mit $k \in \mathbb{Z}$ wie bei der Sinusfunktion
Symmetriepunkte bei: $k \cdot \pi$ mit $k \in \mathbb{Z}$
Die einzelnen Graphen der Abschnitte, gegeben durch die Intervalle $\left(-\frac{\pi}{2} + k\pi;\ \frac{\pi}{2} + k\pi\right)$ mit $k \in \mathbb{Z}$, sind punktsymmetrisch zu dem Schnittpunkt mit der x-Achse (Nullstelle).

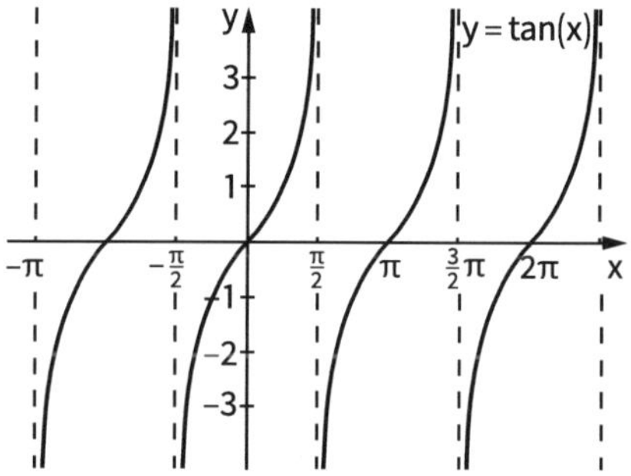

Im Blickpunkt: Spiralen

265

1. Manchen x-Werten wird mehr als ein y-Wert zugeordnet.

2. $A_\alpha = (\cos(\alpha) \mid \sin(\alpha))$; $\alpha = k \cdot 30$; $0 \le k \le 11$ mit $k \in \mathbb{Z}$.

266

3. Für jeden Punkt $P(x \mid y)$ des Kreises mit dem Radius r gilt: $x = r \cdot \cos(\alpha)$ und $y = r \cdot \sin(\alpha)$, da $\sin(\alpha) = \frac{y}{r}$ und $\cos(\alpha) = \frac{x}{r}$

4. –

5. –

6. a) $x = r \cdot \cos(\alpha)$
r in Abhängigkeit von t: $r = v_0 \cdot t$
α in Abhängigkeit von t: $\alpha = \omega_0 \cdot t$
$x = v_0 \cdot t \cdot \cos(\omega_0 \cdot t)$ und $y = v_0 \cdot t \cdot \sin(\omega_0 \cdot t)$
b) v_0 = konstant: Je größer ω_0 ist, desto enger liegen die Windungen der Spirale zusammen.
ω_0 = konstant: Je größer v_0 ist, desto weiter liegen die Windungen der Spirale auseinander.